CHUANGYI SIWEI XUNLIAN

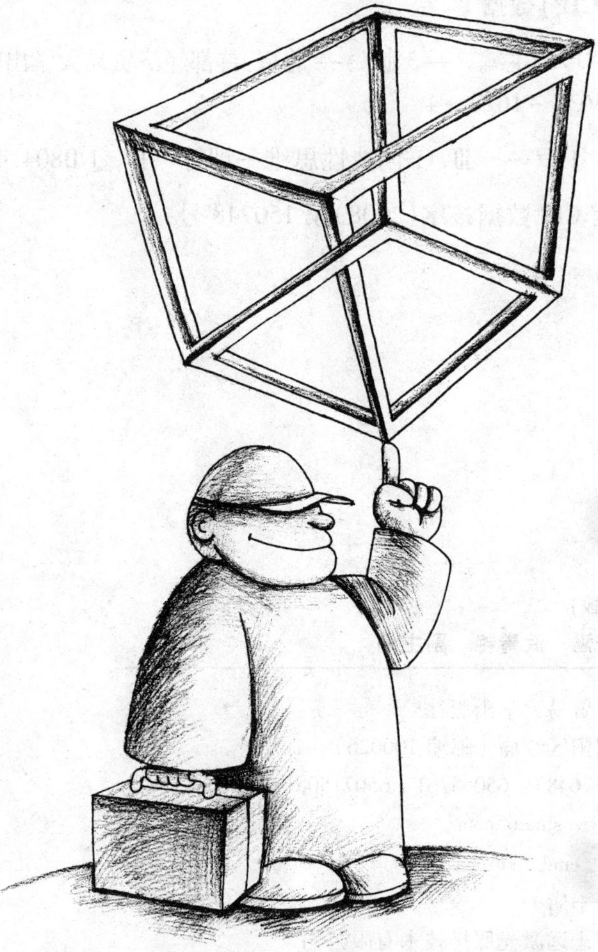

创意思维训练

（第三版）

主　编◎罗玲玲
副主编◎张　嵩　武青艳

首都经济贸易大学出版社
Capital University of Economics and Business Press
·北京·

图书在版编目(CIP)数据

创意思维训练/罗玲玲主编. --3版. --北京:首都经济贸易大学出版社,2015.1
ISBN 978-7-5638-1622-4

Ⅰ.①创… Ⅱ.①罗… Ⅲ.①创造性思维—训练 Ⅳ.①B804.4

中国版本图书馆CIP数据核字(2008)第150748号

创意思维训练(第三版)
罗玲玲 主编 张嵩 武青艳 副主编

出版发行 首都经济贸易大学出版社
地 址 北京市朝阳区红庙(邮编100026)
电 话 (010)65976483 65065761 65071505(传真)
网 址 http://www.sjmcb.com
E-mail publish@cueb.edu.cn
经 销 全国新华书店
照 排 北京砚祥志远激光照排技术有限公司
印 刷 三河市腾飞印务有限公司
开 本 710毫米×1000毫米 1/16
字 数 403千字
印 张 22
版 次 2008年10月第1版 2012年1月第2版
2015年1月第3版 2020年1月总第10次印刷
书 号 ISBN 978-7-5638-1622-4/B·34
定 价 39.00元

序

让创意破壳而出

创造是人类最美好的行为,是最高尚的劳动。人类社会所有的物质文明和精神文明都是人类创造的结果。创造从何而来?是神恩赐的?还是少数天才的功劳?经过漫长的历史发展,人类才回身认识自己,发现创造既不是神的旨意,也不是少数天才的独白,人人都有创造力。

然而很多同学都会发出疑问:我怎么没有发现自己有创造的天赋?

确实,有些同学的创造力正处于沉睡的状态,所以他们看不到自己也有创造力。如果长久以往,成为一种行为习惯,想要唤起就很困难了。

在人类面临环境、资源、人口等难题的时候,在世界经济、政治、科技的竞争日益激烈的今天,每一个国家和民族都期待每一个人发挥创造力。国际教育界已把21世纪作为"创造教育"的世纪,世界上许多国家都把培养具有创造精神和创造才干的新一代人才列入战略计划。让我们也跟上时代的步伐,向世人证明中国人的创造才华!

本书的宗旨就给大学生提供一个发展创造力的契机,通过我们的努力,打破束缚创造性人格发展的框框,接通创造性思维之源,点亮创造之灯,释放大学生内在的创造激情,让创造能力迸发,让创意破壳而出,带来人生的升华。

全书共分四篇,每篇既相互独立又彼此联系。

第1篇　创意开发理论及创意实践背景篇

随着新经济时代的到来,特别是进入21世纪的今天,人们对创新和创造的关注程度已陡然超过历史上的任何时期。"创新"概念的出现频率之高,实质上标志了创造和创新已成为当今时代的主题和最强音。近年来,有关创造力的理论研究出现一种汇合取向,吉尔福特综合了创造力的(person、product、process、press)各自的视角,寻求学科整合,提出创造力的4P理论。

随着知识经济的发展和信息技术的普及,创意产业(Creative Industries)作为新兴的产业类型进入人们的视野。所谓"创意"一般是源于个人创造力、个人技能或个人才华,发展到后来有些创意成果便开始形成知识产权,将"创意"产业化形成价值，并带来就业，形成了创意产业。创意人才肩负着发展创意产业的重任，是创意产业发展的驱动力。创意培训与开发就是创意人才的培养中心。

第2篇　创造性思维方法篇

走路会碰到障碍，思考问题也会遇到障碍。克服思维上的障碍，最有效的办法是向通常的逻辑挑战、向权威挑战、向自我束缚挑战。其实，思维上的障碍往往来自于人格上的、情感上的、动机上的障碍，归根到底是心理障碍。如果不敢浪漫一点、自信一点、冒险一点、独立性强一点，便没有创造和创新。

创造性思维是创造力的核心。从脑神经生理基础方面讲，创造性思维产生于左右大脑半球协同的机制，从思维形式和思维方法方面讲是非逻辑思维与逻辑思维交替作用的结果。由于通常的课内学习，如数学，更多地培养了逻辑思维，本书对此加以弥补，在扫清心理障碍的基础上，重点培养思维的发散和逆向思考，体验逻辑的跳跃会有什么效果，大胆地迈向创造之路。

第3篇　创造技法篇

人人都渴望发挥自己的智慧，去独立思考问题，得出自己的解答，而不是一味地模仿别人。那么，怎样才能更流畅、更灵活、更独特、更有效完成独立思考任务呢？本书所介绍的一些创造的技巧和方法将引导学生提高对问题的敏感力、解决问题的想象力、联想能力、思维变换能力，形成团体合作气氛，走向成功的彼岸。

发明，也许是现代人类语言中最奇妙的字眼之一。发明是人类进步的突破口，发明使人类从愚昧走向了文明。发明并不神秘，人人都可以成为发明家。从本书所介绍的有关发明的故事和思路分析都将启发读者学会许多发明的方法和技巧。它们就像一把把闪光的金钥匙，为你打开一扇扇发明的大门，进入发明创造的世界。

第4篇　创意设计实践篇

设计是一种创造性的活动，它不仅仅是科学的运用，设计与真实的问题和实际解决方案的实现有着密切的关系。为了适应现代技术社会的生活方式，设计能力是必备和需要发展的生活态度和技巧。

这部分内容主要培养学生具有与当今现代工业直接相关的美学与创造性相结合的技巧。培养学生的设计能力，就是要让学生整合多门学科知识，亲身经历和体验设计活动的全过程，充分发挥想象力，构思、设计出解决问题的各种独特的方案，而且能够运用图和模型来表达设计，即形成初步的技术设计思路和技术设计能力。在学生参与设计的过程中，增强学生探究的动力，强化学生的科学技术素养，提高学生的实践和创新能力。

目录

第1篇　创意开发理论及创意实践背景篇

第2篇　创造性思维方法篇

第3篇　创造技法篇

第4篇　创意设计实践篇

第1篇

创意开发理论及创意实践背景篇

Chapter 1

创造和创新的理论

本章关键词

◇ 创造力
◇ 创意
◇ 创新
◇ 创造力开发

随着新经济时代的到来，特别是进入21世纪后，人们对创新和创造的关注程度已陡然超过历史上的任何时期。“创新”概念的出现频率之高，实质上正是标志了创造和创新已成为当今时代的主题和最强音。

1.1 创造和创造力、创新

引导案例

3D打印技术

3D打印技术（英语:3D printing），即快速成形技术的一种，它是一种以数字模型文件为基础，运用粉末状金属或塑料等可黏合材料，通过逐层打印的方式来构造物体的技术。见图1－1。该技术在珠宝、鞋类、工业设计、建筑、工程和施工（AEC）、汽车、航空航天、牙科和医疗产业、教育、地理信息系统、土木工程、枪支以及其他领域都有所应用。人们已经使用该技术打印出了灯罩、身体器官、珠宝、根据球员脚型定制的足球靴、赛车零件、固态电池以及为个人定制的手机、小提琴等，

图 1-1　3D 打印技术

有些人甚至使用该技术制造出了机械设备。比如，美国麻省理工学院(MIT)的博士生彼得·施密特就打印出了一个类似于祖父辈使用的钟表的物品。在进行了几次尝试之后，他最终用打印机打印出了塑料钟表，将其挂在墙上，结果，钟开始滴答滴答地走动了。

三维打印机的应用领域也在随着技术进步而不断扩展。美国科学家已经研发出了能打印皮肤、软骨、骨头和身体其他器官的三维“生物打印机”。人们还使用三维打印机来制造雕塑并修复雕塑，制造由塑料和聚合物制成的三维物体，并打印出了食品。三维打印技术排除了使用工具加工、机械加工和手工加工的方式，而且改动技术细节的效率极高。在英国，相同的技术被戈登·默里设计公司用来帮助制造前卫的 T.25 型城市“生态汽车”，这款汽车已于 2010 年 7 月面世。隶属于欧洲宇航防务集团(EADS)的一个科研小组正致力于利用此技术打印出飞机的整个机翼。截至 2011 年 3 月研究者已使用该技术制造出了飞机起落架的支架和其他飞机零件，其打印出的支架同一只鞋子的大小一样。

> 3D打印技术在中国也逐步开始发展起来。在2013年两会上，全国政协委员、中航工业副总工程师、中国航母舰载机歼-15总设计师孙聪透露，歼-15项目率先采用了数字化协同设计理念：三维数字化设计改变了设计流程，提高了试制效率；五级成熟度管理模式，冲破设计和制造的组织壁垒，而这都与3D打印技术关系紧密。他透露，钛合金和M100钢的3D打印技术已应用于新机试制过程，主要是主承力部分。在解决了材料变形和缺陷控制的难题后，中国生产的钛合金结构部件迅速成为中国航空力量的一项独特优势，目前，中国先进战机上的钛合金构件所占比例已超过20%。①

1.1.1 创造和创意

1.1.1.1 创造

创造是人类最美好的行为，是最高超的劳动。人类社会的文明史，就是一部创造发明史。在原始社会，若没有燧人氏发明钻木取火，人类恐怕还得生吃食物；若没有工具的发明，人类就不能与动物相揖而别。在近代，若没有大机器的发明，我们将仍处在扶犁耕田、手摇纺纱的落后状态；若没有人工接种牛痘的发明，成千上万人的生命将被天花吞噬：若没有电灯的发明，我们至今还得靠油灯照亮……

创造推动了人类的进步，创造带来了今天的文明，创造还将把人类推向更美好的未来。创造是人类的最高智慧的体现，创造改变了世界的面貌。

人类永不湮没的好奇心在问自己：

人类为什么要创造？

人类为什么能创造？

有的人为什么不能创造？

人怎么样才能做出创造？

对上述问题的探讨，形成了有关创造和创造力的理论。

英文的“创造”一词是由拉丁语“creare”一词派生而来。“creare”的大意是创造、创建、生产、造成。它与另一个拉丁词“cresere”(成长)的词义相近。从词源上分析，创造的含义是在原先一无所有的情况下，造出新东西。创造特别强调独创性，然而，任何创造都不是无中生有，而是在前人创造的基础上有所突

① http://baike.so.com/doc/5352696.html(2014年8月20日下载)

破,所以,要论创造二字的含义,中国语言中的创造更贴切实际。根据《词源》的解释,“创造”是由两个字组合的,“创”的主要意思是“破坏”和“开创”,“造”的主要含义是“建构”和“成为”。所以,“创”和“造 ”组合在一起,就是突破旧的事物、创建新的事物。

“唯创必新”乃是创造的根本特点。

创造是各式各样的,时时处处都可以有创造。如,科学上有发现,艺术上有创作,方法上有创新,技术上有发明。也可将创造分为“大创造”和“小创造”,“大创造”被称为“特殊领域的创造”,小创造被称为“日常生活中的创造”。(见图 1 -2)

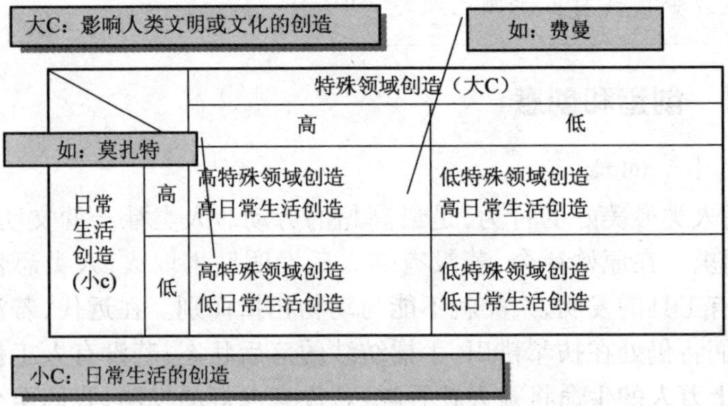

图 1 -2　日常生活中的创造与特殊领域的创造

美国创造心理学家 I. 泰勒曾提出划分“创造五层次”的著名观点[①],具体如下:

(1)表露式的(Expressive)创造。意指即兴而发,但却具有某种创意的行为表现。例如,戏剧小品式的即兴表演、诗人触景生情时的有感而发等,其创造水平或程度一般即属于这一层次。儿童涂鸦式的画作有时很有创意,其水平亦属此层次。

(2)技术性的(Technical)创造。意指运用一定科技原理和思维技巧,以解决某些实际问题而进行的创造。如,把素材按新的形态组合产生出新事物,或某种旧的结合解体,新的结合重新产生。

(3)发明式的(Inventive)创造。意指在已有的事物基础上,产生出与以往

① Taylor I A, An Emerging View of Creative Actions. In I A Taylor, J W Getzels(Eds.). Perspectives in Creativity. Chicago, Ill.: Aldine Publishing Co., 1975.

曾有过的事物全然不同的新事物的创造。例如,爱迪生发明的电灯、贝尔发明的电话。

(4)革新式的(Innovative)创造。意指不仅在旧事物基础上产生出了新事物,而且是在否定旧事物或旧观念前提下造出新事物或提出新观念的“革旧出新”的创造。例如,技术史上各种新工具的出现以代替旧工具,科学史上发现新定律以替代旧定律等。

(5)突现式的(Emergentive)创造。意指那种与原有事物无直接联系,看似“从无到有”地突然产生出新观念的创造。我们可以说,各学科领域荣获诺贝尔奖的重大科学发现,均应属于这一层次的创造。

1.1.1.2 创意

(1)创意的含义。创意的汉语原意是指写文章有新意,在英文中,“创意”有不同的表达方式:“Creative”——创造性的、有创造力的、创作的、产生的、引起的,现在引申为“创意”。“Idea”——思想、概念、意见、主义、念头、打算、计划、想象、模糊的想法、理想、观念。这是关于创意的最普遍、最有代表性的英文词汇。著名广告大师 J. W. 扬的广告名著《*A Technique for Producing Ideas*》被译为《产生创意的方法》,从此,“Idea”作为创意一词被普遍使用。

在汉语中,创意比较接近以下几个意思:有新意的想法、念头和打算;过去从未有过的计划;创新性的意念。创意最基本的含义有两点:一是有创造性,包含新颖性、超前性和奇异性;二是头脑中的主意、念头、想法。“创意”既是一个名词又是一个动词。作为静态名词的“创意”是指创造性的意念、新颖的构思;作为动态词汇的“创意”是指创意思维的过程,是一种经过冥思苦想而突然降临的、从无到有的新意念的产生过程。

(2)创意的特征。创意的主要特征是突发性、形象性、自由性和不成熟性。不成熟性指明了创意是灵感闪现和创新方案形成之前的那个创新意念。创意常得益于灵感,它是灵感诱发形成的观念形态的想法和念头,比灵感要完整和完善。

第一,创意的突发性。创意是一种突变式的思维飞跃,使感性材料或灵感启示迅速升华为理性认识,也就是变成想法、意念,故而创新还有突破性。

第二,创意的形象性。爱因斯坦在回答美国数学家调查科学家的思维方式的信中说:“在我的思维机制中,作为书面语言的那种语句似乎不起任何作用。好像足以作为思维元素的心理存在,乃是一些符号和具有或多或少明晰程度的表象,而这些表象则是能够自由地再生和组合的”。“在我的情况中,上述心理元素是视觉型的,有的是动觉型的。”爱因斯坦所说的“思维元素的心理存在”和

"心理元素"就是一种创意。这就是说,爱因斯坦在产生创意时,他主要的思维活动是形象思维,他思维的元素是称为表象的记忆材料,他用表象来把握对象,明晰的概念在这时还没有介入,创意还是"具有或多或少明晰程度的表象"。有了创意以后,才可以用概念来审查、推论,运用逻辑思维来证明或否定创意。

第三,创意的自由性。创意思维的目标是确定的,但从思维的方向来说,则是多路的、散漫的、全方位的、灵活的,具有充分的自由性。在创意的选择上,也是自由开放的,甚至是由着自己的性子去思考自己最愿意做的事,有的甚至是隔行的"业余爱好者",表现出思维开阔、自由奔放、不受拘束的特点,有时竟能获得十分宝贵的创意。

第四,创意的不成熟性。爱因斯坦所说的创意是"具有或多或少明晰程度的表象,而这些表象则是能够自由地再生和组合的"。这正说明创意的相对模糊性和不成熟性,也许经过明晰化和再生、组合之后,才能成为创新、设计和方案。我们不赞成把创意等同于创新思维的最终产物,创意是灵感或经验与创新设计方案之间具有中介性质的思维存在。因此,创意诞生后,还必须有一个对创意的证明和证伪的过程,有一个去粗取精、去伪存真、由表及里的再思维过程。

创意对创新具有始动功能,由创意起始进一步进入更深入的创新过程,假如没有创意,创新也就不存在了。创意有启示功能,一个创意可以对自己、他人证明每一个人都具有创造力,我们可以有更多的创新,并以此破除创新的神秘感。创意的延伸功能是说创意的向前延伸便是创造。创意产生设想,创造把这种设想物化为有形的新产品,创业是利用新产品创建一个新事业,创效是凭借事业创立新的更好的绩效,这样的一个过程就是创新。

1.1.2 创造力

英文 creativity,有时译为创造力,有时译为创造性。什么是创造力?简单地理解,可以把创造力看做是人类自身所具有的创造新事物的能力。但实际上,创造力是个相当复杂的概念。

探索创造的秘密使人们将目光集中到创造的主体——人身上,于是形成了有关创造力的研究领域。最早形成创造力的概念,是着眼于创造主体的属性,是人自身所具有的这种能力和特征,引起了研究者兴趣。从 J. P. 吉尔福特(Guilford J. P)发表的著名演讲——《论创造力》开始,人们又将创造力的概念从能力扩展到人格,从静态的定义扩展到动态的描述。

可以将创造力理解为创造者潜在的创造力被一项创造活动所激发,产生创造的情境动机和创造力。真正的创造产品的出现,标志着现实的创造力的实现。

近年来，有关创造力的理论研究出现一种汇合取向，吉尔福特综合了创造力的不同视角，寻求学科整合，提出创造力的 4P(person，product，process，press and place)理论。以 RIM 公司发明“黑莓手机”为例，吉尔福特的4P 理论就具体体现如图 1－3 所示。

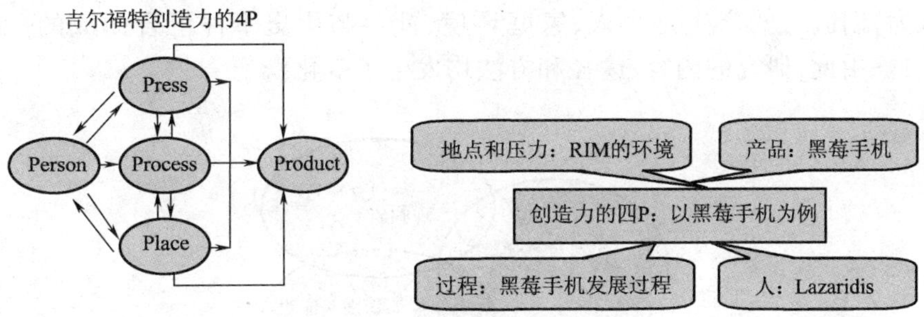

图 1－3　吉尔福特创造力 4P

一个创造的个人(Person)：Mike Lazaridis。身为一名追求完美的工程师，Lazaridis 拥有软件编码和无线技术的多项专利，甚至还荣获过一项计算机电影编辑设备设计艾美奖。

创造过程(Process)：Mike Lazaridis 能够抓住机遇。早在 1993 年，摩托罗拉就开发出了与寻呼机联合起来的无线电子邮件系统，但因为那时电子邮件系统还未发展起来，更不用说用手机发邮件了。在 1997 年为 Bellsouth 公司做一无线电子邮件设备的项目，使 Mike 看到了公司邮件系统中更人性化和更专业化的需要——一套成功的无线邮件系统可以为公司大大节省成本，增加生产力。而这时电子邮件系统已经充分发展起来。找到这样一个潜力十足而又非常明确的市场后，RIM 公司开始潜心为这个市场研究最适合的技术方案，最后终于实现了自己的目标。

创造环境(Place and Press)：RIM 公司是一个重视创新、鼓励观念分享、支持新设想的地方，公司每周四都要举办一个以创新为主题的“远见系列”会议，讨论公司最新的研究和未来的目标，值得注意的是，这是个站着开的会。

最后产生了创造性的产品(Product)：靠“push mail”技术，RIM 公司创造了具有多项新功能和优质服务功能的“黑莓”手机，既能与数据库连接，又能及时下载邮件，并且占内存很小。

斯腾伯格的投资理论认为，创造力是智慧、知识、思考风格、人格、动机和环境的汇合①;阿迈布丽的社会心理学取向认为,创造力是工作动机领域相关技能与创造技能的汇合,环境因素会促进或阻碍创造力②;奇凯岑特米哈依(Csikszentmihalyi M.,1996)的系统理论取向则建议:在任何人都没有能力确切回答创造力究竟是什么时,那么不如先研究创造在哪儿?③ 他认为创造发生在专业领域、领域的守门人和创造个体三者交叉的地方。西蒙顿的历史计量取向也认为,创造力的产生是个人、家庭环境、社会与历史事件汇合而成的(见图1-4)。由此,研究的内容、途径和方法均发生了变化。

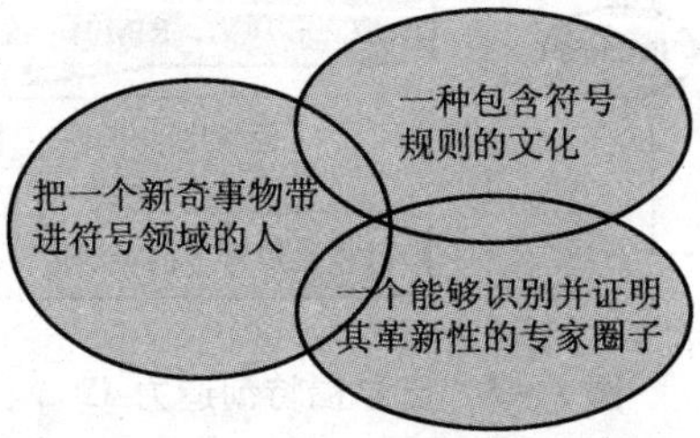

图1-4 创造力的汇合

1.1.3 创新

1.1.3.1 创新的概念

从词源来看,"创新"(Innovation)一词源自拉丁语"innovare",在日常用语中意指"引入某种新东西的行为",也指代"某种新引入的东西"(据《美国传统词典》)。一般意义上,所谓"创新"是指在前人基础上的一种超越,只要能在前人或他人已有成果上有新的发现,提出新的见解,开拓新的领域,解决新的问题,创造出新的事物,或者对既有成果进行创造性地运用,都可以称为"创新",它主要强调的是主体行为的结果。例如,科学创新、技术创新、管理创新、制度创新、企业创新乃至通过社会变革产生的社会体制上的创新等。它们所表明的是作为认识主体的人(个体或团体),通过某种创造性的活动达到了革旧出新的结果,因而创新也可谓革新。我国长期沿用的"革新"概念,其实所指的也是"创新"概念的意思。例如,由中国发明协会主办的,于1984年创刊至今的我国首

① Sternberg J R, The Nature of Creativity: Contemporary Psychological Perspectives [M]. Cambridge Univ. Press,1988:139.

② Amabile,Terese M. The Social Psychology of Creativity [M]. New York, 1983:68.

③ [美]奇凯岑特米哈依.发现和发明的心理学[M].夏镇平,译.上海:上海译文出版社,2001:23.

家发明创造专业期刊《发明与革新》,其中的"革新"所取的正是"创新"的含义。①

从学术研究角度看,经常使用"创新"概念的,除创造学外,主要便是经济学研究领域。而且,对"创新"概念的系统阐明,首先是出现在美籍奥地利经济学家熊彼特(J. A. Schumpter,1883～1950)的著名经济发展理论中。熊彼特的经济理论以对资本主义分析为主体,"创新"概念是该理论体系中两个最重要的概念之一,另一个是"企业家"概念。在熊彼特看来,资本主义的发展以及必然出现周期性的原因,正是在于企业家的创新行为。也就是说,该理论所谓的创新,除了"创新"概念的基本含义外,明显强调了其中具有经济学意义的方面,那就是它特指某种经济行为或活动。②

理解创新的关键点是,创新比创造更强调效果,可以说创新是创造力的运用获得社会承认的效果,或者说是将创意变成现实有效的成果。

从广义上理解,各个领域都有创新,创新与创造在不严格的定义下,可以互换。从狭义理解,创新主要指技术创新,即产生效益(经济含义)的创造。

1.1.3.2 创新的分类

(1)按内容分类。按照创新的内容,可分为知识创新、技术创新、工程创新、管理创新和社会创新等。每一类创新又可细分为更多的方面。如,社会创新可分为社会制度创新、社会政策创新、社会组织创新等,技术创新又可分为产品创新、服务创新、业务流程创新、业务模式创新、文化创新等。

第一,知识创新。知识创新是指通过科学研究,包括基础研究和应用研究,获得新的基础科学和技术科学知识的过程。科学研究是知识创新的主要活动和手段。知识创新的成果构成技术创新的基础和源泉,是促进科技进步和经济增长的革命性力量。知识创新包括科学知识创新、技术知识特别是高技术创新和科技知识系统集成创新等。知识创新的目的是追求新发现、探索新规律、创立新学说、创造新方法、积累新知识。总之,知识创新为人类认识世界、改造世界提供新理论和新方法,为人类文明进步和社会发展提供不竭动力。

知识就是力量,这本是一个古老的真理。当世界范围的知识经济悄然兴起之际,它又被赋予了新的含义。知识成为最重要的直接资源和基本要素进入经济生产领域。在资源与要素的配置中,知识扮演着越来越重要的角色。

知识经济扑面而来,对其理论和实践的探讨也备受关注。目前较权威的定义是由亚太经济合作与发展组织(OECD)于1996年将其定义为"以知识为基础

---

① 傅世侠.创新、创造与原发创造性[J].科学技术与辩证法,2002,(2):39.

② 傅世侠.创新、创造与原发创造性[J].科学技术与辩证法,2002,(2):39.

的经济”。由于尚未形成定性的指标体系来界定知识经济,人们对这一概念的内涵有着不同的解释:①知识经济是一种全新的经济和社会形态,这是目前较为普遍的一种认识;②它是一个经济发展阶段,人类从农业经济、工业经济发展到现在的知识经济;③它是一种经济结构,如 OECD 国家认为其主要成员国知识经济的比重已超过经济总量的一半。此外,还有人认为知识经济是一种新的经济发展模式和发展理念,它要求以尽可能少的自然资源和最大限度的知识应用实现经济增长,满足社会需求。无论何种理解,知识经济的出现预示着社会生产领域的一场革命,它的到来是社会发展的必然趋势。①

第二,技术创新。1992 年 OECD 认为:技术创新包含了新产品和新工艺的产生以及对产品和工艺的重大技术性改变。创新包括了一系列科学的、技术的、组织的、金融的和商务的活动。我国学者认为:技术创新是指企业应用创新的知识和新技术、新工艺,采用新的生产方式和经营管理模式,提高产品质量,开发生产新的产品,提供新的服务,占据市场并实现市场价值。总之,技术创新概念的严格定义是一个相当广泛而复杂的问题,难以用简单的定义将它涵盖,到目前为止还没有一个大家都能认可的严格意义上的统一定义。但是,有一点是公认的,就是技术创新是一种经济概念,是一种经济发展观。这一概念的内涵是,高度重视技术变革在经济变革中的重大作用,它是经济和科技甚至包括教育、文化等的有机结合,而不是一个纯粹科技范畴内的概念。②

熊彼特认为技术创新是把从来没有的生产要素的“新的组合”引入生产系统。具体包括:

- 采用一种新的产品或产品的新特性。
- 采用一种新的生产方法。
- 开辟一个新市场。
- 掠取或控制半成品的供应来源。
- 实现一种工业的新组织。

技术创新是一种产生效益的创造性活动,没有创造就没有创新。创新同时也是一个“毁灭”过程,是一种创造性的“毁灭”,是指对旧的生产体系的破坏。创新本身就是一个不断创造、不断毁灭的过程。③ 在熊彼特看来,创新者必须具备三个条件:①要有眼光,能看到潜在利润;②要有胆量,敢于冒险;③要有组织能力,能动员社会资金来实现生产要素的重新组合。

---

① 吴涓. 关于加强高等院校知识产权管理与保护的若干思考[J],研究与发展管理,2000,(3).
② 李士. 技术创新和发明创造的联系与区别[N]. 学习时报,2004-3-25.
③ 远德玉,马世骁. 企业技术创新概说[M]. 沈阳:东北大学出版社,1997:2-3.

第三，工程创新。工程是什么？简单地说，工程就是造物。严格地说，工程是人类以相关的技术，按一定的规则，为了构建一个新的存在物的集成性活动。由于每项工程活动都有其特殊的初始条件、边界条件和不同的目标要求，不可能存在两项完全相同的工程。例如，当一个隧道工程"学习"另一隧道工程的先进经验时，是必须有某些变化或创新的，工程创新就有了多方面的具体内容和多种不同的表现形式：工程理念创新、工程观念创新、工程规划创新、工程设计创新、工程技术创新、工程经济创新、工程管理创新、工程制度创新、工程运行创新、工程维护创新、工程"退出机制"创新（例如矿山工程在资源枯竭后的"退出机制"）等。工程创新的重要标志体现为"集成创新"。

工程集成创新的第一个层次是技术要素层次的集成。工程创新活动需要对多个学科、多种技术在更大的时空上进行选择组织和优化。这就是说，工程不可能依靠单一的技术。工程创新的集成性还反映在工程活动中包括了物质要素、技术要素、经济要素、管理要素、社会要素和文化要素等多种要素的集成。

第四，社会创新。社会创新指的是能够满足社会目的并取得实效的新想法。社会创新是指开发出更为有效的服务、项目和组织来满足社会需求，涉及的领域包括卫生、住房、教育和养老，这需要政府和企业作出较大的努力。然而目前组织形式不固定，资金投入少，参与的机构及方式不成体系是现有的问题。各国政府也在进行此方面的政策咨询，并付诸实践。

现任华盛顿大学社会创新中心主任的 Susan Stroud 写了一本书《社会硅谷》，他认为：过去的500年人类通过技术革新、科学发展和经济增长得以生存，如果人类想继续生存下去，人类未来的生存要通过社会创新，即建立一个可持续的社会机制。社会创新的过程就是城市、国家政府以及企业通过对于新的更有效的方法的设计和开发应对城市扩张、交通堵塞、人口老龄化、慢性病以及失业等迫在眉睫的挑战的过程。要改善政府和企业的社会行为方式，通过教育来加强公民服务意识的培养，以促进社会的和谐统一。

(2) 自主创新和开放式创新。按照创新的程度和创新中自我知识产权的比重，又可分为自主创新与开放式创新。

第一，自主创新。自主创新即指国家或企业依靠开发自己核心的技术，形成核心竞争力的创新。它强调企业核心部分的创新必须是自主的，次要部分可以"外购"或"外包"等，在利益最大化和时间效率最大化之间找到平衡。通过自主创新，企业能够主导自身在行业竞争中的领先地位。

世界产品中：电视机的38%、电脑显示器的42%、收音机的70%、照相机的50%、电冰箱的16%都是中国生产的，但是，我们并没有得到这么高比例的利润，因为我们缺少自主核心技术和自主设计。过去，我们不重视自主创新，在经济发展中遇到了困境。DVD 机是一个越来越普及的家用电器，在国际市场上每一台产自中国的 DVD 最低 29 美元就可以买到，可是因为我们生产过程中缺乏核心技术，每生产一台 DVD 机我们要向有关部门缴纳专利费 20 美元。因此，我们必须通过自主创新来提升我们的竞争力，来提升中国经济的竞争力。

提倡自主创新并不会把自主创新看成是绝对的、每个组成单元都是自成体系的，因为任何企业都会受到内部和外部资源配置的局限，只要能在最主要的核心部分实施自主创新的突破即可，有些部分在成本可控的范围内应该尽量采用外部成熟资源，提高效率，缩短时间。

第二，开放式创新。传统的企业技术创新认为，创新的关键是在严格控制下的企业内部实验室进行，随着信息技术的发展，到处遍布的可用知识使得控制变得不可能，现在竞争优势往往来源于其他人的研究和发明。

所谓开放式创新即不断利用从外界得到新资讯、新技术、新产品，甚至与竞争者分享自己的创意而获利的创新。

原来人们理解的创新只是小部分研发人员的事情，这拉大了普通人与创新的距离。但“开放式创新”却直接指出创新不能仅仅依靠组织内部的思想，而需要依靠所有愿意进一步开发的机构和个人。换句话说，创新是我们每个人的责任。

1.1.3.3 创新能力

江泽民同志曾指出：“创新是一个民族进步的灵魂，是国家兴旺发达的不竭动力”，“一个没有创新能力的民族，难以屹立于世界先进民族之林”。我国要在 21 世纪的国际社会中占有一定的地位和具有较强的竞争实力，必须增强我国的创新能力，必须培养出一大批具有创新意识和创新能力的人才。

上面提到两次的“创新能力”，具有不同内涵，前者是指国家和企业的创新能力，后者是指个体的创新能力。在广义上，创造和创新可以互换，但从确切的含义来说，创新是一种有效的创造性的活动，创新大多数需要通过社会运作方式来实现。因此，创新能力通常也是指国家和企业的创新能力，而个体的创新能力与个体创造力是等同的。

能力是指个人在遗传与成熟的基础上，经由环境中的训练或教育而获得的知识与技能。如前所述，创新是在前人基础上的一种超越，创新主体在创造过程中有新思想的提出和新成果的出现，这就需要创新主体自身具备创新的能力和素质，能够被创造活动所激发，把潜在的创造力变成现实的创造力。因此，创新是一个由潜在的创造力向现实的创造力转变的动态过程，而其最终目的是真正的创造产品和创新结果的出现。因此，从狭义上说，如果把创造力仅仅看成是主体的一种创造新事物的能力，那么创造力与创新能力是具有同义的概念。但是若从更丰富的内涵去理解创造力，则不能这样简单地互换。一般来说，创新能力是指创新主体所具有的创造性地、有效地运用现有知识和技能做出新成果的能力。个体创新能力就是个体创造力。

宏观的创新能力是指国家或企业所具有的创新绩效。从国家来说，是国家创新体系所凝聚的创新水平，使之在国际竞争中处于何种优势地位的能力。其具体包括科学的应用研究能力，新技术的开发（发明、设计研制、试验定型、中间试验、生产准备）研究能力，技术转化（试生产、试销、投产销售、占有市场）能力和技术扩散能力，其中掌握核心技术和拥有自主品牌的能力是关键。

作为企业的创新能力，则是指企业在技术发明、技术开发、技术转化和技术扩散的范围内创造性地解决问题的能力，可见创新能力是创造力的一种，是创造力在创新活动中的反映。企业创新能力的提高涉及技术创新、管理创新和制度创新。

实际案例

《盗梦空间》创意当道

到底是什么让《盗梦空间》（见图1－5）的票房卖出6亿美元？导演兼编剧克里斯托8弗·诺兰将“分享梦境”的主题概念搭配上男主角寻找爱妻的情感内核，再加上用数学和精神分析学对剧情、细节赋予逻辑，成就了《盗梦空间》的创意。

跟《黑客帝国》讨论“何为真相”一样，导演兼编剧克里斯托弗·诺兰将他的创意想法，通过商业手段传达给观众，那就是“人能不能跟他人分享梦境空间？”这个关于梦境的命题，其实从诺兰年轻时就已经开始，最终他找到了最适合表达他这个思考的形式：电影。在诺兰的这个充满怀疑论的主题概念中，你在梦中睁开眼见到的人有可能是一个入侵者，前来窥探你心底的秘密，或者前来植入一个想法，让这个想法在你心里生根发芽，从而改变你的思想，以达到他的目的。

莱昂纳多·迪卡普里奥饰演的男主角科比，就是这样一种拥有侵入他人梦境技巧的盗梦者，一种另类的商业间谍：他往往受雇主所托，帮助雇主窥探竞争对手的秘密。他只要一台仪器、几根能输入麻醉气体的管线，当你在飞机上、火车上熟睡之际，他就已经“连线”进入你的梦中，给你造一个梦境迷宫，看起来像是你熟悉的世界，这样方便他窥探你的意识深处。

图1－5 《盗梦空间》海报

跟那些把梦境拍得很玄乎的好莱坞电影不同的是，《盗梦空间》中人物梦中所见却无比现实、直观，其中的建筑、空间跟真实世界毫无二致，真实和梦境之间的视觉衔接毫无痕迹，观众可以直面人物角色的潜意识。“我们不想让片中的梦境表现出多余的超现实感。我想让梦境和真实的世界一样牢靠。”导演诺兰表示。尽管影片中这种哲学观点似是而非，但无论认可还是不认可，不少评论认为，这个主题概念充满了创意，同时激起了观众的兴趣。①

思考练习题

1. I. 泰勒曾提出的“创造五层次”具体表现为哪五种创造？
2. 创意的特征是什么？
3. 理解创新这个概念的关键在哪里？创新分为哪几类？
4. 创新对大学生有什么意义？
5. 个体创新能力包含哪几方面的内涵？如何理解各个方面？

① http://yule.sohu.com/20100826/n274480847.shtml(2011－8－24).

1.2 创意开发的理论依据

引导案例

创新心理的开发与训练

西方有些马戏团有一个跳蚤表演节目,这些极小的昆虫能跳得很高,但不会超出一个预定的限度。每只跳蚤似乎都默认一个看不见的最高限度。

知道这些跳蚤为什么会限制自己跳的高度吗？开始受训练时,跳蚤被放在一个有一定高度的玻璃罩下。开头这些跳蚤试图跳出去,但撞在玻璃罩上。这样跳了几下之后,它们就不再尝试跳出去了。即使拿走玻璃罩它们也不会跳出去,因为过去的经验使跳蚤懂得,它们是跳不出去的,这些跳蚤成了自我限制的牺牲品。

人也能变成这样。如果你认定自己不能成功,你就局限了自己的远见。要开动脑筋,要敢于有伟大的理想,试一试你的最大能力,不要关闭你自己的潜能。

当前的压力会限制我们的远见。有个故事说的是父子俩赶着驴子到集市买食品。起初父亲骑驴,儿子走路,路人看见他们经过,就说:“真狠心哪,一个强壮的汉子坐在驴背上,那可怜的小家伙却要步行。”于是父亲下来,儿子上去。可是人们又说:“真不孝顺呀！父亲走路,儿子骑驴。”于是父子两人一齐骑上去。这时路人说:“真残忍呀！两个人骑在那可怜的驴背上。”于是两人都下来走路。路人说:“真愚蠢呀！这两个人步行,那只壮实的驴子却没有东西驮。”他们最后到达集市时整整迟到了一天。人们惊讶地发现,那人同他儿子一起抬着那只驴来到了集市！像这个赶驴子的人一样,我们也会因为过分担心所受到的压力而看不清方向,忘记了自己的目标。

积极成功的心态之所以会使人心想事成,走向成功,是因为每个人都有巨大无比的潜能等待我们去开发;消极失败的心态之所以会使人怯弱无能,走向失败,是因为放弃了伟大潜能的开发,让潜能在那里沉睡,白白浪费。①

① http://www.cccv.cn/Article/detail/2007/4/33087.asp(2008-5-19).

1.2.1 创造力开发的理论依据

大脑是思维的器官，是人类创造力的物质基础。通过大脑的训练，既可保持年青态，还可以提高创造力。本书所谈到的创造力开发，涉及更广泛的内容，不仅涉及大脑问题，还涉及人格、态度、行为；不仅涉及个体，还涉及团队和社会组织。

在创造学中，“创造”和“创新”这两个概念，在一般情况下是可以相互替换使用的，或者说，它们之间并没有绝对严格的界限。其所表征的共同特点就是，无论是创造主体的创造性思维，或是创造出来的产品（物质的或精神的），都是越出新、越独特、越不同凡响或越标新立异则越好。如果这种产品是世界上从来没有过的、独一无二的“原创”，那么，只要它还能满足“现实性”（或“适用性”）这一充分条件，那它就将是世界性的、顶尖级的创新或创造。①

人们越来越重视创造力的培养，挖掘创造力资源是社会发展的需要。面对复杂的未来，各国都需要更多的创造型人才。奥斯本在其名著《创造性想象》中指出：“人类社会的文明史正是由人们依靠创造力实现的辉煌成就构成的。想象力是人类能力的试金石。作为动物，人类之所以能生存、继续，毫无疑问是依存想象力。作为人类，人们也正是依赖想象力才能征服世界。”P. 伊顿指出：“这就向我们的教育才能提出了挑战，看我们是否获得发展创造性、积极性和智力的源泉。我们深信，我们国家的最高经济利益在不远的将来主要依赖我国人民的创造才智，而不是我们丰富的自然资源。”哈佛大学前校长普西教授也指出：“中学和大学应该使具有十分重要意义的创造性火花恢复生机。因为创造性火花是各级教育之间的纽带，这是历史赋予我们的，应该毫无拖延地完成的一项使命。”

人的创造力能否通过一定的教育手段和环境改变等措施而得到发展呢？回答是肯定的。国际上许多国家将创造力研究的理论运用于教育之中，经过多年的实践，形成了创造力开发的专门活动。

创造力开发，又叫创造性培养，是以下述理论为依据的：

第一，人人都具有创造力，只是程度高低不同而已，普通人和天才之间并无不可逾越的鸿沟。与传统的看法不同，不少心理学研究者根据调查得出结论说，创造力在人群中呈正态分布，创造力很强和很差的人均属少数，大多数人都具有中等程度的创造力。

---

① 傅世侠. 创新、创造与原发创造性[J]. 科学技术与辩证法，2002，(2)：40～41.

第二，创造力和智力是不同的范畴。大量研究表明，创造力和智力是两种不同的心理品质，智商低的人其创造力也同样低，但是智商高的人创造力则有高有低。因此，开发智力不能完全代替创造性的形成。

第三，创造性虽说不是靠教得到，但是通过恰当的环境和教育是可以提高的。创造力的高低，先天素质一般只决定了一半。后天的教育和环境的熏陶有时更重要。如，与传统的教学方法相比，创造性教学方法能够取得更好的教学效果，即使教学内容相同，创造性学习也能明显提高学习效果。创造性学习还容易调动学生的积极性和自主性，研究表明，具有创造的意识和精神是创造活动的主要动力。

第四，创造性培养最根本的问题是塑造创造性人格。创造力开发的活动，不能满足于教授创造技法和思维训练，要进行更深层次的人格培养。只有具备让创造之花自由生长的文化沃土，才能使创造成为社会文明之舟。因此，创造力开发也包括努力促进社会环境和文化的进步。

1.2.2 创造中的心理障碍

在培养创造性人格问题上，所谓心理素质差，也就是指在人格特质中缺乏创造性所需要的某些特定方面。当然，这种人格弱点仅仅是与发挥创造性有关，它与病理心理学所谓的人格缺陷或障碍性人格等无关。但这种人格弱点却往往会导致创造主体在创造过程中出现各种心理障碍，因而在研究创造性人格问题时值得特殊关注。

所谓创造过程中的心理障碍，既包括那些明显由个体认知或个性上的弱点所造成的心理障碍，如感知不敏锐、缺乏自信心等；也包括那些受社会认知影响，尤其是受所在团体氛围中实际存在的某种有形或无形压力的作用而产生的心理障碍，如害怕失败、崇拜权威等。

总括起来看，创造过程中的心理障碍大致表现在以下一些方面。

1.2.2.1 自我意识障碍

自我意识上的障碍，主要是不能客观、公正地估计自己。比如，认为自己没有创造力，或是认为自己没受过某种专业训练，等等。实际上，在创造过程中，一定的自责有时虽然必要，但过分看重自己的不足则会失之客观而造成归因上的误差，甚而导致对自我丧失信心。

很多人始终对创造有一种神秘感，认为只有那些天才、专家才能创造。这完全是一种误解，创造并不神秘，也不是可望而不可即的事。

历史上，发明显微镜的列文虎克原是个杂货店的学徒和看大门的；发明缝纫机的坦莫尼尔和豪都是普通的裁缝、工人；发明照相机的利埃普塞是个业余科学家。又如，圆锯的发明者是个修女，她当时一面纺线，一面观看男子吃力地用直锯锯树，心想若用一个纺线轮子周围装上锯齿，锯起来不就省力得多了吗？

还有的人总认为自己还在学习，不具备创造的本钱，这种看法有道理，但也有局限，专业知识虽是创造的必要条件，但当需要打破旧的知识限制而创造新知识时，有些专业知识有时也可能反而成为一种阻碍。实际上，有时恰恰需要打破专业界限。因此，从这个意义上说，专业知识准备并不是绝对的，一味因专业问题而产生心理障碍实无必要。

另外，在自我意识方面还存在另一种障碍，即过分自负。它往往使得个体羞于提出一些不太成熟的想法，对别人的不成熟想法也爱吹毛求疵，其结果则常常是一事无成。

1.2.2.2 情感障碍

情感障碍是创造过程中经常容易出现的现象，而且也较难克服。例如，不敢冒险、害怕失败。这是由于新设想一般不能很快为社会或其他团体成员所认同，就容易使创造者因被拒绝而失去团体和社会的归属感，因而不敢冒此风险。又如，情感上的“自恋情结”，即过分看重已有的创造成果，而妨碍自己和他人作进一步改进，以创造出更好的解决办法或产品。

再如，在情感上容不得“混乱”也是一种常出现的障碍。这种障碍就是不能忍受不确定的、存在多种可能性的状态。其实，如果问题处于模糊状态，恰恰可能正预示着某种突破。这时所需要的是坚持和忍受，直至达到真理的彼岸。

另一种妨碍创造的情感障碍是不会幽默，不会放松，不敢有游戏心。实际上，幽默可以活跃思想，可以摆脱传统和现实的束缚，激发想象力，甚至可以直接为创造发明提供思路。可以说，幽默是高情感智慧的标志，幽默感是创造个性的集中体现。

1.2.2.3 认知障碍

认知障碍主要有感知不敏锐、功能固定、过分遵守规则、人云亦云、缺乏独立见解、崇拜权威以及经验主义等。如感知不敏锐是指在认识一开始就不主动、不积极、不敏感的状态，主要表现在：对任何事都无动于衷，不感到新奇；对事物的兴趣只维持一会儿，不喜欢刨根问底，多问几个为什么；感知麻木，不善于发现问题；见怪不怪，看不出毛病和缺陷。

我们生活中总会遇到不安全、不得劲、不顺手、不如意的地方，但是一般人都是埋怨几声后，“外甥打灯笼”——照旧，依然这么办。为什么呢？因为大家习惯了。感官对明显暴露的缺陷也不敏感。比如，煮牛奶就是个令人烦恼的事。站在旁边等半天,牛奶也不开。可你一离开几秒钟,牛奶就溢出来了。弄得锅外面、炉灶上到处是奶。但是大家都想不到去改变。这种事见得多了,习惯成自然,好像煮奶溢出来是正常的。可是,天津铝制品厂的一名技术员却没有被习惯看法束缚,发明了一种不溢的奶锅。

要想知道这位技术员是怎么发明不溢的奶锅,只要仔细观察一下牛奶为什么爱溢?是不是气泡太多?能不能想办法把气泡都打碎?发明人就是在奶锅里放了一个随着热气旋转的四个小铁臂,通过把气泡打碎而实现的。

1.2.2.4 动机障碍

动机上的最大障碍是:对创造不感兴趣,满足于做好常规工作;在认知需要上浅层化,只了解需求,没有理解需求,没有深层探讨的驱动力;缺乏危机感,等等。

创造过程中的心理障碍,首先与主体的主观因素有关。创造过程的前期,主要容易出现自我意识上的不自信或认知上的感知不敏锐等心理障碍。创造的中期,则主要容易出现认知上的功能固定、过分遵守规则、情感上的害怕失败、不敢向权威挑战等障碍。创造的后期,则容易出现不能忍耐长期的艰苦和动机上寻求尽早得到报偿的障碍等。

创造之途总是布满荆棘,尝试新事物不仅开始就面临失败,就是成功了,人们也难于马上接受。因为大家对新事物不熟悉。在科技史中,新事物受到压抑和打击的事例屡见不鲜。哈维的血液循环理论被说成是离经叛道;琴纳发明种牛痘预防天花被说成"谁种牛痘谁就会成为牛痘狂";爱因斯坦的相对论被讥笑为"怪物";韦尔斯医生第一次用麻醉法拔牙,医务人员却骂他是江湖骗子;富尔顿发明轮船,却受到运河主人的反对;斯蒂芬逊发明火车,竟遭社会舆论的谴责……这不胜枚举的事实说明创新必须冲破来自各个方面的重重阻力。只有敢于创新的人,才能不畏风险,才能迎来真理的曙光,而任何犹豫、怯懦都可能失去认识真理的机会。冒险就是要有猜测、尝试、实验或面对批评的勇气。应该勇于坚持自己的见解,也勇于修改自己的见解,即使全错了,放弃自己的见解,在心里也不留有阴影。

1.2.3 创意开发的环境要素

创意开发是一种社会生产活动,与其他社会生产活动一样涉及多种主客观要素的参与,包括创意开发主体、创意开发对象和创意开发手段。创意开发,可以认为是这些要素在一定的社会环境里相互联系与相互作用并不断趋近创意开发目标的过程。研究创意开发环境,对创意开发来说是必不可少的。

创意开发主体即创意开发者，是产生创意开发行为的主体，是在创意开发活动系统中占主导和支配地位的基本要素。从这点出发，可以认为创意开发是创意开发主体为适应环境而运用创意开发手段变革创意开发对象的一种行为。

创意开发对象是创意开发活动系统中的客体要素。由于创意开发活动都具有目的，因此创意开发对象是创意开发活动中的一个基本要素。

创意开发手段是创意开发主体借以展开创意开发活动的方法和条件。因此，创意开发手段在创意开发活动系统中具有重要的作用。

由于创意开发是一种实践活动，创意开发主体就无法摆脱所依赖的社会环境，因而，创意开发主体总是在一定的客观背景下表现自己的创意开发行为，并受到该客观环境背景影响。这种对创意开发活动产生影响的非创意开发对象客体，就是创意开发环境。

创意开发环境有宏观环境和微观环境之分。宏观环境主要指创意开发主体所处的社会价值观、社会制度、国家政策及社会风气等。微观环境主要体现在创意开发主体从事具体创意开发时所直接感受到的社会、文化和经济状况。

其中，研究者针对文化环境对创意开发的影响展开了较多的研究。罗杰斯(C. Rogers)认为，文化环境的开放性和进取性是激发创造的先决条件，“一个在整体上是被动而墨守传统的民族，是不会有能力面对愈来愈大量出现的问题的”。马斯洛(Maslow)认为，为了促进创造力，我们必须要准备好适宜于创造力的气候。阿瑞提(S. Arieti)则把文化环境视为“创造基因”，他认为，“包含创造基因的文化与具有潜在创造性的个人相结合，才会产生创造力。”“由于受共同的振动……因此许多天才迅速地接连出现”。

创意开发环境相对创意开发主体来说是一种外部条件，它对创意开发主体的思绪方式和运用创意开发手段的状况都有正面或负面的影响。

在支持、鼓励创意开发活动的环境里，创意开发者如鱼得水，他们可以无拘无束地解放思想、大胆创造，从而容易将潜在的创造力充分解放出来。在科学技术高度发达的社会里，创意开发者可以站在巨人们的肩膀上，充分利用现代科学技术成果的跳板，向更高更新的创意开发目标奋进。

良好的环境、优越舒适的条件固然能强化社会创意开发的动力，但也有可能使许多人“乐不思蜀”，不想在创意开发活动中付出艰辛的劳动。这时，环境异化为创意开发的一种障碍。相反，当创意开发主体处于一种不那么满意的“逆境”时，生存与发展的欲望则有可能激起创意开发的内在动力。“自古英雄多磨难，逆境成才总有时”，这种现象古今中外都可以找到实例。

因此，我们在分析创意开发环境对创意开发活动的影响时，要认识它的二重性。即是说，对创意开发所处的环境要有辩证的观点。我们既要充分利用良好的外部背景去强化创意开发意识，也要注意将“逆境”造成的压力转化为创造的契机。“天生我材必有用”，只要有强烈的创意开发动机，有一定的创意开发手段，在任何环境里都能做到有所发现、有所发明、有所创新。

实际案例

“围猎”创新工场：创业者高地的制高点

2009年9月4日，李开复以一条“再见，谷歌”的微博宣告自己在谷歌四年从业经历的结束。3天后，这位中国曝光率最高的职业经理人的名字与一家新公司“联系”在了一起。

更准确地说，“创新工场”这四个字，正是因为“李开复”而在一夜之间为人们所熟知。

两年过去了，仅就已公布信息来看，这座工场围绕移动互联网孵化出了点心、豌豆荚、应用汇、友盟、魔图精灵等一系列产业链上下游的创业项目，并成功地将“中国版Quora”知乎和原盛大边锋总裁许朝军创立的点点网收入麾下。

虽然现在还远未到谈论商业回报的时候，但只需看看中关村“第三极大厦”（创新工场所在地）一楼的贝塔咖啡馆，以及与之毗邻的车库咖啡馆、3W咖啡馆里，形形色色的创业者、投资人穿梭来往，关于“创业、投资”的讨论声此起彼伏，你就可以大致想象出“创新工场”所身处的（一定程度上是被它精心培育起来的）无比热闹的创业生态环境了。

Y Combinator创始人保罗·格雷厄姆（Paul Graham）曾说，创业公司总是出现在高校周围，这并不是个偶然，因为那正是聪明人能碰到一起的地方。

5年前，在“上一拨”互联网创业热潮中，高校云集的中关村曾诞生了6家纳斯达克上市企业（它们是：华友世纪通讯有限公司、德信无线通讯科技有限公司、百度在线网络技术有限公司、北京源德生物医学工程有限公司、北京奥瑞金种业股份有限公司、中星微电子有限公司）。现在，当新一轮创业热潮“轮回”至移动互联网时，这里又成了汇聚无数年轻创业者的高地。在他们中，有不少人，尤其是那些刚毕业或尚未毕业、充满了创业热情的年轻人，更将“创新工场”视为这座高地上的制高点。

这并非是他们一厢情愿的想法。据传，但凡是能在创新工场里实习过几个月的应届毕业生，拿着简历去中关村其他公司应聘，就立即能享受到免面试、免试用期、工资翻倍等“特殊优待”。

当我们真正踏入这座工场，收获的第一印象是这里与大学校园“无缝衔接”的创业环境——一排排面对面的办公桌、现成配备的电脑、定点供应一日三餐，同时还有一支专业团队帮助创业者处理财务、法务、人事、公关等日常事务，最重要的还有李开复、汪华、易可睿这几位重量级创业导师的指点。创业者只要背个书包，就可以到这里专注地“燃烧”自己对新技术、新产品、新商业模式的激情。

接下来，最令人好奇和期待的无疑是“起了个大早，又精心布了一盘大棋”的创新工场，能否在这块新战场上的“围猎”号角刚刚开始吹响后，展现出持续给力的表现呢？①

思考练习题

1. 你认为大学生的创造能力是能够开发的吗？应该从哪几个方面开发？
2. 创造过程中的心理障碍大致表现为几方面？应如何理解？
3. 如何理解创意开发环境要素？

① http://tech.qq.com/a/20110808/000055.htm(2011－8－24).

Chapter 2

创造性思维的理论

本章关键词

◇ 创造性思维
◇ 发散思维和收敛思维
◇ 横向思维和纵向思维
◇ 全脑模式

恩格斯曾经指出:“一个民族若想站在世界的高峰,就一刻也离不开思维。”而一个人创造力的大小,不仅与人的心理品格有关,而且与创造性思维有直接联系。

2.1 创造性思维的特征和形式

引导案例

能摸出时间的床单 Melted Clock①

在这样寒冷的冬天,真想躲在被窝里不出来啊,冰冷的空气让伸出手拿闹钟看时间都成了一种挑战。有设计师 Florian Schärfer 就带来了一款新奇的时钟 Melted Clock。这款时钟与床单融为一体,时钟的显示通过点阵方式,采用一种仿生材料 EAP,你只需触摸就能获得时间信息。另外,它还有收音机的功能。这款设计还获得了 2009 的红

① http://pkkeji.blog.163.com/blog/static/1856391522009102011450311/(2014-8-20)

点设计大奖。见图 2－1。

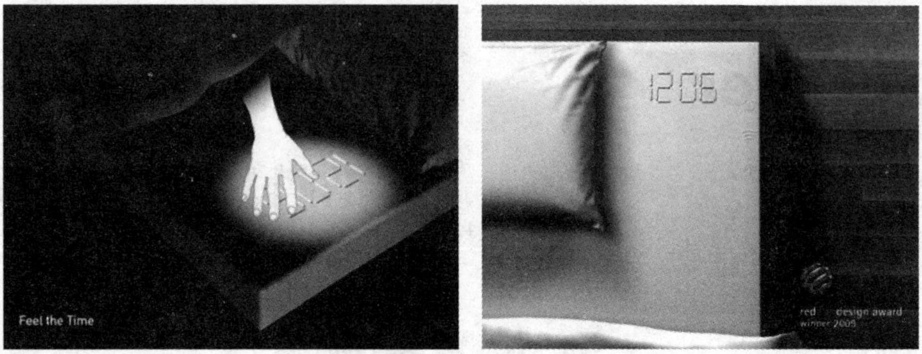

图 2－1　能摸出时间的床单

2.1.1　创造性思维定义和特征

2.1.1.1　创造性思维的定义

什么是创造性思维?

简单说,创造性思维是运用新颖、独特的方式和方法解决问题的一种积极主动的思维活动。严格地说,“所谓创造性思维,乃是认识主体在实践中,在由于发现合适问题的导引而以该问题的解决为目标前提下,基于其意识与无意识两种心理能力的交替作用,当暂时放弃意识心理主导而由无意识心理驱动时,突然出现认知飞跃而产生出新观念,并通过逻辑与非逻辑两种思维形式协作互补以完成其过程的思维”。

理解创造性思维可从以下三个方面加以把握:

要点Ⅰ:创造过程始于合适问题的发现、终于问题的合理解决。

要点Ⅱ:创造过程始终存在意识(Cs 或 C)与无意识(Ucs 或 U)两种心理状态或心理能力的作用。

要点Ⅲ:创造过程由逻辑与非逻辑两种思维形式协作互补而完成。

它们的关系可简示为:

逻辑(言语)思维………非逻辑(非言语)思维
↑　　　↗　　　↑
意识心理……………………无意识心理

2.1.1.2 创造性思维的特征

创造性思维的特征主要可以概括为以下几点：

(1)开放性。开放性，本质上是一种空间的概念。所谓思维的开放性，即开放感觉、开放信息、开放经验、开放美感、开放观念、开放价值，多视角、全方位看问题的思维特性。思维的开放性还指在思维加工过程中延迟判断，让更多的可能性进入思考的范围；在信息的输出时宽容地对待不成熟的设想，让有前途的创意得以出笼。思维开放性也是一种创造性认知风格，是反映信息在交流中无阻碍，同时不引起情感芥蒂的一种心理状态，思维的开放性是创造性思维得以产生的前提条件。

(2)求异性。创造性思维的求异性是指对司空见惯的现象或者已有的权威性理论始终持一种怀疑的、分析的、批判的态度，而不是盲从与轻信，并用新的方式来对待与思考所遇到的一切问题。当然，这种求异必须是建立在实事求是的科学态度之上的，绝非单纯地为求异而求异。

(3)新颖性。新颖性即独特性，是指突破传统思维定式和狭隘眼界，通过独特的视角、前人没有尝试过的方法去思考问题和解决问题。其结果通常采用新的信息编码与加工形式。

(4)灵活性。创造性思维的灵活性是指其思维结构是灵活多变的，其思路能及时地转换与变通。创造性思维在结构上的灵活性，对于探索未知、创造技术，都是不可或缺的。只有多方法、多渠道、强能量、高效益、多反馈地进行多方探索、反复试验，才能增加成功的概率。

(5)非显而易见性。非显而易见性是指创造性思维的过程和结果对于目前社会该领域的中等专业技术人员“一想”是想不出来的，即不是非常容易地就从现有的原理中推出的结论，往往需要通过非逻辑的跳跃，打破旧的联系才行。

2.1.2 创造性思维的形式

创造性思维的根本特点就在于，它是运用新颖独特的方式方法解决问题的一种积极主动的思维活动。创造过程中，人们既运用逻辑思维，也运用非逻辑思维；既有形象思维，又有抽象思维。任何把一种思维形式作为创造，思维的唯一形式的看法都是片面的。但是逻辑思维与非逻辑思维、形象思维与抽象思维在创造中的作用是不一样的，在不同性质、不同类别的创造中，各种思维形式的作用大小也不一样。一般来说，创造性思维中非逻辑思维要比逻辑思维起到更重要的作用，而常规思维中逻辑思维要比非逻辑思维起到更大的作用。

非逻辑的思维形式主要有联想、想象、隐喻类比、灵感、直觉、顿悟等。

2.1.2.1 想象

想象是人在头脑里对记忆表象进行分析综合、加工改造，从而形成新的表象的心理过程。它是思维的一种特殊形式，即通常所谓的形象思维。想象能使我们超越时间和空间的限制，凭表象之手去触摸感觉不到的世界。因此麦金农说："想象力是大于创造力的。"创造既需要想象力翱翔天空，又需要回到现实，脚踏实地地努力。

想象是对表象和意象的自由加工。那么，什么是表象？什么是意象？

(1)表象。表象是指曾经作用于人的具体事物被保留在头脑中，当该事物不在面前时所浮现的心理形象。表象是表征的一种。

依据表象产生的感觉通道，表象可分为视觉表象、听觉表象、运动表象等。根据表象产生的方式还可以将表象分为记忆表象和创造表象。

由于某种原因使经历过的事物的形象在意识中浮现出来，头脑中所回忆起来事物的形象就是记忆表象。如，我们每一人在头脑里可以呈现出父母的形象、自己房间的布局及各种用品的模样等。创造表象，是指记忆表象在人的头脑中经过加工重组之后产生的新的表象；这些新表象或者代表人们从未感知过的事物形象，或者代表世界上根本不存在的事物形象。

表象属于客观事物的感性印象，具有直观性；表象一般说是多次知觉的结果，又具概括性；表象是由感知过渡到思维的必要环节。

(2)意象。所谓意象，就客观物象经过人独特的情感活动而创造出来的一种感性心理形象。意象与表象类似，但不是表象。表象更为直接地依赖知觉，它是在知觉出现后，离开对象时立即产生的。表象的材料经过过滤可以成为意象材料的源泉之一。表象的瞬间性是意象所缺乏的。意象的长久性能使它发展，能与其他意象重新组合。即使在意象产生的短暂时间内，它也与表象有不同之处，意象是经过选择的。表象局限于直接知觉过的东西，意象的创造功能远比这广泛，它可以创造现实中没有见过的意象。

(3)想象的分类。想象有如下几种分类方式。

一是按照主体的意识状态可以将想象分为无意想象与有意想象。

无意想象(voluntary imagination)是指没有预定目的，在一定刺激影响下，不由自主地产生的想象。梦是无意想象的极端形式。

有意想象(involuntary imagination)是指根据一定的目的，自觉地进行的想象。

二是按照想象所具有的创造性，可以将想象分为再造想象与创造想象。

再造想象(reproductive imagination)是依据词的描述或根据图样、模型、符号的示意在人脑中形成新形象的心理过程。如,人们在理解和欣赏文艺作品时,主要便是依靠再造想象的积极活动。

创造想象(creative imagination)是指在活动中,根据一定的任务,以记忆表象作材料独立地进行分析综合、加工改造而创造出新的表象。创造想象是人类最高级的一种思维活动,科学上的创造发明和文艺创作,都离不开创造想象。

三是按照想象过程中发挥的作用,想象又可分为不随意想象和随意想象。在创造过程中直接发挥作用的想象活动都是随意想象,如牛顿就曾设想,从高山上用不同的水平速度抛出物体,速度一次比一次大,则落点一次比一次远,如不计空气的阻力,当速度足够大时,物体就永远不会落到地面上来,而是在引力作用下绕地球旋转,成为一颗人造地球卫星了。

想象是一种高级的认知心理过程,它几乎表现在一切科学创造活动之中,以至于我们可以说,没有想象就没有科学,就没有创造发明。

想象所加工的表象包括视觉表象、听觉表象、触觉表象、嗅觉表象、味觉表象等,其中视觉表象约占80%。许多有杰出创造性的人才似乎具有一种能唤起视觉、听觉等表象的超常天赋,如著名画家达·芬奇和作家狄更斯就属于视觉表象优势的想象类型,而法国哲学家狄德罗、德国音乐家贝多芬属于听觉表象优势的想象类型。

在创造中运用想象时,那些记忆表象往往不再与产生它的客观事物相联系,这些表象重组了、抽象了、压缩了,成为创造者自己建构大厦的基本材料——意象,最后建成的大厦可能与产生的事物相距很远。爱因斯坦在构思广义相对论时,在头脑中想象自己乘一电梯,电梯的惯性速度与地球的引力相当,爱因斯坦想象中使用的电梯与日常生活中的电梯相距甚远。

总之,在想象所加工的表象中,视觉表象是想象的基本素材,一个人的视觉表象存储多少,决定了一个人的想象力是否丰富;其他类型表象的充实,决定了想象的生动和鲜明;情感介入的强弱程度,决定了想象的大胆和幽默;是否能发展到加工图式表象和抽象表象,决定了想象水平的高低。人类智慧也是逐步发展的,幼儿加工的都是直接由感知带来的表象,达到一定年龄,才能发展到加工图式表象,最后才有抽象的结构表象加工。在创造力开发的过程中,应注意年龄的层次,对想象力的发展各有侧重,但也应看到,有些人因成长过程中的各种原因,造成视觉感知表象十分贫乏,恰恰应当从头补起。

2.1.2.2 灵感

盘尼西林(青霉素)的发明者弗莱明在做实验时,培养了一个实验皿的细菌。但是实验没有成功,因为实验皿中的细菌被别的细菌侵入,长成了绿霉。弗莱明仔细观察后,他注意到这个绿霉杀死了器皿中原有的细菌。在注意到这个霉菌的杀伤力之后,经过分析、判断,弗莱明产生了灵感:他想到这个绿色的霉菌中,包含着可以杀死葡萄球菌的物质。于是,他把盘尼西林从霉菌中分离了出来。他的灵感,使人口的死亡率降低一半。

北京大学的傅世侠教授认为,灵感是人们潜心于某一问题达到癫狂着迷的程度而又无从摆脱的情况下,由于某一机遇的作用而受到启迪的心理状态,这种心理状态会导致顿悟。在灵感产生前,所有积极的心理品质都得到调动,使问题一下子得到解决。所以,灵感有三个最显著的特征:一是引发的随机性;二是显现的瞬时性;三是过程的应激性。由于这些特点,当人们产生灵感时,往往充满了激情,甚至缺乏应有的理智,就像阿基米德那样。

灵感是突如其来的,并没有逻辑的一步一步推导,所以,灵感的出现即意味着常规思维的跳跃、逻辑思维的中断。但灵感并不是神秘莫测的。周总理用八个字很好地概括了灵感产生的认识论基础,这就是:长期积累,偶尔得之。直觉、灵感的产生,都是经过长期观察、实验、勤学、苦想的结果,没有这个基础,灵感是不会飞进你的大脑的。科学创造中的灵感、想象往往是模糊的,如果不重视这种模糊的思维,就可能让灵感白白溜掉。

2.1.2.3 直觉

直觉是对事物本质和客观规律的直接把握或洞察。直觉可以是纯经验的,如人们直觉感到他是个好人或坏人;也可以是理性的,有人经常要用到理性阶段的直觉(不是灵机一动的感想)来推进科学工作。依我看,除了右脑型认知风格的人容易产生直觉外,领域技能的高低也决定了是否能产生直觉。我认为,直觉是一种本能的知识或感觉的知识的一种自动加工和运用过程,也就是斯腾伯格所讲的经验智力中的自动化信息加工能力和情境智力的结合。

直觉的特点有三个:

(1)非逻辑性,即快速、瞬间地直接获得,没有经过逻辑推理。

(2)对结果正确性的坚定感。

(3)理智性。许多科学家的直觉能力对他们的创造起到了重要作用。创造者也往往对自己的直觉抱有坚定的信念,但是这并不表明直觉必定能带来成功的创造,直觉如同灵感一样,其结果都要经过逻辑的检验。

2.1.2.4 顿悟

格式塔心理学对顿悟作了较深入的研究。格式塔心理学家认为,顿悟指个人对情境中相关事件产生知觉重组的历程,亦即个人对整个情境中各元素间关系有所了解。在学习心理学中,顿悟是指在复杂事物或解决困难问题的情境下,个体对问题关键豁然贯通而得到答案的学习经验,也称阿哈经验(aha experience)。

顿悟与直觉一样具有认知作用。顿悟的前期必定有艰苦的解题或探索过程;直觉则不一定必须经过这样的过程;而灵感一般要受到外界事物的启发,但也有从心灵内部产生的、无法说清产生途径的启迪。而顿悟一般是在思维内在的活动加工过程中,(格式塔心理学家所讲的知觉重组和学习心理学所认为的个体对学习情境的认知)突然得到结果,外在媒介的引导比较少。因此,伴随着灵感的是极强烈的情感,因为它的产生要借助外界的启发,多少有点"天上掉馅饼"的感觉。伴随顿悟的是平静的喜悦,直觉则是完全理智的。灵感与顿悟的最主要的区别是,顿悟得到的是"是什么"的回答,包括"是什么性质的问题","是怎么一回事"和"是谁","是什么时间地点"和"是多少"。灵感得到是"怎么办"的答案。如,魏格纳知道了地质学上的"大陆漂移说",牛顿被树上掉下的苹果砸中脑袋而知道了万有引力。

实际案例

物联网:走入寻常百姓家庭

只需一个按钮,不管您身在哪里,家里的空调或者热水器都可以自动启动迎接您的到来;出门在外忘记锁门关窗,用手机轻轻一按就搞定;推门走进一间房,门刚开启一条缝,就传来一阵狗吠或者电话铃声,与此同时,在外上班的您的手机上就会收到一条短信:"有人进您家门了。"这些在科幻电影里看到的场面如今应用到我们生活中的比比皆是,这就是物联网给人们家庭生活带来的福利。见图2-2。

物联网,这个近几年来最热门的话题之一,早在20世纪末就已被提出,它是互联网的升华,做到物物相连,信息无缝互通。随着射频识别技术、传感器技术、纳米技术、智能嵌入等技术越来越广泛的应用,物联网作为未来技术竞争的核心之一,在各国都引起了密切关注。到目前为止,美国、韩国、日本等国家都

图 2-2

在积极出台物联网建设规划,打造物联网核心技术发展。"物联网产业的发展,依赖的是自主知识产权。"业界专家表示。为了在未来的市场竞争中占据有利地位,各国早已开始物联网专利的布局。

据了解,就无线接入技术而言,其专利申请在1995年前后呈现增长趋势,2003年以后快速增长,目前全球的年专利申请量已经在1万件以上。其中,美国、日本、欧洲、中国和韩国是主要的专利申请国家,美国的专利申请比例占到了32%左右,其次是日本和欧洲,分别占15%和13%。其中,高通公司在该领域拥有较多的基础性专利,而三星公司、诺基亚、飞利浦公司、韩国电信等都是全球范围内主要的专利申请人。传感器技术领域的专利申请表现得也较为明显。在全球范围看,从2001年开始,传感器的专利申请量呈快速增长趋势,2007年的专利申请量达到2.8万件左右。目前,传感器技术的原创技术主要来源于日本和美国,分别占了总量的41%和20%。日本和美国在传感器技术方面处于领先地位。

几乎还从来没有一个新兴产业的发展像物联网这样来势汹汹。据思科预计下一个10年物联网将创造14万亿美元的价值。物联网把新一代IT技术充分运用在各行各业之中,毫无疑问,它将给人类的生活带来天翻地覆的改变,也许离真正的物联网时代还有很长时间,但我们充满信心、拭目以待。①

① http://gongkong.ofweek.com/2014-02/ART-310045-8470-28780769_3.html2014-02-25 11:25:35

思考练习题

1. 什么是创造性思维？简述其基本特征。

2. 创造性思维中非逻辑思维是怎样比逻辑思维起到更重要的作用的？并以“想象”为例加以分析。

2.2 创造性思维的方向

引导案例

关于电梯问题的解决方案

某工厂的办公楼原是一片2层楼建筑，占地面积很大。为了有效利用地皮，工厂新建了一幢12层的办公大楼，并预备拆掉旧办公楼。员工搬进了新办公大楼不久，便开始抱怨大楼的电梯不够快、不够多，尤其是在上下班高峰期，他们得花很长时间等电梯。

顾问们想出了几个解决方案：

1. 在上下班高峰期，让一部分电梯只在奇数楼层停，另一部分只在偶数楼层停，从而减少那些为了上下一层楼而搭电梯的人。

2. 安装几部室外电梯。

3. 把公司各部门上下班的时间错开，从而避免高峰期拥挤的情况。

4. 在所有电梯旁边的墙面上安装镜子。

5. 搬回旧办公楼。

你会选哪一个方案？

这家工厂最后采用了第四种方案，并成功地解决了问题。

“员工们忙着在镜子前审阅自己，或是偷偷观察别人，”博诺先生解释说，“人们的注意力不再集中于等待电梯上，焦虑的心情得到放松。大楼并不缺电梯，而是人们缺乏耐心。”

假如你选了1,2,3,5，那么你用的是“纵向思维”，也就是传统思维。假如选了4，你就是个“横向思维”者，你考虑问题时能跳出思维惯性。①

---

① http://tieba.baidu.com/f?kz=337292964.

2.2.1 发散思维和收敛思维

英国著名哲学家弗兰西斯·培根曾说过,“跛足而方向正确的人能赶过健步如飞但误入歧途的人。”如果把思路比做道路的话,思维方向的重要性便由此可知。创造性思维的早期研究,主要涉及想象、灵感这些思维形式问题。自美国心理学家吉尔福特提出发散性思维的概念、英国认知科学家德·波诺倡导横向思维以后,开创了对思维方向的关注。思维视角的不同,决定了思维朝着哪个方向前进。思维方向与创造过程的关系比思维形式更为重要。思维形式有助于人们在微观上把握创造过程,而思维的方向则关系战略大局。

2.2.1.1 发散思维与收敛思维的概念内涵

发散思维和收敛思维是我们进行创造活动时运用的两种不同方向的思维。发散性思维是整个创造性思维的基础和核心。发散思维追求思维的广阔性,海阔天空,大跨度地进行联想,它的量和质直接决定收敛思维取得的结果和要达到的目的。在创造学著作中,收敛思维虽然不如前者多见,但却是我们生活中最经常使用的一种思维。发散思维即产生式思维,运用发散思维产生观念、解答、问题、事实、行动、观点、方法、规则、图画、概念、文字。思维发散过程需要发挥知识和想象力,而收敛思维是选择性的,在收敛时需要运用知识和逻辑。

发散思维就是指在问题解决的过程中,不拘泥于一点或一条线索,而是从仅有的信息中尽可能扩散开去,而不受已经确定的方式、方法、规则或范围等的约束,并从这种扩散的或者辐射式的思考中,求得多种不同的解决办法,衍生出不同的结果。发散思维包括联想、想象、侧向思维等非逻辑思维形式,一般认为“发散思维的过程并不是在定好的轨道中产生,而是依据所获得的最低限度的信息,因此是具有创造性的。”

而收敛思维,是在解题过程中尽可能利用已有的知识和经验,把众多的信息逐步引导到条理化的逻辑程序中去,以便最终得到一个合乎逻辑规范的结论来。收敛性思维包括分析、综合、归纳、演绎、科学抽象等逻辑思维和理论思维形式。

2.2.1.2 发散思维与收敛思维的互补

无论是吉尔福特原本意义上的发散性加工与收敛性加工,还是后人发挥成的发散思维与收敛思维,它们都具有互补的性质。而且,不仅在思维方向上是互补的,在思维操作的性质上也是互补的。美国创造学者 M.J.科顿形象地描述了发散性思维与收敛性思维之间必须在时间上分开,也即分阶段。如果混在一起,会大大降低思维的效率。

发散思维与收敛思维在思维方向上的互补以及在思维过程上的互补，都是创造性解决问题所必需的。发散思维是向四面八方发散，收敛思维是向一个方向聚集；在解决问题的早期，发散思维起到更主要的作用，在解题后期，收敛思维则扮演着越来越重要的角色。

有的人善于使用发散思维，有的人善于使用收敛思维。发散与收敛的失衡，在成人和孩子身上都能看到。成年人比较适应运用逻辑的技巧，其结果是失去了很多发挥想象力并由此从中选择的机会，这个过程则导致发散与收敛的失衡。孩子很容易激发更多的设想，他们想象力丰富，却不善于熟练地评价，结果收敛思维不发展，也导致创造力受损。因此，为了达到一种平衡，在创造性解决问题的每一个阶段，都需要发散思维与收敛思维一张一弛、相辅相成，那种以为创造性思维就是发散思维的看法是片面的。（如图 2－3、图 2－4 所示）

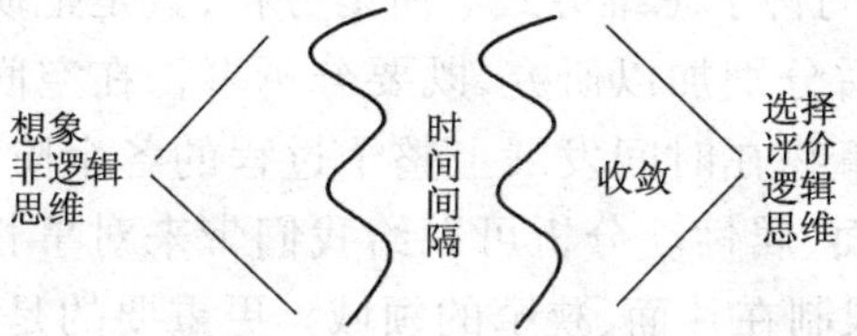

图 2－3　发散和收敛之间需要时间间隔

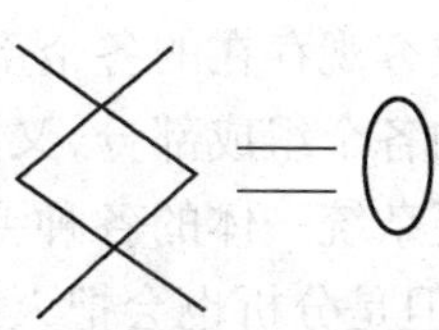

图 2－4　同时发散和收敛等于零

我们在实际的生活中最常用到的就是集中思考，一般课堂教育的主要内容之一就是训练人们的收敛思维，培养集中思考能力，从小到大我们接受成千上万次的考试和测验，目的就是要培养学生根据所掌握的信息资料得出正确结论的能力。但是在遇到问题和障碍的时候，惯性的集中思考往往无能为力，要在工作中独占鳌头，就要有意识地锻炼自己的思维能力，培养发散性思维习惯，用扩展思考来解决看似处在绝境的问题。在我们的头脑中有一些思维定式，阻碍我们通过多视角、多途径去解决问题，比如相信权威，崇拜完美，把“是不是符合逻辑”作为“正确”与否的规则等。本书下一章的发散思维训练，就是让我们向自己头脑中的几种主要的束缚思维发散的观念挑战，打破这些阻碍思维发散的观念的束缚，使思维活动在进入解决问题的开始阶段，就能产生出大量高质量的素材，为收敛性思维最后选择准备充足的条件。通过发散思维训练，你一定会有茅塞顿开的感觉。

2.2.2　横向思维和纵向思维

横向思维（Lateral Thinking）概念由英国学者 E. 德波诺于 1976 年首次提

出,它与纵向思维(Vertical Thinking)概念相对应。“Lateral”也有“侧面的”、“从旁的”、“至侧面的”意思,故“横向思维”也可谓“侧向思维”。

2.2.2.1 横向思维与纵向思维的概念

“横向”和“纵向”是空间概念。横向思维与纵向思维则是用来形象化地说明思维方向上的变化规律的。纵向思维是垂直的、向纵深发展的、直线式的思维,像在院里一个地方纵深地挖下去;而横向思维则是横向地向空间发展的,向四面八方扩散的思维,就好比在院子里到处挖,尝试着各种可能。横向思维是背离理性规则的、探索各种可能的思维,是允许失败的宽容态度,有了这种态度,游戏、好奇、想象、机遇都会有它的用武之地,表面无关的信息可以闯入,闲暇式的胡思乱想也可以发生。横向思维使人们首先通过横向扩大注意力的范围,获得全新的信息,使得信息搜索的过程更富于创造性;再通过自由联想、向主导观念或概念挑战,以及进行想象,提出创造性的方案,最后进行综合性的评价。

垂直思考是一种重分析的传统的科学思维方式。所谓分析,就是把研究对象分解成客观存在的各个部分,然后分别加以研究,既要分析事物在空间分布上整体的各个组成部分,又要分析事物在时间发展上整个过程的各个阶段,还要分析复杂统一体的各种要素、方面、属性。分析可以给我们带来对事物的深入认识,但是分析也会把人的眼光限制在片面、狭窄的领域。更重要的是,在解决问题时,分析是在限定的范围内进行,缺少活力。如果解决问题必须冲破原来的范围,分析就无能为力。水平思考在这一点上可以弥补垂直思考的局限。水平思考是启发性的,使用它可以使人跳出原来的固定范围。

2.2.2.2 横向思维——对侧向的注意

从对其他可能性毫不注意到自觉地注意,有一个注意力角度和范围的变化,因此,德波诺指出,他提出横向思维的另一个重要意义是发掘感知阶段的创造性,扩大感知范围,促使注意力从一点扩展到多个点。

横向思维的提法是将思维过程比喻为走路,通过“注意力受阻”和“注意力滑过”的诊断,生动地描述了思维发展和转化的过程。对侧向的注意有两层含义:一是解决问题时,故意暂时忘却原来占据主导地位的想法;二是去寻找原本不会注意的侧道(即另一思路)。所以,横向思维又叫侧向思维。(如图2-5所示)

下面我们就进行思维方向的拓展训练,尝试一下侧向也就是横向思维的乐趣。

改变思维的方向,做到多向思考,这样就使思维出现灵活变通性,而也只有不断改变方向、多向思维,才会有标新立异的奇思妙想。转变方向常常是使人的注意力转移到别人不易想到、比较隐蔽的方面,新颖、独特的点子、创意、策划

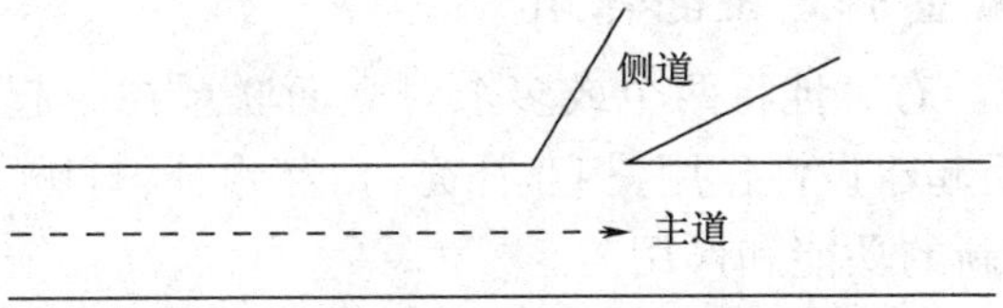

图2－5　注意力滑过导致忽略另一条道路

就出来了,所以,灵活性是提高发散质量的有效方法,常常会使创造者一鸣惊人、大获成功。思维是否灵活的根本在于思维方向的不断转变和拓展。

2.2.3　正向思维与逆向思维的结合——两面神思维

正向思维与逆向思维的结合,就是一种高级的创造性思维形式——两面神思维。

2.2.3.1　什么是两面神思维

两面神是罗马的门神,它有两个面孔,一个是哭脸,一个是笑脸,能同时转向两个相反的方向。美国神经生理学家卢森堡借用这个隐喻来说明思维的一种特殊的创造性,提出了两面神思维的概念。两面神思维所指的,是同时积极地构想出两个或更多并存的概念、思想或印象。从思维方向上来说,两面神思维不是仅从一个方向上来考虑问题,而是将对立的思维方向结合在一起。在非逻辑的方式下,具有创造力的人物喜欢制定两个或更多并存和同时起作用的相反物或对立面,而这样的表述恰好产生了完整的概念、印象和创造。

卢森堡认为,有创造性的人物会积极地把相反物和对立面凑合在一起,并且借此表达科学的或其他的问题,进行创作并促进美学工作,建立理论,开展创造发明以及创造艺术杰作。如,爱因斯坦就是运用两面神思维的典型。两面神思维体现了主体对自然规律的深入领悟与思想方法的凝聚和提炼的高度统一,以致在运用的时候,创造的结果与创造的方法同样让人感到美不胜收。

两面神思维虽然是一种高级的创造性思维,但并不神秘,也不是高不可攀。我们周围的一些日常事务中就存在着两面神思维的结晶。例如:以“裁缝”这一职业名称来说,就体现了“裁”与“缝”两种对立面的事物的结合。光有“裁”没有“缝”,做衣人就不敢轻易下剪刀,一旦剪坏了,无法补偿。有了“缝”来补充“裁”,“裁”就变得更大胆自由。同样光有“缝”,没有“剪”就无所谓“缝”,布料没剪成一块块的,缝什么呢?裁和缝这一对措施的有机结合,恰好是两面神思维。又如,开关,每天都要使用多次。没有“开”,也就无所谓“关”,没有“关”,也就无所谓“开”。“开”与“关”两个对立的性质结合在一起,能同时满足两种需要,多么巧妙的发明。

2.2.3.2 两面神思维的作用

(1)相辅相成。有意地将两个或多个对立面联系在一起,对立的性质不仅不起破坏作用反而起建设性作用,相互补充,相互弥补,打破了单方面性质的限制,可以发现事物新的功能和作用。

光学上将镜像的失真叫像畸变。畸变可分为正畸变和负畸变。正畸变使物体变宽,负畸变使物体变窄。正负畸变本是对立的,正畸变可以破坏负畸变,负畸变可以影响正畸变。但是宽银幕电影的原理却将正负畸变联系在一起,使之相互补充。拍摄时用正畸变,把一个宽大的场景缩成细窄条;放映时用负畸变镜头,使细窄条还原成大场景,正负补偿,相得益彰,还获得了普通电影所没有的宽广的视野效果。

在20世纪初,如果发生了交通事故,车窗玻璃很容易破碎,致使乘客受伤。法国化学家别涅迪克受到自己一个掉到地上而没有摔碎的烧杯的启发,让胶膜和玻璃紧密合作,取长补短,发明了一种新型的“夹层玻璃”。这样的夹层玻璃在破碎时是不起碎片的。后来,夹层玻璃又有了很大发展。夹层中可以使用各种各样的材料,英国科学家在夹层中夹入一种钛金属薄片,制成的夹层玻璃具有高抗冲击力、抗贯穿力、耐高温的特性。

在中国古代哲学家老子看来,对立面相互联结、相互补充、保持适度、达到平衡,这才是最佳的状态。“曲则全,枉则直,法则盈,做则新,少则得,多则惑。”“天之道,其犹张弓乎?高者抑之,下者举之,有余者损之,不是者补之。”都反映了相反相成、相辅相成的思想。

(2)对立面的动态结合。对立面处于一体,保持一种必要的张力和平衡,而且能适时地相互转化,使事物同时具有两种对立的性质,能在两种极限的条件和状态下相继发挥作用,以这种思路进行科学研究、技术发明和设计,能创造最科学的理论体系、科学概念,获得最符合自然本性的、最经济的发明物和设计方案。

如,科学家要发明一种新型的屋顶,希望屋顶夏天呈白色,能反射太阳光线,降低空调成本;冬天呈黑色,能够吸收热量,减少采暖费用。科学家从自然界中寻找能把对立的性质集于一身的原型,将屋顶与比目鱼真皮深处的黑色色素的沉浮能改变颜色的原理进行类比,构想出新的解决方案:考虑制成一种埋有微小的白色小球的黑色屋顶材料,当阳光照得屋顶灼热时,小球依波义耳定律发生膨胀,使屋顶呈白色;反之,在屋顶变冷时,小白球冷缩,屋顶又呈黑色。这样,黑与白、热胀与冷缩,这些矛盾对立的性质共存于一体,适时地相互转化,相继地发挥作用,更好地满足了人们的需要。

有的事物同时具有矛盾对立的属性,能够适时地相互转化,它们和平共处,相互渗透，相互扶持，相得益彰。技术上有许多这样矛盾的结合体，如潜水艇能沉能浮，升降机能升能降。甚至有些设施和概念本身就是两种对立的属性结合在一起的，如给排水专业、冷暖机、裁缝、装卸工等等。因此，有的相辅相成就发生在事物的内部。

实际案例

最具创意的火柴

1. 烧过了还能着？（见图2－6）

烧过的火柴还能着吗？火柴头做成烧过的样子，正是这种火柴的创意所在。

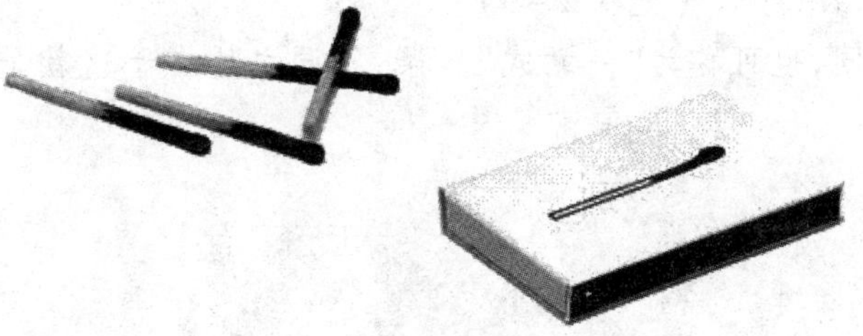

图2－6

2. 星星之火。（见图2－7）

这是专为美国的政府官员设计的。随便把星星粘在什么地方，当你需要用火柴的时候，往星星上轻轻擦，这肯定会让周围的人大跌眼镜。

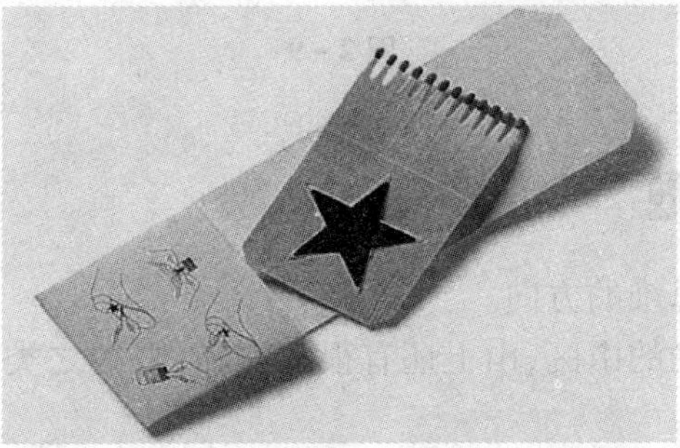

图2－7

3. “一站式”火柴。(见图2－8)

这种火柴包括了蜡烛、蜡烛座及火柴,有了它,不用另外买蜡烛了,不失为精致的创意作品。

图2－8

4. 蜡烛里的火柴。(见图2－9)

与上款相同,也可称为“一站式”火柴,不同之处在于这款是把火柴放在蜡烛里。①

图2－9

思考练习题

1. 试述创造性思维的方向。

2. 一个刚刚开发的山区,山上还有很多熊猫、野猴之类的动物,靠给游客兜

① http://www.patent－cn.com/2007/02/09/373.shtml(2011－8－24).

售地方产品如熊掌、兽皮、特色服装等营生。山区开了一所学校，但是很多学龄儿童都去帮父母做生意不来上学，你能运用创造性思维想出一套方案帮助儿童重返学校吗?

2.3 创造性思维与用脑模式

引导案例

无人驾驶汽车:未来科技触手可及

无人驾驶无疑是近年来汽车行业出现频率最高的词汇之一。试想，如果汽车通过操控系统进行自动控制，行驶过程中实现无人驾驶，到达目的地时能够自动泊车，那么在旅途上我们则可以尽情地和家人享受一路上的沿途风光。这并非科幻小说中才能出现的片段场景，这一切在不久的将来都可能成为现实。见图2－10。

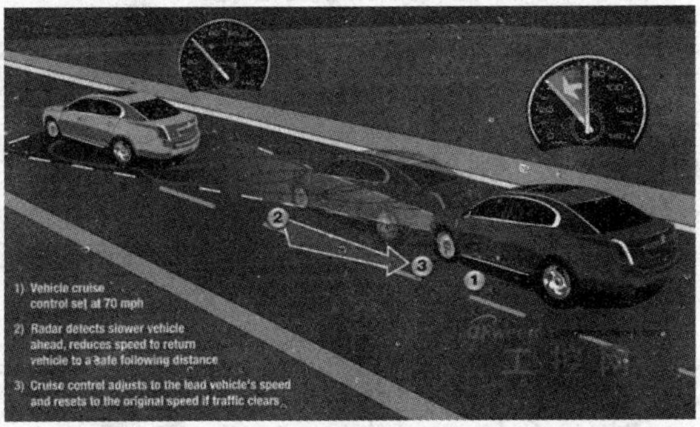

图2－10

集自动控制、体系结构、人工智能、视觉计算等众多技术于一体的无人驾驶汽车，是计算机科学、模式识别和智能控制技术高度发展的产物。目前，无人驾驶汽车所需要的技术已经基本具备，这些技术包括以雷达为基础的巡游控制系统、运动传感器、路线变化报警装置和卫星数字地图。

进入21世纪，各国公司各显神通，不断致力于无人驾驶技术的研发，不断提交相关专利申请为研发保驾护航。美国谷歌公司凭借其在电子产业的技术优势和传闻中的绝密实验室"GoogleX",也投入到无人驾驶技术的研发中。研发无人驾驶技术数年来,谷歌公司的样车累计完成了数十万公里路试,并向美国专利商标局提交了20余件关于无人驾驶技术和无人驾驶汽车的相关专利申请,其中部分已经获得授权。另外,有资料显示,奔驰、宝马、奥迪、沃尔沃、雷克萨斯、福特、通用等知名汽车企业均已着手无人驾驶技术的研发工作。

此外,日系车企也不干落后。日本企业在日本提交的相关专利申请在2000年约为140件,达到高峰,而2012年则减少至约30件。但是,从各大公司最近发布的关于汽车驾驶技术的信息来看,日本车企迅速开始大力推进研发工作。业内人士预计在今后,日本车企关于自动驾驶技术的专利申请数量也将迅速增加。

在2013年全球汽车论坛上,沃尔沃公司相关负责人表示,将会在2020年正式推出搭载无人驾驶系统的汽车,关于这个2020年的猜想,我们将拭目以待。①

2.3.1 左右脑功能特化与创造性思维

所谓左右脑"功能特化"(functional specialization),是指人的左右脑半球各有各的机能分工或特殊的专门职责。

从图2-11可以看出,左脑擅长语言、阅读、计算、书写、分类、排列等,主要进行逻辑思维、集中思维,确定时间关系,具有连续性、有序性和分析性的特点,被人

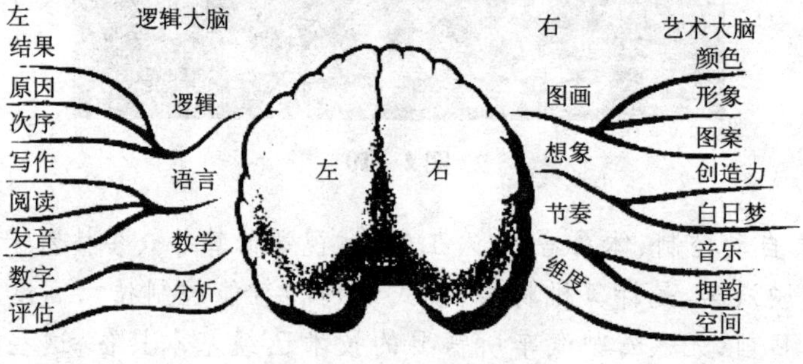

图2-11 左右脑的功能特征①

① http://gongkong.ofweek.com/2014-02/ART-310045-8470-28780769_6.html

② http://www.creap.cn/new/Chapter4.asp(2008-7-10).

们称为理性脑;右脑在形象记忆——识别几何图形,理解隐喻、音乐、舞蹈、态度、情感、直觉、想象、做梦等方面起主要作用,是进行形象思维、发散思维的中枢,并确定空间关系,具有弥漫性、连续性、整体性的特点,被人们称为感性脑。

结构双分的左右脑半球在功能上确是有差异的,但这并不是在于孰优孰劣,而是在于机能分工的不同。若说有优劣之分,那便是各有各的优长之处:左脑长于言语功能,右脑则长于非言语的功能。这就是斯佩利等人通过上述大量实验研究而总结出来的大脑两半球功能特化理论的根本点。而这一点在他们的实验研究和科学发现之前,人们几乎是不得而知的。

美国科学家奥恩斯坦教授经过多年研究发现,如果一个人在使用大脑一个半球方面或多或少受过专门训练,当他在使用另一大脑半球时将相对地表现出无能。苏联科学家通过研究也发现如果经常片面地使用大脑,会产生各种反作用力。可是当前,我们的观念和教育实践中,存在着明显的"重左轻右"的偏向。在人才的智力测验中,以数理逻辑和语言能力为主,学校教育中也是左脑优势更易通过各种考试,以致造成学生称那些右脑优势的人为"四肢发达,头脑简单"。奥恩斯坦还发现,如果对大脑两半球的弱的一半予以开发刺激,使它能和另一半球相配合,结果会使大脑总的能力和效力大大提高,产生一加一等于五或更大的效应。因此,在教育中除了要进行语言材料、符号材料、抽象材料的学习外,也要重视非语言材料、图形材料、形象材料的学习,注意想象力、形象思维能力、知觉思维能力、发散思维能力的培养。

美国学者布莱克斯利认为目前需要进行右脑革命,这是由于:①左脑的许多功能可以用计算机来代替。②社会和教育的偏向,数理推理和语言能力被看做是人才重要的甚至是唯一的智力内容,使人们产生了左脑是优势半球的误解。③只有研究并揭示右脑的奥秘开发右脑的功能,才有可能给当前的计算机技术开辟出一个全新的更广阔的前景。

2.3.2 创造的全脑模式

美国人 N. 赫曼经过20年多来对人脑思维的不懈研究,创造了大脑运作四象限模型,这个全脑模式从深层次揭示了提高创造力要全面扩展创造的脑空间。

右脑具有产生直觉、顿悟、灵感的创造性,但是右脑自身不能对产生的思维结果进行验证,也不可能把这个结果与其他人进行交流或输入计算机,因为右脑是非语言和逻辑的,右脑只有通过胼胝把信息传入左脑,然后由左脑进行下一步的检验工作,并通过左脑思维的可交流性特点转换成其他人和计算机都能接受的逻辑语言。可以说,左脑是智力活动的基础,右脑是创造的源泉,左右脑相互配合才能充分挖掘出大脑的潜力，发挥出最大的创造力。

人的创造力除依赖于左右脑功能互补外，还存在着大脑皮层与边缘脑的互补。20 世纪 70 年代，美国健康学会的麦克连提出脑部三分模型，即按照人脑的进化历程划分人脑的功能区：爬虫类脑、哺乳类脑、新皮层。中间一层哺乳类脑现叫做边缘系统，负责处理情感和连续的信息，负责记忆。最外面的新皮层才是我们平常所说的大脑皮层，这个区域是人类思维和产生智慧的部分。

大脑两半都有边缘部分和新皮层部分，人在进行创造的时候，既有情感因素也有记忆因素，所以，从更深入、更细的角度来分析，创造不仅包括左脑与右脑的合作，而且也是大脑皮层与边缘脑的协同。

赫曼根据麦克连的研究成果，进一步把思维的大脑表示为四分构造的模式。四个象限代表四大思维类型，分别比做大脑皮层、两个半脑和两个边缘部分。

四个象限代表的四种不同的思维风格如下：A 象限的思维特点是分析的、数学的、逻辑的、推理的；B 象限的思维特点是受控制的、保守的、计划的、组织的、顺序的；C 象限的思维特点是人际关系的、情感的、音乐的；D 象限的思维特点是想象的、艺术的、整体的、直觉的、综合的。每个人在进行思维活动时，都会自觉不自觉地有自己的偏好和喜爱，这样就会形成四大象限思维类型中某一个或某几个象限的优势。

赫曼认为在创造过程中，A，B，C，D 四种思维模式都会涉及，所以，要提高创造力需要从四个方面扩展创造的人脑空间。

在科学发现的历史上充满了类似的事例。那种只运用右脑的人，往往陷入空想和妄想；那种只运用左脑的人也不能作出高水平的创造。这说明我们通常所认为的逻辑思维强的人是最聪明的看法是错误的。创造需要左右脑的协同，即创造的全脑模式。

实际案例

爱因斯坦如何用脑

1945 年，一名叫雅克·阿达玛(Jacques Hadamard)的数学家给全美国著名的数学家都寄去了问卷，要求他们回答在自己的创造性工作中，使用的是什么类型的思维。下面是他对结果的扼要叙述：

“实际上他们中的所有人……不仅仅避免使用心中的词语，而且也避免在心中使用代数符号或其他的精确符号……在所收到的那些数学家的回复中，大多数人的心理画面，却经常都是视觉型的，但这些心理的画面也可能是其他类型，例如动觉型的。”①

一个特别有趣的回答是从爱因斯坦那儿发来的，他说：“在人的思维机制中，作为书面语言或口头语言的语词似乎不起任何作用。好像足以作为思维元素的心理存在，乃是一些符号和具有或多或少明晰程度的表象，而这些表象是能够予以‘自由地’再生和组合的……在我的情况中，上述心理元素是视觉型的，有的是动觉型的。惯用的语词或其他符号则只有在第二阶段，即当上述联想活动充分建立起来并且能够随意再生出来的时候，才有必要把它们费劲地寻找出来。”②

爱因斯坦所陈述的两个思维阶段，显然就是右脑机制和左脑机制。在第一个阶段，是右脑在发挥作用。右脑的灵活性和把握复杂表象的能力，以及用视觉和动觉形式来表现想象的能力是创造性思维的关键，仅仅是在右脑充分调动找到了解决问题的基本思路后，左脑才参与整理和评判，才费劲地运用语词把结果用概念形式传达出来。这种左脑和右脑都使用的模式，对创造性思维是最好的。

思考练习题

1. 目前需要进行右脑革命吗？说明理由。
2. 如何理解创造的全脑模式？

---

① Hadamarm, Jacques. The Psychology of Invention in the Mathematical Field. New York: Dover Publications, 1945: 84.

② Hadamarm, Jacques. The Psychology of Invention in the Mathematical Field. New York: Dover Publications, 1945: 142.

Chapter 3

实践创意产业与培养创意人才

本章关键词

◇ 创意产业
◇ 创意人才
◇ 创意产业链
◇ 培养开发人才

3.1 创意产业的勃兴

引导案例

《哈利·波特》的神奇魔法:创意产业链启示录

当"哈利波特"从J. K. 罗琳脑海里灵机一动诞生伊始,那股神奇的魔法以不可阻挡之势席卷全世界每一个角落,这连她自己也始料不及。这本起初连遭退稿的魔法故事,从1997年开始创造出当代文坛最大的神话和创富传奇。这神话还远远超出了纸质领域,短短的十年来,已形成一个超过60亿美元收益的产业链,演绎为成功的流行文化和商业品牌。

出版领域:迄今为止,"哈利波特"系列小说的前六部已被译成60多种语言,全球总销量已超过3.25亿册,成为有史以来销量仅次于《圣经》和《毛主席语录》的书籍。

电影领域:《哈利·波特》迄今五部电影票房成绩累计达43亿美元。此外,华纳公司宣布投资5亿美元,携手奥兰多环球影城建造"哈利·波特魔法世界”主题公园,于2009~2010年正式对外开放。

游戏领域:SONY公司的PS2自2001年开始与影片同步发行游戏软件,2007年的《哈利·波特与凤凰社》更是游戏界迎来的大事,首度在SONY的PS2、PS3、任天堂的Wii上同时发行同名游戏。

其他衍生品:杜莎夫人蜡像馆与电影一同在全世界范围巡展。各行各业制造商模仿电影魔法物品,如魔法扫帚、魔杖、摄魂怪、火焰杯三强赛中的火龙等玩具,霍格沃茨四个魔法学院各自的院服、魁地奇球服、波特的隐形衣等风靡全球,拥有巨大且稳定的消费群体。

由出版开始,电影、DVD、录像带、电视片、唱片、游戏、广告……周边产品不断扩展,还有难以计数的玩具、文具、服装、食品、饮料等成千上万种特许经营商品,再到主题公园、主题旅游……形成一个庞大的产业链并且不断扩展、丰富,产业的边际和界限不断模糊。短短十年,“哈利·波特”形成一个超过60亿美元收益的产业链,成为史上最成功的流行文化和商业品牌之一。①

3.1.1 创意产业界定与特征

3.1.1.1 创意产业的界定和分类

随着知识经济的发展和信息技术的普及,创意产业(Creative Industries)作为新兴的产业类型进入人们的视野。所谓“创意”就是我们平常说的“点子”或“想法”,好的点子就是“好的创意”,一般是源于个人创造力、个人技能或个人才华,发展到后来有些创意成果便开始形成知识产权,将“创意”产业化形成价值,并带来就业,形成了创意产业。

对创意产业最先作出定义的是英国,后被许多国家和地区接受和沿用。1998年英国创意产业工作组在《英国创意产业路径文件》中首次对创意产业进行了定义:“所谓‘创意产业’,是指那些从个人的创造力、技能和天分中获取发动力的企业,以及那些通过对知识产权的开发可创造潜在财富和就业机会的活动”,据此英国政府确认13个行业为“创意产业”,即“广告、建筑艺术、艺术和古董市场、手工艺品、时尚设计、电影与录像、交互式互动软件、音乐、表演艺术、出版业、软件及计算机服务、电视和广播”。

① http://haliboteda8.blog.163.com/blog/static/120906700201123163238184/(2011-8-24).

经济学家对创意产业进行了详细研究和调查，力图建立一门新的创意产业的文化经济学。经济学家霍金斯在《创意经济》(The Creative Economy)一书中，把创意产业界定为其产品都在知识产权法的保护范围内的经济部门。知识产权有四大类：专利、版权、商标和设计。霍金斯认为，知识产权法的每一形式都有庞大的工业与之相应，加在一起"这四种工业就组成了创造性产业和创造性经济"。在这个定义上，创意产业组成了资本主义经济中非常庞大的部门，实际上包含了所有以科学、工程、技术为基础的部门中所有以专利为基础的研究与开发。

从经济发展的需求看，创意产业有两种类型：一是为创意人群提供文化环境需求的创意文化产业；二是为满足制造业和建筑业等产业升级的需求产生的创意设计产业，包括工业设计、建筑设计等。

其一，创意文化产业包括文化产业，是指具有原创能力的人力资源，不断提出和制作出有创意的节目内容，从而在满足消费者精神文化需求中获得发展的产业。即以文化为主体，创意为源头，将文化资源加入创意以赋予文化新的生命。具体的产业有广告、美术与古董交易、手工艺、电影录像、互动休闲软件、音乐、表演艺术、出版、电视广播。

其二，创意设计产业形成是在经济全球化、形成了全球生产网络、资本在全球流动进一步加速作用下的结果。战后以新技术的广泛应用为标志所形成的全球生产体系和国际贸易分工体系正在经历新一轮深刻的结构性变化，按三次产业划分的产业结构内部正在经历剧烈的分化重组，第二产业的主导产业——制造业正在日益演变为加工组装业，而原来属于制造业内部的制造设计开始脱离第二产业，逐步融入第三产业，并与文化创意、科技研发等行业一起集聚为新型产业——创意设计产业。具体的产业有工业设计、建筑设计、时尚设计、软件设计。

在实际的政策运用或政府的产业统计中，由于各个国家和地区的经济水平和工业化、城市化发展阶段不同，以及文化背景的不同，对创意产业内涵与外延的界定也存在一定的差异。一是以英国和美国为代表的欧美型，其创意产业是在工业化和城市化完成之后发展起来的，他们一方面注重文化精神领域的开发与建设，满足其帝国的文化发展需要，同时这些文化产品又创造了很高的价值，文化产业成为创意产业的主体内容之一，另一方面是他们在经济全球化进程中注重开发产业价值链的高端，使设计成为能创造更高价值的产业，这也是其创意产业的主体内容之一；二是以日本、韩国为代表的亚太型，他们紧随西方发达国家，一方面发展文化产业，同时开发休闲和娱乐产业，使他们的动漫和电子游戏产业走在世界的前列；三是以中国内地为代表的本土型，还未完成工业化和城市化进程,经济发展还是以国家发展为中心内容,创意产业更强调为产业结构升级服务,以产业服务为主体,而文化产业的发展受制于国家管理体制的制约,市场化还在发展和变革中,五千年丰富的文化宝藏还有待开发。

所以我们不能完全沿袭国外的界定,应该结合我们自己的实际情况,提出我们对创意产业的界定,重要的是要寻求自己的"创意"之源,加以开发和利用。2006年12月,北京市统计局、国家统计局北京调查总队联合制定发布《北京市文化创意产业分类标准》,将创意产业定义为"是以创作、创造、创新为根本手段,以文化内容和创意成果为核心价值,以知识产权实现或消费为交易特征,为社会公众提供文化体验的具有内在联系的行业集群"。具体包括:文化艺术,新闻出版,广播电影电视,软件、网络及计算机服务,广告会展,艺术品交易,设计服务,旅游休闲娱乐,其他辅助服务9大类。上海市则是根据产业的共同特征考虑分类范畴,并根据其与创意的相关程度,结合上海经济发展的现状及产业发展的实践,确定了上海市创意产业五大类重点发展行业:研发设计创意、建筑设计创意、文化艺术创意、时尚消费创意、咨询策划创意。

3.1.1.2 创意产业的特征

创意产业的兴起是产业发展演变的新趋势,它既具备知识服务业的业态,又有如下特征作为其标志。

(1)创意产业是高附加价值产业,具有很强的渗透性。创意产业的核心生产要素是信息、知识特别是文化和技术等无形资产,是具有自主知识产权的高附加价值产业。创意在这里是技术、经济和文化等相互交融的产物,创意产品是新思想、新技术、新内容的物化形式,特别是数字技术和文化、艺术交融和升华、技术产业化和文化产业化交互发展的结果,可以渗透到许多产业部门。正因为如此,创意产业很难从传统产业类型中完全分离开来。

(2)创意企业人员主要是知识型劳动者,拥有能激发出创意灵感的设计高手和特殊专才。创意从业人员的工作有其特殊性和不可替代性,他们不断创造新观念、新技术和新内容,职业能力既来自于个人经验积累,也来自于个人灵感的迸发。生产方式是以脑力与体力、手工与信息化等现代化手段相结合,实现智能生产与实时敏捷生产。在发达国家,随工业化的发展和后工业化社会的进步,教育和研发、文化等众多领域的创意人群在人口中所占的比重正在增加。

(3)创意产品是文化与技术相互交融、集成创新的产物,呈现出智能化、特色化、个性化、艺术化的特点。创意产品有其相同的特性,即是以文化、创意为核心,运用知识和技术,产生出新的价值,是创意灵感在特定行业的物化表现。电影、电视广播、录音带、音乐产业、出版业、视觉艺术产业等文化产品,是与新科技和传媒相结合的产品,达到大量生产并掀起全球性商品流动与竞争;而传统工艺或创意设计产品,可能为手工的、少量生产的产品,它们都呈现出智能化、特色化、个性化、艺术化的特点,它们的价值并非局限于产品本身的价值,还在于它们所衍生的附加价值。如,那些具有版权的产品,包括书、电影和音乐的出口能够比服装和汽车等制造业产品出口获得更多的利润。

(4)产业技术向数字化、知识化、可视化、柔性化方向发展。从世界范围来看,现代科技的发展尤其是信息技术、传播技术、自动化技术和激光技术等高科技广泛运用,给创意产业带来了革命性的影响,产业应用的技术正向数字化、知识化、可视化、柔性化方向发展。

(5)产业组织呈现集群化、网络化,企业组织呈现小型化、扁平化、个体化、灵活化的特点。当今社会,创意产业已不仅仅指个体设计师、艺术家灵感突发,而是知识和社会文化传播构成与产业发展形态及社会运作方式的创新。创意产业的发展并不仅是个人和单个企业的行为,而是需要集体的互动和企业的地理集聚,形成集群化的环境。创意产业集群的特征是:生活和工作结合,知识文化产品生产和消费结合,有多样化的宽松环境,有独特的本地特征,而且与世界各地有密切的联系。

创意产业的企业则呈现出小型化、扁平化、个体化、灵活化的特点,“少量的大企业,大量的小企业”成为普遍现象。一个小的设计公司虽然只有几个到十几、二十人,但其设计创意人员占据主导地位,处于产业价值链的高端,对周边制造业能起到重要的带动作用。

(6)企业管理向信息化、网络化、知识化管理的方向发展。创意通常是个人的灵感体现,往往是零乱的、不系统的,因此,创意企业需要利用信息化、网络化的手段、通过知识管理来整合和集成。只有通过现代管理手段,整合从研发到营销环节的各种资源,才有可能针对消费者的需求,更快更好地创造出市场需要的产品,实现企业的最大效益。

3.1.2 创意产业发展实践

创意产业的源头是文化意义的创造,是源于个人创造性的技能与才干形成的知识产权;中端是负载文化意义产品的复制与传播;终端则是为消费者提供体验性的文化产品与服务,为国民经济各部门创造高文化附加值,整体提升社会生活品质。创意产业的核心不仅在于创意是否新颖,而是保证创意的接受与认可,实现创意对其他产品价值的增值功能。所以说,文化和创意本身不能够直接变成财富，它必须经过一个产业化的过程，形成支撑创意产业发展的投资环境。

3.1.2.1 政府是启动创意产业发展的引擎

在创意产业发展的过程中，政府的促进与引导作用很重要。运用国家的力量推动创意产业发展，是许多发达国家的基本经验。主要发达国家为了推动创意产业的发展，都采取了一些强有力的产业政策。

从中国实际情况来看，创意产业归属于不同的政府部门管理，管理层次太多。管理协调起来费时费力，难以规范。政府需要改变很多现状，才能形成创意产业发展的良好环境。

3.1.2.2 知识产权是创意产业的灵魂

创意产业要以知识产权为源头构筑产业链和产业的延伸，而在产业链上流动的最值钱的就是知识产权。一部作品在被发表之前没有任何市场价值，而发表后，这部作品就被赋予了版权价值，并得到保护，这一阶段的版权价值还是比较低的。随着产业链的流动，作品被制作成电视片以及开发出其他衍生品，其版权价值被多形式、多途径地开发，得到释放，才能实现飞跃式的提升。这才是“创意”成为“创富”的关键。

由于目前技术创新存在很多不确定性，而且创新成果又非常容易被盗版、流失，使得技术创新所要求的环境、条件比其他投资要苛刻得多。创造有利于技术创新的环境条件，最重要的就是通过实施一系列有效的政策。只有使成功的创新技术能安全地获得应有的高回报的政策环境，资金才会大规模地流入创意产业领域，为发展创意产业搭建良好的平台。

我国的知识产权保护尽管取得了举世公认的进步，但如何保护创意、创造等知识产权仍面临着一系列问题。国家知识产权局局长田力普表示，应当清醒地认识到，我国知识产权工作总体状况还存在着与国家经济、科技和社会的发展要求不相适应以及与面临的国际新形势的发展要求不相适应的问题需要改进。

3.1.2.3 人才是发展创意产业的支柱

作为高度推崇个体创造性的文化创意产业来说，创意人才更是具有举足轻重的意义，是发展文化创意产业的支柱。英国学者弗罗里达在他的《创意阶层》一书中，强调了创意阶层对于创意产业的极端重要性。他认为，从根本上看，文化创意产业的高速发展依靠文化创意人力资本的投入产出和文化创意阶层的崛起。今天的创意产业越来越多地被用来表述国民经济中利用人们的“智力资本”进行的文化服务和文化产品的生产与流通的新兴产业。事实上，几乎所有保持了长久生命力的世界著名企业都是创意高度发达的企业，而多数世界著名企业家都是富有创意、推崇创意的企业家。研究表明，从事于诸如广告、建筑、交互休闲软件、音乐、电视和电影等创造性产业职位的人们，都是至少受过中、高教育的复合型高级人才。可见，智力资本、创新和新的信息技术之间已经建立起复杂的深刻的联系。创意人才是推动创意产业发展的根本动力。

创意出自人，培养一流的创意人才，增强创意产业高端人才与团队集聚，是培育发展创意产业的关键。人力资本是经济增长的关键，在一个社会里，人力资本的大量流动更加容易促成文化交往、技能和知识的传递以及新思想的产生。因此，投资创意产业必须选择人才聚集地。

人才的匮乏成为中国创意产业发展的瓶颈。大批创意人才的教育与培养是未来创意产业获得大发展的前提。

3.1.2.4 构筑产业链是创意产业发展的关键

创意产业实际上有两个部分，一个是创意，一个是产业化。创意应该说自古就有，但是创意产业化问题一直没有明晰化，关键是要构筑创意产业的产业链和产业的延伸（如图3－1所示）。

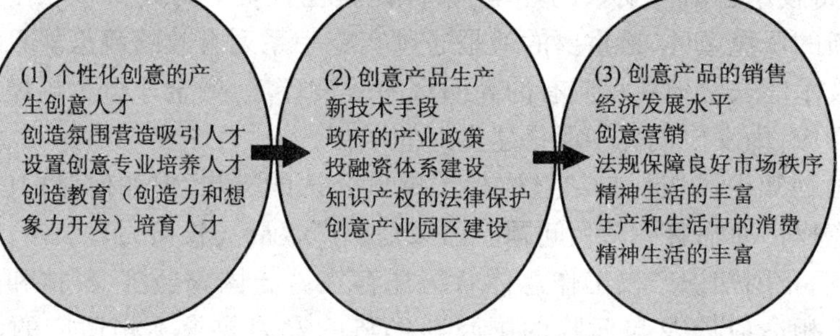

图3－1 文化创意产业链

(1)个性化的创意是创意产业的生产源头。创意产业不同于传统产业，传统产业生产要素是原材料、机械设备以及资本物化的有形的物质原料，而创意产业最主要的生产要素是创意，是基于个人的创造才能的个性化的好点子、好想法。文化创意产业要发展，就离不开人的创造力的充分发挥，所以人才是关键。据了解，在美国纽约，从事文化创意产业的从业人员占到总就业人数的12%，而伦敦、东京则分别高达14%和15%。富有创造力和想象力的创意人才是推动创意产业发展的根本动力,因此我们要营造吸引创意人才、培育创意人才的氛围。大力培养和引进各类创意人才、文化经纪人及中介机构,促进创意成果转化为经营资源,可从以下两方面着手:

第一,营造宽容多元的城市文化生活氛围。创意人才是具有个性的知识阶层,他们具有独特个性,需要宽松而且丰富的城市生活空间。

第二,注重城市软环境建设, 通过文化营销为创意产业发展积累有利于竞争升级的城市品牌资源。作为“城市品牌化”的实质内容,文化营销将为城市原本无序的商业景观引入秩序性与确定性,使城市规划实践得以摆脱单一而生硬的“自上而下”的管理模式,取而代之的是基于“软实力”的城市个性化和有效竞争的持续发展模式。这些都要求城市管理者在打造新城市品牌的实践中体现出制度化的组织能力,以应对全球城市竞争带来的挑战。

(2)创意产品的生产。这是创意产业化的过程,是创意创造价值的过程。这是建立在信息技术的广泛应用基础上,一方面为创意产品的生产、复制传播及销售提供条件,另一方面则是为传统产业的融合创造了条件,使传统意义上的不同产业在计算机网络通信技术和数字虚拟技术应用基础上形成的产业融合趋势,具有高度的持续的创新能力。技术是手段,更需要政府的产业政策的扶持以及法律法规的保障。具体有以下措施:

第一,加大资金、税收和投融资方面的政策扶持力度。借鉴发达国家发展文化创意产业的经验,由政府牵头,建立文化创意产业发展基金,同时在投融资、税收、进出口等方面尽快制定和落实相关政策措施,促进文化创意产业的发展。

第二,建立知识产权保护平台,规范企业行为,维护市场秩序。文化创意产业是以知识更新产权的开发和获得为主要手段的产业。知识产权是创意产业的灵魂,文化创意产业要以知识产权为源头构筑产业链和产业的延伸,而在产业链上流动的最值钱的就是知识产权。因此,发展文化创意产业的产业政策,应以保护知识产权为核心内容。创造有利于技术创新的环境条件,最重要就是通过实施一系列有效的政策。只有使成功的创新技术能安全地获得应有的高回报的政策环境,资金才会大规模地流入创意产业领域,为发展创意产业搭建良好的平台。

第三,构建和完善创意产业的公共服务平台。风险投资、技术交易、知识产权保护以及相关的信息咨询、中介代理等市场服务体系的建立和完善,即市场高级化发展的需要,能够降低企业成本,分担企业风险,为企业发展提供支撑。应大力发展中小企业,构建和完善文化创意产业的公共服务平台。

第四,建立不同规模、不同主体特色的创意产业园区。从城市与产业(集群)协同转型的角度,健全与完善创意产业发展的制度与功能设施配套服务体系,积极营造有利于文化、创意的内容向不同价值链渗透与融合的产业组织氛围与城市发展环境,促进创意产业的广义创新系统耦合、创意阶层的再生产和创意市场价值的实现。

创意产业园是一种新的经济实践。有了这些物质基础与条件,同时发展创意产业必须从自身的实际情况出发,确立合适的产业发展思路,以形成具有特色和主题的文化创意产业园作为依托,绝不能盲目地“跟风追热”,否则只能会失败。

从许多国家和城市的实践看,所谓“创意产业园区”似乎没有一定之规,规模可大可小,有像加拿大渥太华－卡尔顿地区那样,以大学为基础而连接信息、软件、游戏等产业的科技型园区,充满了科技和研发的攻关气息;像中国北京798 工厂和上海 M50,洋溢着自由创造的气息,吸引大批文化人、艺术家、会展工作者、设计师等来这里举办各种创作、会展和交流活动;还有像英国的许多中型创意园区,如英国中部的雪菲尔德市(Sheffield),为英国第四大城市,人口约有50 万,在火车站对面有一个名声很大的文化产业区(Cultural Industries Quarter),它并没有巨大的空间面积,而是以“族群效果”或者说是“群聚效益”(Cluster)为主,包括了 31 栋文化和创意建筑,比如千禧年博物馆、大学科学区、图书馆、BBC 电台、Site 画廊、艺术家村、油画陈列馆、艺术工作室、投资机构、中介代理、电影院和娱乐中心、咖啡厅等,他们组合在一起,形成相互聚合、渗透激活的“引爆效果”。

中国创意产业在短短几年时间里也获得了快速发展,推动了一批创意型行业起飞,上海、北京等城市建立了一批具有很高知名度的创意产业园区,聚集了一批具有创造力的优秀创意人才。比如,上海开发改造和利用了 100 余处老上海工业建筑,对老厂房、老仓库进行了改建,莫干山路 50 号的 M50 就是其中之一,形成了一批独具特色的创意工作园区,闯出了创意产业与城市改造的新路,北京也规划出包括北京 798 工厂在内的 18 个创意产业园区。

(3)创意产品的销售。创意产业的经济价值很大程度上依赖于当地的经济发展水平。创意产品不同于一般的消费品,而是精神性、文化性、娱乐性、心理性方面的消费品,应当属于奢侈品,其收入需求弹性较大,随着人们生活水平的提高,对这种精神性产品的需求在总体上日益提升,需求量越来越大,但是,一旦因经济衰退导致当前收入或预期收入的降低,人们对创意产业产品的需求将大幅度回落。由此可见,一个地区的创意产业要想获得快速的发展就必须以较高的经济发展水平为依托。这其实也表明了本地区除创意产业以外的其他产业,尤其是制造业都必须具有较高的经济发展水平,它们是创意产业发展的物质基础。在这个基础上创意产业日益融入其他产业,居于产业价值链高端地位,服务于产业链的中低端,并且享有在生产各个环节中分配利润的特权。

第一,积极培育市场,扩大内需,促进出口。中国加入 WTO 后,按照国民待遇和市场准入原则,逐步放宽了外国产品和企业进入中国市场的限制。就文化创意产业来看,目前日本、韩国等国的动漫画、电脑互动游戏等产品在我国已经占据了很大的市场份额,国际上一些著名的文化、传媒、影视业巨头更是携资本、品牌、渠道等优势,开始大规模进入中国市场,这对我国文化创意产业的发展既是一次良好的机遇,同时更是严峻的挑战。

第二,以鼓励应用创新、满足顾客价值需求和引导消费体验升级为目标,促使文化创意产业通过跨行业、跨地区的合作从实体经济中找到最佳和最有效的实践结合点。

第三,建立健全法规体系,规范企业行为,维护市场秩序。文化创意产品不同于其他产品,它的产品价格和价值是分离的,应以保护知识产权为核心内容,建立一系列的法律法规,规范企业行为,维护市场的秩序,创意产业才会有一个良性的发展环境健康发展。

实际案例

八号桥创意园区

八号桥位于上海建国中路 8~10 号,占地面积 7 000 多平方米,总建筑面积达 12 000 平方米。这里曾是旧属法租界的一片旧厂房,新中国成立后,这里成为上汽集团所属"上海汽车制动器公司"所在地,见图 3-2。进入新世纪后,由于原企业重组,留下了七栋旧厂房。2003 年下半年,在市经委和卢湾区人民政府的支持下,由上海华轻投资有限公司、香港时尚生活策划咨询(上海)有限公司和上海工业旅游发展有限公司共同对"上海汽车制动器公司"旧厂房实施开发、改建、招商、管理,把凝聚着特有的历史底蕴和文化内涵的老厂房变成了吸引创意人才、激发创意灵感、集聚创意产业的新载体。目前,8 号桥已有境内外近百家著名设计公司和著名品牌落户,成为顶级品牌展示和信息发布的平台,成为中外经济文化交流的桥梁。产业创意化、创意产业化不但保护了老工业建筑、保留了城市发展的历史风貌,还创造了巨大的社会经济效益。现在,8 号桥已成为上海创意产业集聚区的新地标、上海七家"全国工业旅游示范点"之一、上海三家信息化示范园区之一。

图3-2　八号桥创意园区

8号桥这个项目不是简单的旧房改造、房屋出租,而是创意开拓的典型。相比苏州河仓库区鲜明的中国艺术家聚集的氛围,8号桥更国际化,聚集了不同的艺术家和设计师,更像是一个世界的窗口。8号桥的"桥"字,寓意为不同创意产业提供一个丰富的交流平台。这片改建后的旧工业厂房由此成为一座桥梁,连接着过去和现代,连接着国内外的时尚、创意、文化和设计,也连接着世界各地的人们。①

思考练习题

1. 什么是创意产业？创意产业有哪些特征？
2. 创意产业发展的条件有哪些？
3. 创意产业链包括哪些环节？

① http://baike.baidu.com/view/4024272.htm? fr=aladdin2013-04-12

3.2　培育创意产业人才

引导案例

朱德庸——百度的新年 logo 设计者

将 HOPE 做个有趣的分解，会发现：

H 代表 Health 健康

O 代表 Opportunity 机遇

P 代表 Passion 激情

E 代表 Energy 精力

这样的愿景很不错：拥有健康、在充满机遇的一年、和亲友同事一起迸发着激情、让精力的释放都有所收获！所以，在 2008 年伊始，百度也将这个 HOPE 送给大家，在 2008 年里，和百度继续一起前行。

当然，也相信有很多朋友看到 Logo 的第一眼就发现它的作者有些《涩女郎》的幽默，有些《双响炮》的机智，还有些《绝对小孩》的奇思妙想。见图 3-3。

图 3-3　百度 2008 新年 logo

不错，这次的 logo 设计者就是朱德庸——自然最真，简单即美！①

他，4 岁时拿起画笔，25 岁红透宝岛；

他，四格漫画里充满了机智幽默，方寸之间，挥洒自如；

他，"挖苦"众生百态，却被许多人封为知己；

① http://hi.baidu.com/baidu/blog/item/176fb212a0a2d3cac3fd7885.html(2008-7-13).

他,让人拍案叫绝,作品里到处充斥着他幽默的个性;
他,却自称是一个很闷的人,幽默仅仅是自己一个的特长;
他,有过不愉快的经历;
他,也被人们封号为“爱情先知”、“城市先知”;
他,更让无数个人的喜怒哀乐溶解在他的作品里,总会让人将不快一笑而过……

他就是朱德庸(见图3-4),一个不折不扣追求着自然生活、简单人生的人,在2008年伊始,他又有了一个新的身份,就是百度的新年logo设计者。

图3-4　台湾漫画家朱德庸

3.2.1　创意人才及其特征

创意产业在中国逐渐发展和深化,企业和产业对智慧和创新的需求日益提高,对产品与技术的要求也随之提升到了前所未有的高度,对大批创意人才的需求迫在眉睫。创意人才肩负着发展创意产业的重任,是创意产业发展的驱动力。那么,创意产业需要什么样的人才?具有什么样特质的人才能够产生好的创意?

创意人才指从事网络动漫、软件及计算机服务、交互式软件广告、建筑艺术、时尚设计等产业的相关的从业人员。其中主要包括:具有原创能力和技术能力的专门人才,如设计、策划等人员;将创意转化为经济价值的人才,即将创意思想商业化的人才;专门研究创意产业发展及其规律的人才。

作为创意人才,在创意产业飞速发展的社会大环境之下,不仅要不断地充实自身的专业知识和技能，广泛涉猎各个领域的相关内容，积极掌握新技术、新概念和新程序，还要经常进行自我反思，调整心态，培养乐观向上的生活态度，从而达到心理上与生理上的丰满与完善。分析创意人员的个性特点、需求动机以及工作特点，是我们建立有效的创意人才管理和开发系统的基础。①

3.2.1.1 创意人才的工作特点

企业创意人才的工作方式及成果产出拥有以下共同特点：

(1)工作具有创造性。创意人才从事的创造性工作，主要是依靠自己的知识禀赋和灵感，对各种可能发生的事物和情况进行预测，然后做出推动技术改进和产品创新的创意。

(2)工作流程个性化。创意人才的工作不像生产线上工人的流水作业和一般行政管理人员的日常重复性工作，其思维过程基本没有现成产品可以参照，自治性、自主性强，是一个全新的创造过程。

(3)工作成果不易测量。创意人才的产品具有创新性和前瞻性，比较难以作出准确的测量，而且一些科技含量高的产品生产，往往是整个创意团队的集体智慧和努力的结晶，难以分割，这也给个人绩效的衡量带来了困难。

3.2.1.2 创意人才的个性特点和需求特点

"性格决定命运"，性格和个人成功具有密切关系。创意人才的个性特点具有以下共性：

(1)个性追求自主、创新、自由。创意人才一般都有独立、自主、自由的要求，能力越强，独立自主从事项目开发的意识也越强。他们倾向于拥有一个能自我引导的、自我监控的工作环境，对各种可能性愿作最大的尝试，而不愿俯首听命、任人驾驭。

(2)强烈的自我实现愿望，富有创新挑战精神。工作对创意人才而言，并不仅仅是为了单纯的薪酬，而是希望寻求一个能发挥专业特长、成就事业的机会，热衷于具有挑战性的创新的工作，把攻克难关看成一种自我实现的方式。

(3)富于团队协作精神，也易于改变流动。创意人才既愿意通过团队的努力完成创意项目，为企业发展尽心尽力，也存在较大的工作流动改变的可能。特别是当企业不能满足优秀员工发挥其才能的时候，他们可能会选择离开企业，而企业也面临项目流产甚至公司解体的危险。

创意人才的需求是"以高层次为主导的需要"。第一，创意人才的主导需要集中在社会需要，如尊重需要和自我实现需要上。第二，创意人才求新求奇，乐

① 楼晓玲. 创意人才管理新模式探悉[J]. 商场现代化，2007，504(5)：312－313.

于探索做别人没有做过的。而且创意人才一般都具有很强的独立性，不愿意接受过多条条框框的束缚，对宽松自在和公平竞争的工作环境的需求也是比较强烈的。

3.2.2 我国创意人才现状

当前我国创意产业发展还处于初级阶段，大部分创意产业并不重视企业的人力资源管理，对创意人才的管理和开发更是处于较低水平。人才缺乏、结构失衡、管理方式缺乏高端性、薪酬没有竞争力等是目前创意人才管理和开发中所面临的问题。①

3.2.2.1 创意人才缺乏

以动漫制作为例，现在几乎全国所有的游戏公司都在喊缺人才。在游戏的策划、剧本以及情节或后期的宣传推广方面，都没有足够的人才可以胜任，领军人才更为稀少。有专家估计，目前国内游戏人才供不应求的局面至少需要3~5年才可能得到缓解。而受培养周期和培养能力的限制，高校所培养的学生一时还不能满足游戏公司的需求。很多创意人才专业——广告、设计、艺术、游戏及动漫等——培养出来的学生又普遍被企业抱怨为“没有创意”。创意人才严重缺乏，给这个新兴产业的就业和利润增长带来极大困扰。创意人才短缺已成为困扰文化产业就业和经济增长的瓶颈。

3.2.2.2 人才结构失衡

一是人才队伍结构失衡。目前，我国文化创意产业的企业从业者以设计类、策划类和编辑类等专业类职位居多，分别达到了45.36%，13.34%，18.56%，三者之和达到了77.26%，而财务、管理、行政、教育等非专业类职位所占比例较低，不到三成。北京大学艺术学院副院长彭吉象教授认为，文化创意产业最缺乏的，第一是经营管理人才。这些经营管理人才不但要懂传媒，还要懂得经济、管理、心理，他们可以帮助一个公司、一个频道或者一个栏目取得好的效益。第二是策划创意人才。

二是从业人员年龄结构不合理。调查显示，目前文化创意产业的从业人员近八成年龄在20~25岁之间，从业年限在两年以内的超过七成，3~8年的约占两成，8年以上的不到一成。这说明文化创意产业正处于起步阶段，从业人员行业经验偏少。

---

① 向勇，张相林. 文化创意人才现状与开发对策[J]. 中国人才，2008，(1)：59－60.

3.2.2.3 创意人才的管理缺乏高端性设计

目前我国文化创意企业当前最为重视绩效管理、人才招聘、培训、薪酬福利、人事档案与社会保险5方面,处于人力资源管理的中低端阶段,对员工发展、企业文化、梯队建设等人力资源高端模块重视不足,而且人力资源管理和开发手段单一,缺少专业方面的交流与研究。而薪酬福利结构中,16.66%的企业更喜欢采用工资和奖金等直接激励的薪酬模式,只有超过一成的企业选择使用长期激励。接受调查的企业中,无浮动工资以及浮动比例在10%以内的员工占四成,浮动比例在11%~30%的员工接近二成半,浮动比例超过30%以上的员工约占三成半,浮动工资所占比例偏低不能达到有效的激励。

而总体薪酬水平不高,更是影响创意人才的积极性。以北京为例,现有2万多家文化创意企业,从业人员达到10万人以上,其中,年薪3万元以下的从业人员接近七成,3万~5万元的占17.53%,5万~8万元的约占一成,超过8万元的从业人员为4.12%,其中高层管理人员年薪水平在5万~15万元之间居多,约占六成半。可见,创意产业从业人员整体薪酬水平不高。

3.2.2.4 文化创意人才培养方法滞后,企业培训方式单一

首先,文化创意产业尚没有形成独立的人才自我培养机制和系统,人才来源主要依靠传统产业的人才转移。其次,在人才培养方面,教育内容缺乏新意,教学中缺乏实践和动手机会,缺乏有真正创意的师资力量。最后,企业内部培训方式单一。

3.2.2.5 创意人才流动的市场化不够,存在非良性的"挖墙脚"现象

一方面,由于信息不对称和缺乏交流平台,文化创意人才流动的市场化程度不高,让很多优秀人才无法找到施展才华的舞台,不能做到人尽其才。另一方面,人才流动中存在非良性的"挖墙脚"现象。例如,由于受到人才、资本等方面的限制,中国的游戏企业除了有限的几家大公司之外,大部分中小企业基本上没有能力来培养人才,所以在游戏产业内,经常会出现一个企业的团队集体被挖到别的游戏公司的现象。

3.2.3 基于产业链的创意人才的培育与开发

3.2.3.1 基于创意产业链的创意人才

创意人才可以根据在产业链上的作用和分工的不同,分为创意的生产者和创意活动的组织引导者,以及创意成果的经营者。

(1)创意的生产者。创意的生产者也就是原创人员,既可以是艺术大师,也

可以是平头百姓，只要具备合适的空气和土壤，人人都可以产生富有价值的创意。创意的生产者最突出的特征便是头脑灵活、异想天开，他们的创意来源于对常规的突破，因此创意的生产者往往不循规蹈矩、墨守成规，他们对周围事物充满了好奇心，敢于创新，勇于挑战常规。创意的生产者是文化内容的提供者，既包括艺术家，如画家（漫画家）、作家、编剧、词曲作家、乐队指挥、演员、演奏、摄影、摄像、动画、魔术等艺术创作人员，也包括设计师，如服装设计、建筑设计、装潢设计、动漫设计、游戏设计、广告设计等，当然还包括所谓的草根，只要能够为创意企业提供有价值的文化内容，就可以被看做是创意的生产者。

创意的生产者位于创意产业价值链的高端，因为创意产品的主要增值部分就在其原创性的知识含量中。创意生产者们所从事的创造价值的这种活动，改变了过去必须要有实体生产才能成为产业创造价值的观念，而将抽象的、无形的创意活动当做产业链的一环。①

（2）创意活动的组织引导者。创意活动的组织引导者在创意产业链上具有举足轻重的作用。文化创意活动要成为产业就离不开市场，这就不仅要对社会的文化需求进行预测，对创意活动进行系统的策划和设计，还要对各种创意资源进行整合，营造良好的文化氛围，拓展创意的空间，激发人们的创意，这就需要创意活动的组织引导者，如导演、策划人（原创策划人、广告活动策划、项目策划）、策展人等。创意活动的引导者虽然要有一定的专业技能和创意灵感，但是更重要的是要思路清晰，有独立分析和制定策略的能力，具备市场研究、项目定位、系统策划等良好的市场感觉，而且还要善于协调、整合各类创意资源，引导和激发创意生产者的灵感。以策展人为例，由于策展在我国还是个新兴行业，不少人往往认为策展就是构思个好点子而已。其实策展绝不是纸上谈兵，需要策展人具备多方面的素质，除了敏锐的艺术感悟力、宏观的社会洞察力和富有感召力的奇思妙想外，还需要很强的协调和操作能力，包括确立主题、进行系统结构设计、寻找合适的创意生产者并启发他们的灵感，邀请媒体宣传造势等。

由于创意产业具有高风险性和需求的不确定性，因此创意活动的组织引导者需要在生产前期进行周密的策划，并在整个生产过程中，适时地进行协调和引导，各类创意人员也参与其中，诸如演员、动画制作、广告执行文案、录音师、照明师、剪辑师、建筑师、园艺师、设计师，乃至员工们，在创意活动引导者的组织、协调、引导和启发下，共同从事创意产品的生产。可以说有了创意活动的组织引导者，创意生产者才能更充分地发挥他们的潜能，创造更大的价值。

---

① 厉无畏，于雪梅. 培育创意人才 完善创意产业链[J]. 上海戏剧学院学报，2007，135(1)：23－29.

(3)创意成果的经营者。创意成果的经营者负责创意产品的经营,实现创意成果的价值,是推动文化创意产业化的关键力量。他们不仅要精通经营之道,而且还要能够深刻认识创意产品的文化属性和商品属性,掌握文化发展规律,他们是既通晓创意产业内容又擅长经营的专门人才。创意产品的经营者包括公司经理、项目经理、拍卖师、评估师、经纪人、中介人、制片人、画廊经理、书商等从事经营活动的人才。

在创意产品的商品化过程中,创意成果的经营者的作用至关重要。创意产品的产生,并不一定意味着创意商品的产生。例如,作家完成了一部书稿之后,产品便产生了,但是若要将其变为商品,就需要既懂文学艺术、又懂管理经营的各类创意人才在编辑、出版、印刷、流通、销售等各个环节中共同努力。又比如,在影视界和音乐界此起彼伏的造星运动中,被推到万众瞩目的焦点的虽然是个别的影星、歌星,但是在背后支撑他的是一支庞大的创意人才大军,他们精通艺术,又深谙消费者心理,全面负责包括培训、包装、宣传、策划和推广在内的各项事务。创意产品的经营者要熟悉国际化产业资本运作和经营运作,要熟悉创意产业的内在发展模式,能借鉴国外创意产业的成熟运作经验,通过一系列的研究和探索,确定合适的融资模式,编织成熟的营销网络,来完善产业链。同时,创意产业要走向国际,就需要经营者用国际化的营销理念和市场运作能力来实现产品的国际化销售。

3.2.3.2 创意人才的培育与开发

发展创意产业的关键是完善产业链,而完善产业链的关键是对创意人才的培养和培育。人才的开发需要针对产业链上不同人才的不同特点而采取不同的方式。一个完整的创意产业的产业链虽然可以简单地划分为原始创意、创意产品的生产和创意产品的商品化三个过程,但其中包含了许多环节,特别是衍生品的开发、生产和经营,更是将创意产业的产业链和价值链极大地延伸到整个链条上,不同人才具有不同的特点,从事不同的工作,发挥不同的作用,创造不同的价值。对不同人才的开发,不能一概而论,而要有针对性,采取不同的方法和措施。否则,如果混在一起,则无法培养出合格的、高素质的创意人才,无法完善创意产业的产业链,无法提高创意产业的核心竞争力。

培养创意的生产者、创意活动的引导者和创意产品的经营者,首先需要对他们的分工进行准确的定位,特别要以产业链为依据,明确他们在产业链上的不同职能。其次要根据他们工作的不同特点而采用不同的培训内容并采取不同的培训方法。最后,在创意人才的使用方面,也要充分考虑到各自的特点和产业链的需要。只有这样,才能开发出高素质的各类创意人才,缓解我国创意人才匮乏的局面，才能做到人尽其才，在产业链的不同环节充分发挥人才的作用，进一步完善我国创意产业的产业链，增强创意产业的核心竞争力，创造更高的价值。①

针对我国创意产业发展以及创意人才管理与开发的现状，应该从政策制定、人才培养和交流、人才激励等方面来研究中国创意人才的开发策略。

(1)制定科学的人才政策，促进人才合理流动。只有制定科学的人才培养、引进、流动政策，才能克服目前文化产业发展中的人才瓶颈和其他人才问题，为文化产业的快速发展提供人才支持和发展后劲。为加强市场化的人才交流与流动，通过举办一些具有特色的人才招聘会、人才交流会，促进人才在产业中的企业间合理流动，优化产业人才结构，同时更要积极通过社会宣传，吸引和引进非文化创意产业的人才转移到文化创意产业中来。

(2)创建良好的创意环境，加大创意人才培养力度。第一，要充分发挥高等院校输送人才的作用。高校需要增强知识创新能力与培养创意人才的能力，可打通学科壁垒，扭转应试教育对学生创新思维的扼杀，激发培养学生的"创意冲动"、"创意快乐"，打好学生的人文底蕴，重视创新型人文教育，培养有原创意识和文化精品意识的内容创意人才。第二，要大力开展各类专业培训，实施文化创意产业人才能力开发计划，针对文化创意产业人才的核心素质要求开发课程和开展培训。

(3)加强创意人才的创意管理。创意正处在缺乏管理的年代，为了尽可能地减少企业运作的风险，我们要对创意进行管理，让它在可控的环境下成为效益之源。只有建立起创意管理机制，才能规范创意阶层的行为，使之有利于企业的发展。

(4)提升薪酬设计水平，完善激励机制。文化创意产业发展要从提升产业整体薪酬竞争力和吸引其他产业的相关人才入手去解决产业发展的人才缺口。大部分文化企业为了吸引和保留人才都会开出很有竞争力的报酬，但是，对创意人才而言，货币薪酬尽管很重要，但为他们提供参与组织决策的机会、丰富的工作内容、赋予更大的自主工作的权限、改善自我学习与自我开发的条件、配备工作助理与良好工作设备、授予职务头衔等内部薪酬也不应该忽视。应该适当考虑被开发者所处的职业阶段来设计内部薪酬和外部薪酬标准。②

---

① 厉无畏，于雪梅．培育创意人才 完善创意产业链[J]．上海戏剧学院学报，2007，135（1）：23－29．

② 楼晓玲．创意人才管理新模式探悉[J]．商场现代化，2007，504(5)：312－313．

实际案例

顶级游戏设计师戴维·佩里(David Perry)盛大"授课"

在国内发展了不到8年的网络游戏,人才的培养和相关培训体系建设都还在摸索之中。最近,中国网游行业的领军企业——盛大网络制度化、规范化、专业化的培训体系建设引起了业内的关注。

日前,当今最知名、最受尊敬的游戏设计师之一戴维·佩里到访盛大,并与盛大策划中心的员工以及相关技术人员进行了别开生面的游戏设计讨论会。

戴维·佩里是当今最知名和最受尊敬的游戏设计师之一,曾任Shiny Entertainment公司的总裁,已有25年的丰富从业经验。包括蚯蚓战士(Earthworm Jim)系列、MDK,以及根据电影《黑客帝国》改编的游戏The Matrix和Matrix Online在内的许多精品单机PC游戏都是由他主要创作的。

日本知名策划师岩谷辙先生也曾到过盛大作经验交流,为各项目的负责人做了主题为《如何开发游戏用户喜爱的游戏》的讲座,也谈到了一些业内热门话题,如"人机交互技术对游戏发展的影响"、"游戏项目开发的团队协作"、"日本游戏产业的发展以及与韩国游戏产业的对比"等。这位国际著名游戏策划人在鼓励中国游戏新人时说:"年轻人不要怕自己的策划案不被认可,要坚持不懈,不断尝试,为看到更多玩家的笑脸而奋斗!"

"能和这些顶级的设计师交流,感觉自己的视野一下子开阔了。他们的经验可以让我们少走很多弯路,对我们的职业生涯很有帮助。"一位参加听课的盛大员工表示。①

戴维·佩里游戏设计的平衡原则。

如果你有一个单位或者武器可以在任何情况下都用同一种方法获胜,这样还有乐趣么?很显然游戏再也没有挑战,很快变得无趣。玩家希望通过自己的力量在不同的境况下挑战自己,克服困难。要拥有这种感觉,玩家需要面临不同的选择,进攻还是防守?能量继续储存还是释放?远攻还是近攻?如果有一系列的游戏选项可以选择,选择哪一种策略并不是完全清晰,玩家就有机会展示自己的选择。如果一个游戏元素过于清晰并总是成立,那么必然在平衡性上

---

① http://news.17173.com/content/2007-11-22/20071122120404244.html(2008-7-13).

存在问题。

如图3－5所示，使用石头、剪刀、布的概念是一个最简单的解决平衡问题的方案。石头＞剪刀，剪刀＞布，布＞石头。虽然每一个元素都有获胜机会，但是没有一个元素在所有情况下都能获胜。① 在实际应用中则是更加的复杂，如图3－6。

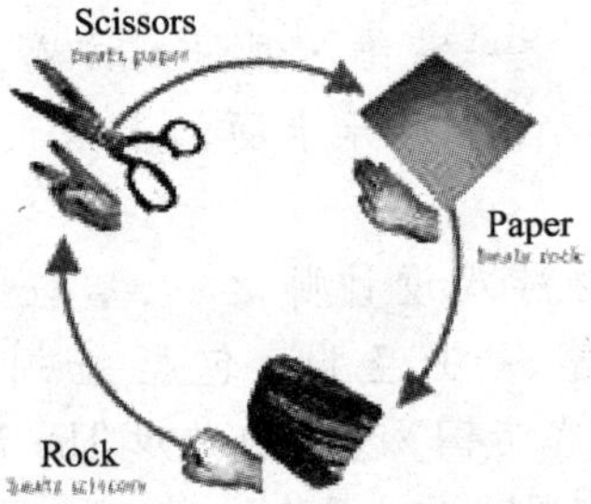

图3－5　石头剪刀布的基本平衡模型

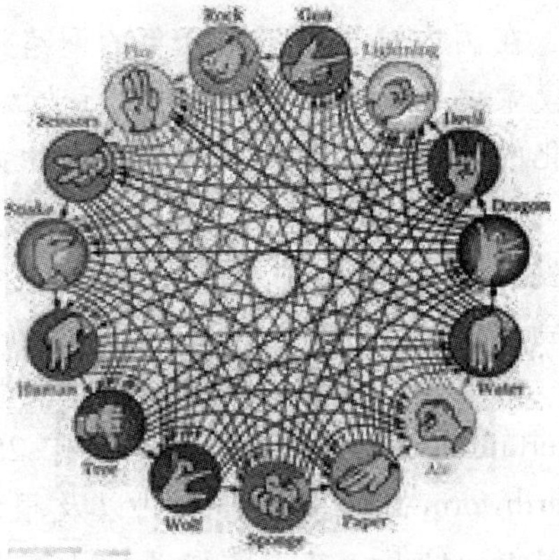

图3－6　石头剪刀布变异的复杂模型

思考练习题

1. 什么是创意人才？创意人才有哪些特点？
2. 我国创意人才现状是怎么样的？
3. 基于创意产业链分析创意人才有哪些？
4. 现阶段如何对我国创意人才进行管理开发？

① http://www.game798.com/html/2006－10/2051.html(2008－7－13).

第2篇

创造性思维方法篇

Chapter 4

扩展思维视角　克服思维障碍

本章关键词

◇ 突破逻辑思维惯性
◇ 突破权威障碍
◇ 突破自我限制的障碍

创造性思维是运用新颖独特的方式方法解决问题的一种积极、主动的思维活动。创造性思维离不开逻辑和非逻辑思维的协同，特别是要借助非逻辑思维，突破常规。本篇根据创造心理学，遵循认知规律，通过大量有趣的实例和练习题，帮助克服情感障碍和消极的思维定式，进入非逻辑思维，激发创意。

4.1　突破逻辑思维惯性

引导案例

科幻变现实：世界首款玻璃键盘现身

北京时间 2013 年 1 月 11 日，CES 2013 上展出的产品琳琅满目，但最具视觉冲击力、最让人称奇的就是这款由 TransluSense 带来的玻璃键盘 Luminae 了。当然，它也是世界首款玻璃键盘。见图 4－1。TransluSense 最近突破传统的键盘设计理念，研发出了这套非常先进的、玻璃材质的光学驱动键盘和触屏板。

我们经常可以在科幻电影中看到类似的产品。据 Luminae 的发明者 Jason Giddings 透露，他的创意正是来自于科幻电影。从科幻变成现实,这款键盘花费了他们大量的精力进行设计和软件开发。

图 4-1　TransluSense 推出的玻璃材质的光学驱动键盘

键盘和触屏板允许使用者进行个性化设计,也就是说可以改变玻璃表层的颜色。这套设备最核心科技在于键盘内部的动作感应技术,它可以敏锐地捕捉到光滑玻璃表层的手指动作,并将其翻译成为键盘和触屏板可以读取的信息。这种新科技将内置摄像头和红外线 LED 技术融合在了键盘上面,可以清楚地捕捉到手指的打字和敲击动作,并将其转化为可读输入信息。

这套有着光滑、清洁表面的键盘和触控板内部嵌入了 LED,可以渲染出 1 600 万种不同的颜色效果和多种亮度。用户可以根据自己的爱好设置出个性化的"表层皮肤"。在键盘表层因为长时间使用出现污垢的时候,轻轻一擦就可以让键盘洁净如初。如果用户讨厌了某种颜色的话,就可以调整成另外一种全新的颜色。该产品搭载了续航时间较长的可充电锂离子电池,而且具有蓝牙功能,可供用户无线控制电脑和其他电子设备。①

4.1.1　逻辑与非逻辑

我们平常需要逻辑思维,如果思维不合逻辑,就会造成理解的混乱。可是,很多发明创造在开始的时候,往往会打破现有的逻辑,这就需要创造者的非逻

① http://tech.qq.com/a/20130111/000021.htm#p=1.

辑思维。在现实中人们发现,很多人难以有所创造,其原因往往是受到逻辑的限制。

那么,怎样解决逻辑思维和非逻辑思维的矛盾呢?特别是在创造的过程中,怎样突破逻辑思维的限制呢?

4.1.1.1　什么是逻辑思维和非逻辑思维

逻辑思维就是借助言语形式(或自然语言)表达的思维。我们知道,言语或语言乃是人类社会实现人际交往或思想交流的工具,因而它所表达的思维必定符合语言的法则(即语法)和逻辑规则。例如,如果我们说:“我正在学习”,大家都能听懂;然而,如果说的是:“学习正在我”,大家就听不懂,这是因为这句话不符合语法规则。再如,我们说:“人都是要死的,张三是人,张三是不死的”,大家都不会同意,因为这就破坏了逻辑规则。逻辑思维的特点是以抽象的概念、判断和推理作为思维的基本形式,通过分析、综合、分类、比较、归纳、演绎、抽象、概括和具体化等方法,揭露事物的本质特征和规律性联系。逻辑思维渗透于一切创新过程中。逻辑思维的严谨性不一定能导致创新,但是一切创新成果最终必须符合逻辑思维的严谨性。

严格地说,非逻辑思维属于人们内在的心理活动。这类心理活动本来并不需要,甚至有时还难以用言语的方式来表达。尽管如此,只要它同样具备作为思维所必须具备的如认知的间接性、概括性以及能够解决问题等基本功能,我们便完全可以将它称之为“非言语思维”。非逻辑思维具有突发性、瞬时性、跳跃性、模糊性等特点,其形式主要有联想、想象、隐喻、类比、灵感、直觉、顿悟等。非逻辑思维无论是在科学创造中或是在文艺创作中,常常显示出惊人的创造性。

4.1.1.2　逻辑思维与非逻辑思维共同构成创造性思维

逻辑思维与非逻辑思维是创造性思维的两种基本形式。在创造过程中,人们既运用逻辑思维,也运用非逻辑思维。逻辑思维是创造性思维的前提条件和基础,非逻辑思维在逻辑思维中断时能起“接通”的作用,使逻辑思维得以继续进行,是打开创造大门的钥匙。

1945 年,一名叫雅克·阿达玛(Jacques Hadamard)的数学家给全美国著名的数学家都寄去了问卷,请他们回答:在自己的创造性工作中使用的是什么类型的思维。下面是他对结果的简述:

“实际上他们中的所有人……不仅仅避免使用心中的词语,而且也避免在心中使用代数符号或其他的精确符号……在所收到的那些数学家的回复中,大多数人的心理画面却经常都是视觉型的,但这些心理的画面也可能是其他类型,如动觉型的。”

一个特别有趣的回答是从爱因斯坦那儿得到的。他说:“在人的思维机制中,作为书面语言或口头语言的语词似乎不起任何作用。好像足以作为思维元素的心理存在,乃是一些符号和具有或多或少明晰程度的表象,而这些表象是能够予以‘自由地’再生和组合的……在我的情况中,上述心理元素是视觉型的,有的是动觉型的。惯用的语词或其他符号则只有在第二阶段,即当上述联想活动充分建立起来并且能够随意再生出来的时候,才有必要把它们费劲地寻找出来。”①

显然,爱因斯坦所陈述的两个思维阶段就是非逻辑思维和逻辑思维在不同的思维阶段发挥作用。在第一个阶段,是非逻辑思维在发挥作用。非逻辑思维的灵活性和把握复杂表象的能力,以及用视觉和动觉形式来表现想象的能力是创造性思维的关键方面。找到了解决问题的基本思路后,逻辑思维才参与整理和评判,才费劲地运用语词把结果用概念形式传达出来。这种逻辑思维和非逻辑思维都使用的模式,对创造性思维是最好的。

创造发明过程往往是先通过形象、直觉、灵感、审美等非逻辑思维迅速找出问题的突破口,再通过逻辑思维进行严格的推理和论证。例如,凯库勒从梦中飞舞的蛇这一灵感悟出了苯的环形结构式,但这一结构式正确与否则需要他严格的逻辑证明。凯库勒在谈到这个问题时说:“先生们,假如我们学会做梦,我们也许就会发现真理。”但他紧接着说:“不过,我们务必小心,在我们的梦受到清醒的头脑证实之前,千万别公开它们。”这也说明,非逻辑思维需要逻辑思维的验证。只有使两种思维有机结合、互相补充和作用,创造力才能得到充分的发挥。

4.1.2 创意来自非逻辑

我们从小到大学习、考试的模式基本上是逻辑思维的训练。当我们面对纷繁复杂、千头万绪的事务束手无策的时候,可以使用逻辑思维方法来理清思路,寻找解决问题的办法。或者,首先安排好各种要求与限制条件,然后去寻找一个适应于这种“模式”的想法。这样,我们一开始就把自己限制在这些想法中。然而,非逻辑思维讲究的是流畅性、灵活性和独创性。当我们面对一些富有挑战性、无从下手的难题,运用逻辑思维方法无法达到目的时,忽然灵感一现,某一个联想或直觉却能够带领我们翻越崇山峻岭,一下子找到“山重水复疑无路,柳暗花明又一村”的感觉,找到新途径、新办法来解决问题。

1903 年 12 月 17 日,在北卡罗来纳州的基蒂霍克,奥维尔 · 莱特和威尔伯 ·

---

① Hadamarm Jacques. The psychology of invention in the mathematical field. New York: Dover Publications. 1945:142.

莱特兄弟第一次成功地使一架用内燃机做动力的双翼飞机飞行了几十秒钟，完成了可控制的起飞、飞行和降落。奥维尔和他的哥哥威尔伯·莱特于这一年夏天在其位于俄亥俄州代顿的家中组装了“飞行者号”(Flyer)——一种简单的推进式无尾双翼飞机，飞机的动力是由他们自己设计制造的一台8 827瓦汽油发动机提供的。这一人类历史上的首次飞行在平坦沙地的上空进行，仅持续了12秒，飞行距离是36.6米，高度不过几米，空速大约每小时3 048公里，但是这架飞机是在驾驶员的完全操纵下沿着水平方向直线飞行的，而且毫无损坏地着陆在与起飞点同一高度的一个地点。一次成功飞行的所有条件于是全部满足。这一事件现被认为是动力飞行时代开始的重要标志，而比重大于空气的动力飞行是20世纪最重要的技术之一。这个英雄业绩标志着人类航空史的开端，但是大多数美国媒体最初并没有觉察到其重要性，甚至由于一些科学家的评论，媒体拒绝刊登这个消息。那些科学家按照逻辑的推理总结说：“不可能制造一部比空气重的能够飞的机器。”莱特兄弟在1905年又创下新的业绩，他们制造的飞机连续飞行了38分钟，创造了世界纪录。这也没能消除他们同胞的怀疑。两人被迫前往法国，他们的发明在那里才得到了应有的承认。

在最初不为人理解的杰出人物中，莱特兄弟并不是孤立的例子。回顾历史，我们看到，不少伟大的艺术家、科学家、学者和在某个领域具有创造力的人物，他们最开始的想法都被看做非逻辑的、不可思议的。爱迪生发明了电报机、留声机和许多其他机器。电灯无疑是他最杰出和最有使用价值的发明之一，但最初却被人认为是“最愚蠢的想法”。美国科学家、1977年诺贝尔医学奖获得者罗歇·古耶曼有关内啡肽的理论曾被《科学》杂志否定，被认为是“病态幻想的产物”，不符合逻辑。而恰恰是这些非逻辑的发明与创造改变了人类的生活。

假设以“小发明”和“小逻辑”两人之间的争论来代表当时的发明家和怀疑者，他们对飞机将进行什么样的对话？我们不妨想象一下：

小发明：鸟能飞上天，人为什么不能，可以给人也安上一对大翅膀。

小逻辑：鸟有雄健有力的胸肌来扇动大翅膀，人没有，安上翅膀也飞不起来。

小发明：我可以用发动机来做动力。

小逻辑：发动机是铁制的，几百斤重，上去就会掉下来。

结果，小发明没有听小逻辑的，继续研制飞机，以空气动力学的升力与阻力关系的逻辑，经过无数次失败，最终飞上了天空。

人发明飞机的事实说明，如果不能打破旧的逻辑，建立新的逻辑，那么什么新事物也产生不了。

从这个故事中我们可以发现,创造性思维的产生要克服某种逻辑思维的限制。这些限制本来并不是解决问题不可超越的障碍,但是我们却不由自主地被很多所谓的常识和逻辑所限制。一旦我们能够抛开这些限制,创造性的答案就变得简单明了。

一般说来,人们认为,凡是符合逻辑的就是正确的,凡是不符合逻辑的就是错误的。不过,非常矛盾的是,人类要有所前进,又必须不断地打破现有的逻辑。人们所掌握的科学规律都是已知的科学规律,而创造中所发现、所创立的规律往往是前人未曾总结的,自然就要超越已知的科学知识了,也就暂时不符合原有的知识体系的逻辑了。其实,新的发现必然符合自然界的逻辑,只是用旧的知识来衡量它不符合而已。如果那时一味地强调符合逻辑,人们往往会裹足不前,在旧知识体系之中徘徊。只有打破旧的逻辑,建立起新的逻辑体系,人类才能在科学认识上前进。

在创造过程中,我们不妨跳出逻辑思维,让自己的想象力尽情翱翔,让自己的思维不断地跳跃,很多新的创意与灵感就会在此时跃然而出,我们就会在用逻辑思维苦苦追求的不解中豁然开朗。

4.1.3 超越逻辑

随着体育场馆的发展,篮球运动的正式比赛从室外移入室内,场地也从三合土、水泥等摩擦力较大的地面变成了木板等摩擦力较小的地面,这一变化使原来的球鞋出现了“打滑”现象。通常的想法是不断改变原来球鞋突起的花纹,希望球鞋能不“打滑”,但改来改去,突起的花纹变了多少种,其效果却并不明显。一天,一位设计者见自己的孩子在玩玩具手枪,打出去的橡皮子弹都“贴”在墙上不掉下来。他取下一看,橡皮头都是凹进去的“吸盘”式的,于是,突然来了灵感——鞋底用吸盘原理设计行不行?经反复试验、修改,由许多菱形吸盘组成鞋底花纹的新型篮球鞋诞生了。

让我们来一次跳跃逻辑的思考。

例如,我们碰到了一个难题:旧式鼠夹的毛病是响声太大,老鼠们学乖了,不再靠近鼠夹。现在要发明一种无声的捕鼠器。

◎常规逻辑思路:

分析旧鼠夹为什么声音太大,然后提出应该怎样改进的方案。

◎非逻辑的思路:

第一步,离开这个问题,去思考什么生物能无声地捕猎?

可以列出以下动、植物:青蛙、蛇、蜘蛛、壁虎、猫、蝙蝠、猪笼草、狸藻、毛毡苔……

第二步，了解这些生物无声捕猎的原理是什么？

例如：

- 青蛙：舌头卷。
- 蛇：蛇芯子，一伸一收。
- 壁虎：变色，善于伪装。
- 猫：脚上的肉垫。
- 蝙蝠：在黑暗中能看东西，特殊的超声波系统。
- 蜘蛛：网，粘住猎物。
- 猪笼草：用蜜液引诱昆虫。
- 狸藻：茎上小囊口周围有倒生的刚毛，只能进不能出。
- 毛毡台：叶上分泌带有甜味和香味的黏液。

第三步，回到要解决的问题。发现解决鼠夹无声捕猎与动物无声捕猎的问题结构同型。

第四步，借用上面的一些原理来解决这个难题。

提出的新方案：

- 发明入口处有倒刺的捕鼠器。
- 设计活动门略长于门框，老鼠只能进不能出的捕鼠器。
- 发明分泌香味引诱老鼠，又能粘住老鼠的捕鼠器；发明利用超声波技术捕鼠的工具……

这样可以得到大量的设想，数量上远远超过了仅从工具角度解决问题得到的答案。从这一过程可以看到思维在第一和第二步中的逻辑跳跃。解决鼠夹问题，思维不是在老鼠和工具的构件上转圈子，反而一下子跳到其他动物，并把其他动物的无声捕猎与鼠夹联系在了一起，这正是非逻辑思维的特点。

很多创造技法就是这样引导大脑自觉、活跃地参与解决问题。让我们在后面的学习中得到同样的启发和引导。

实际案例

"科技树"摩天大楼将问世，长有浮动"叶片"

如图4－2所示，这一幕看起来像是星球大战电影或者科幻游戏里的场景。但实际上，这些图片是为台湾一城市未来的新摩天大楼而作的真实的设计，它将高高耸立在城市的天际。

在一次设计比赛中获得了冠军大奖后，这座被称为"漂浮的天文台"的高塔计划在台湾第三大城市"台中"市兴建。其主体建筑的设计看起来像一棵树，有八个漂浮的天文台，像树叶一样，可以在树干上下移动。天文台的功能类似电梯可以运送80个人，外形被设计成台湾岛的模样。据建筑师称，天文台采用轻薄的太空材料，垂直轨道的滑行依靠内部的强电磁场提供动力。塔的内部有一座博物馆，还有办公室、餐厅和一个"城市公园"。见图4-3、图4-4。①

图4-2 "浮动的天文台"有八个树叶形状的浮动电梯

图4-3 "树"房中央有通风道、办公室和会议场所

图4-4 俯瞰着台湾海峡的摩天大厦高耸在城市的天际

① http://www.china.com.cn/economic/txt/2010-12/22/content_21595667.htm.

思考练习题

1. 请超越逻辑，列举狗和洗衣机的关系，发明一种新式的洗衣机。

2. 19 世纪中叶，美国加州掀起了一股淘金热潮，17 岁的农村青年亚默尔也加入到了这支寻找金矿的大军中。在挖矿的山谷里，气候干燥，水源奇缺，亚默尔不止一次听到有人抱怨说：“真叫人受不了啦！现在谁能给一壶水，我就给他一枚金币。”亚默尔自己也同样深切感受到了缺水带来的困难和痛苦。亚默尔来到矿山已很长一段时间，终日劳苦，备受艰辛，却一直毫无所获。根据这一情况，你认为亚默尔该怎样做？请举出类似的例子。

4.2 突破权威障碍

引导案例

五环摩天轮

鸟巢和水立方是 2008 北京奥运会的标志性建筑。那么，2012 年的伦敦奥运会又会有什么样的地标建筑问世呢？

伦敦眼是伦敦的一个著名地标，因此，这个概念设计也借鉴了伦敦眼的思路，在泰晤士河旁建造这样一个五环造型的摩天轮。它既突出了奥运的主题，又非常醒目①（如图 4－5 所示）。

图 4－5 五环摩天轮

① http://www.patent-cn.com/2008/07/04/11312.shtml#more-11312（2008-7-10）.

4.2.1 打破权威神话

打破权威神话的关键是打破知识的神话和年龄的神话。

所谓知识权威，是高高在上的知识掌握者。在学生心目中，教师、书本、专家都是权威，是知识的化身，对其充满了崇拜与信赖。其实，权威的知识未必代表真理。《小学自然学习辅导》、《十万个为什么》上说，蜜蜂没有发音器官，它们在飞行时不断高速扇动翅膀，使空气振动，才产生嗡嗡声音。监利县黄歇中心小学聂利同学却大胆挑战这一权威论断。她通过40多次的观察试验，得到的结论是：蜜蜂不靠翅膀振动也能发音。她撰写的论文《蜜蜂不是靠翅膀振动发音》荣获第18届全国青少年科技创新大赛银奖和高士其科普奖。她的惊人发现挑战了权威论断。不迷信权威这样的独立思维的品格十分难得。著名物理学家、诺贝尔奖获得者杨振宁在清华大学讲，"中国青年人的胆子要大一些"。拿专家们的话来讲，现在不少孩子的思维受惯性影响，顺着成人模式来想事情，很少从相反方向考虑，这不利于从小培养孩子敢想、不唯上、不唯书的品质。可贵的是，聂利同学大胆怀疑、科学认真地求证，最后得出了结论。虽还未最后确认这个结论究竟怎么样，但小学生能发现这个问题，这本身是个了不起的事情。①

从幼儿时期咿呀学语到今天，我们阅读过的书籍应该是不计其数了，那么，书本、老师、专家在我们心中到底是什么样的地位呢？首先，值得肯定的是，书本、老师、专家为我们提供了一种系统化、理论化的知识，其中有千百年来人类经验和体悟的结晶。但是，在创造的天空里，又常常是由于对书本、教师、专家的崇拜，反而阻碍了我们探索的脚步。只有敢于突破权威障碍，打破权威神话，我们才会产生更多的创意。

正确的可能会成为权威，但权威未必正确。我们在一定程度上应该对教师、书本、专家等权威持有批判态度，不能盲目地崇拜他们。在某些时候，突破权威的束缚，就可能会有重大的发明、创造产生，为人类社会增添物质文明和精神文明成果。孟子早就说过："尽信书不如无书。"敢于对权威提出疑问才是年轻人必须具备的、难能可贵的精神气质。

打破权威神话的另一个含义是打破年龄的神话。一般来说，掌握知识全的人都是年龄长于我们中学生的人。许多人不敢挑战权威是认为自己年少，见识少，怎么可能向见识多的人挑战，年长的人当然见识多，可是，见识多的人往往又比较

---

① 胡石伦．敢于向权威挑战——评聂利同学的小论文[OL]．http://www.jlkp.com/newbak/2003-11-26/2003112693017.htm(2008-7-10)．

保守和麻木,恰恰需要年轻人的冲劲和敏感。年轻人是未来的希望。毛泽东主席曾经对留学生说过一段最富哲理的话:"世界是你们的,也是我们的,但归根结底是你们的。你们青年人,好像早晨八九点钟的太阳,希望寄托在你们身上。"

纵观世界科技发展史,人类科技的许多重大突破都产生于科学家的青年时期。爱因斯坦26岁提出狭义相对论,爱迪生29岁发明留声机,哥白尼38岁提出日心说。人类的伟大思想家和政治家也大都是在年轻时励精图治,创立学说和事业。马克思和恩格斯发表《共产党宣言》时分别是30岁和28岁,毛泽东诵出"自信人生二百年,会当水击三千里"的诗句时,也只有20岁左右。青年时期是最富有创新精神的黄金时期,青年是天然的创新力量。有学者对公元1500年至1960年全世界1 249名杰出自然科学家和1 928项重大科学成果进行统计分析,发现自然科学发明的最佳年龄区是25至45岁,峰值为37岁。正是年轻时候敢于质疑、敢于挑战的精神,才使人们获得了最后的成功。

4.2.2 树立自信

挑战权威的前提是自信。自信是发自内心的自我肯定与相信。当我们的意见和权威的看法相悖的时候,如果确认自己是对的,是选择服从权威还是坚持自己的主见呢? 古今中外的历史表明,只有那些能够坚持自己主见的人,才能够不屈不挠,最后走向成功。

自信来自对自我能力的肯定。有一次,俄国著名戏剧家斯坦尼夫斯基在排演一出话剧的时候,女主角突然因故不能演出了,斯坦尼夫斯基实在找不到人,只好叫他的大姐担任这个角色。他的大姐以前只是一个服装道具管理员,现在突然出演主角,便产生了自卑胆怯的心理,演得极差,引起了斯坦尼斯拉夫斯基的烦躁和不满。

一次,他突然停下排练,说:"这场戏是全剧的关键;如果女主角仍然演得这样差劲儿,整个戏就不能再往下排了!"这时全场寂然,他的大姐久久没有说话。突然,她抬起头来说:"排练!"一扫以前的自卑、羞怯和拘谨,演得非常自信,非常真实。斯坦尼斯拉斯夫基高兴地说:"我们又拥有了一位新的表演艺术家。"可见,只有对自己充满自信,才能真正获得成功。

自信来自对事实的判断。我国受人尊敬的妇产科专家林巧稚出生时曾是一个不受欢迎的人——因为她是女孩。读书时又受到男同学的歧视;一次期末考试,男同学冲着她趾高气扬地说:"你们女同学能考及格就不简单了!"林巧稚毫不示弱地答道:"女同学怎么样? 你们得100分,我们也要100分!"在自信心的鞭策下,她刻苦攻读,那次考试果然得了第一名,用自己的自信和努力得到了其他人的尊重。

面对来自其他人的质疑,人们往往容易被环境左右,惯于附和,缺乏主见,最终可能会放弃自己正确的判断。而斯坦尼夫斯基的大姐与妇产科专家林巧稚坚持自信,面对其他人的质疑和不屑,敢于追求真理,最终博得了人们的肯定。这使我们认识到,无论在任何时候,都应坚持自信,这样才会不断进步,有所创新。

自信来自对真理的追求。1900 年 7 月,林德曼独自驾着一叶小舟驶进了波涛汹涌的大西洋,他在进行一项历史上从未有过的心理学实验,预备付出的代价是自己的生命。林德曼认为,一个人只要对自己抱有信心,就能保持精神和肌体的健康。当时,德国举国上下都关注着林德曼驾舟横渡大西洋的悲壮冒险,已经有 100 多名勇士相继驾舟均遭失败,无人生还。林德曼推断,这些遭遇者首先不是从肉体上败下来的,主要是死于精神崩溃、恐慌与绝望。为了验证自己的观点,他不顾亲友的反对,亲自进行了实验。在航行中,林德曼遇到难以想象的困难,多次濒临死亡,他眼前甚至出现了幻觉,运动感觉也处于麻痹状态,有时真有绝望之感。但是只要这个念头一出现,他马上就大声自责:懦夫!你想重蹈覆辙,葬身此地吗?不,我一定能成功!终于,他胜利渡过了大西洋。就这样,他证明了他的结论是正确的。

4.2.3 超越权威

那么,如何打破权威神话,超越权威呢?

首先,学会对权威进行质疑。学贵有疑,我们要学会不再盲从,而是质疑书本里的知识。宋代爱国诗人陆游在《冬夜读书示子聿》中用“古人学问无遗力,少壮工夫老始成。纸上得来终觉浅,绝知此事要躬行”的诗句告诫儿子:只从书本上得来的知识是片面的,更重要的是要亲身实践。韩愈也曾经写道:“业精于勤,荒于嬉;行成于思,毁于随”,指的是如果有所建树,就必须学会独立思考。上面的例子中,聂利同学所展现的就是一种敢于挑战书本权威的精神,通过自己的观察实验,提出了自己独特的见解。对书籍,我们不妨换一种视角,即我们在欣赏书籍、吸收知识的同时,也来挑挑书本里的“毛病”,提出一些相反的或者不同的观点,然后把两种观点结合在一起,综合起来,这样,我们的收获也许会更大。中国古语云:学贵有疑,小疑则小进,大疑则大进。只有学会质疑,你才能够从书本的权威中走出来。

走出书本的权威,还有很多生活中的权威在影响着我们的思维。当学生的见解和老师的看法相悖的时候,怎么办呢?亚里士多德曾经说过:“吾爱吾师,吾更爱真理。”虽然我们非常感谢老师、曾经的科学家和学者们为我们带来了丰富的精神食粮,让我们现在能够站在巨人的肩膀上看问题,从而看得更高、更远。但是我们依然要学会对这些学术界的权威、生活中的权威进行质疑。这是因为:科学的道路是无止境的,只有敢于质疑,才能够有勇气在科学的路上不断地探索。科学史也表明,每当科学上有重大突破和理论上有重大建树时,人们总是倾向于认为已找到了最后真理。20世纪量子力学、粒子物理取得了辉煌的成就以后,20世纪80年代曾有物理学家错误地认为,物理学对物质的认知已经达到顶峰。未过20年,航天观测发现宇宙有加速膨胀的迹象。美国航空航天局于1998年宣布,在宇宙中可能存在一种过去未发现过的"暗能量",占总能量的70%以上,对星系产生负压力或斥力,超过了物质之间的引力,导致宇宙在过去数十亿年的历史中加速膨胀。此外,还发现在占宇宙质能27%的物质中,我们能看到的和能觉察到的仅有4%左右,还有23%的"暗物质"存在,其组成和性质无人知道,物理学尚无法解释。这有如一桶冷水浇头,使认为科学已经终结的人清醒了很多,也提醒着我们,只有不断质疑、不断探索,我们才能够拥有更多的收获。

其次,提出假设,进行验证。当我们开始质疑书本、质疑权威、质疑经验的时候,我们已经开始学会提出问题了。那么,下一步就需要我们通过努力来验证我们的质疑是正确的。可以通过查找资料、做实验、推理等方法进行验证,最后得出自己的结论。

为什么中国学生在全世界都能够考出优秀的成绩,却缺乏创造性的突破和独立的思维呢?诺贝尔奖获得者杨振宁曾经说过,中国的学生知识丰富,善于考试,但却不善于想象、发挥和创造。延续2 500多年的儒家文化中形成的亲、尊、长、幼,君、臣、父、子逐级服从的社会风尚,它所要求的是孩子们必须服从父母,学生必须相信老师所讲的一切,教科书上的东西都是对的,权威的训导必须服从,科学定律不准讨论或修改。试卷设标准答案,不允许考生有所发挥。正是这些无形的枷锁钳制着人们挑战权威的勇气,禁锢了我们成长的翅膀,让我们无法飞翔。而我们真正应该做的是——不要迷信书本,也不要迷信权威,更不要被经验所束缚,拥有自己的思想,才能够拥有更加广阔的思维天空。

实际案例

姆潘巴现象

坦桑尼亚中学生姆潘巴在1963年偶然发现,热牛奶倒入冰格一个半小时后会冻结,而先放入的冷牛奶还是很稠的液体,没有冻结。后经达累斯萨拉姆大学物理系主任奥斯波恩博士实验证明,姆潘巴发现的现象属实。40 多年来,许多论文与实验试图阐明这个现象背后的原理,但由于缺乏科学实验数据以及定量分析,至今没有定论。

2004 年 11 月起,在向明中学科技名师黄曾新的指导下,本市三名女中学生——庚顺禧、叶莎莎和上海中学的董佳雯开始研究姆潘巴现象。四个月来,她们利用糖、清水、牛奶、淀粉、冰淇淋等多种材料,采用先进的多点自动测温记录仪,在记录了上万个数据后进行多因素分析,最后得出结论:在同质同量同外部温度环境下,热液体比冷液体先结冰是不可能的,并提出了引起误解的三种可能。她们认为,只有当冰箱有温差、牛奶含糖量不同或糖没有溶解、含有较多淀粉等非液体成分时,姆潘巴现象才有可能发生。不管最后的结论是否正确,姆潘巴和这些中学生对挑战书本的勇气和坚持研究的执着精神都是值得我们学习的。

思考练习题

对你感兴趣的某个问题、论断或名言警句中某项不确切的问题提出质疑并提出新的想法和见解,然后尝试证明它是错的,并写出小论文。

4.3 突破自我限制的障碍

引导案例

突破自我限制

曾经发生过这样一个故事:一场突如其来的大火使康纳不幸被烧成重伤,虽然生命脱离了危险,但下半身却失去了知觉。出院的时候,医生悄悄地告诉康纳的母亲,说他这辈子离不开轮椅了。母亲非常难过,只好把痛苦埋藏在心底,每天照料康纳的起居,还定时带他到院子里呼吸新鲜空气。一次,母亲把轮椅推到院子里,吩咐康纳自己在外面散心,就回到屋内干活去了。康纳抬头仰望,碧空如洗,康纳的胸襟豁然开朗起来,感觉一股强烈的冲动自心底涌起。我一定要站起来!

康纳挣扎着摆脱轮椅，拖着瘫腿用双肘在草地上爬行。就那么一寸一寸匍匐，磨磨蹭蹭地移动着身子，他终于移到了栅栏边，喘息片刻，他一把抓住栅栏，竭尽全力使身子直立起来，再借助栅栏尝试横向移动。毕竟胳膊的力量不及大腿，每一下他都累得满头大汗，他不得不停下来喘口气，然后咬紧牙关再试，直至挪动到栅栏的尽头。

从这一天开始，康纳和母亲达成一种默契，每天都要扶着栅栏练习走路。就这么日复一日地坚持，可是他的腿始终没有一点感觉。然而，在康纳的心中燃烧着重新站起来的迫切愿望，所以他没有也不可能气馁，照样全力以赴地与命运抗争。自从烧伤以后，康纳的下肢一直毫无知觉。这天早晨，他双手攀着栅栏向一旁移动，突然感到双腿一阵锥心的疼痛。他心头为之一震，甚至怀疑那是一种错觉。他又试着挪动了两步，再次体验了那种剧烈的疼痛。伴随着一种悲壮的感觉，重新站立起来的希望已扑面而来。自从下肢恢复知觉，康纳每天锻炼得更加起劲了，效果也一天比一天明显。他先是能慢慢地站起来，勉强扶着栅栏走几步，不久就可以独立行走，继而连跑步都不成问题了。生活又回到正常的轨道，康纳重返学校读书，看上去和同学没什么两样。考入大学之后，他成为学校田径队的尖子队员，付出了超人的努力，奇迹般地跑出了当时世界上最好的成绩。

4.3.1　学会自我审视

在古希腊戴尔菲城的阿波罗神庙上刻有七句名言，其中，流传最广、影响最深，以至被认为点燃了希腊文明火花的却只有一句，那就是："人啊，认识你自己。"古希腊著名哲学家苏格拉底把"认识你自己"作为自己哲学研究的核心命题，表达了人类与生俱来的内在要求和至高无上的思考。一个人一生中最好的朋友是自己，最大的敌人也是自己，最难走过的更是自己。我们只有正确认识自己，才能对自己的心理和行为进行调整，完善自我，发挥出自己最大的潜能。

我们认识自己么？

当这个问题提出后，可能很多人都会嗤之以鼻——当然了！

那么，我们具有创造力么？我们是否知道有些限制已经不自觉地影响了我们创造的动力？实际上，人类最大之谜是自身之谜，自身之谜归根结底是自我之谜。老子曾经说过，知人者智，自知者明。只有了解自己，认识自己，你才能不断提高，不断超越。

在创造的天空下,每个人都是平等的,我们之间的差别不是智力、创造力上的差别,更多的是创造者人格心理素质上的差别,这种人格弱点往往会导致创造主体在创造过程中出现各种心理障碍。

4.3.1.1 你是否有自我否定的障碍

自我否定就是不认可自己的能力。比如,或是认为自己没有创造力,或是认为自己没受过某种专业训练,等等。实际上,在创造过程中,一定的自责有时虽然必要,但过分看重自己的不足则会失之客观而造成归因上的误差,甚而导致对自我丧失信心。

很多人始终对创造有一种神秘感,认为只有那些天才才能创造。这完全是一种误解。创造并不神秘,也不是可望而不可即的事。

历史上,发明显微镜的列文虎克原是个杂货店的学徒和看大门的;发明缝纫机的坦莫尼尔和豪都是普通的裁缝、工人;发明照相机的利埃普塞是个业余科学家。圆锯的发明者是个修女。她当时一面纺线,一面观看男子吃力地用直锯锯树,心想若用一个纺线轮子周围装上锯齿,锯起来不就省力得多了吗?

学生也能进行创造吗?答案是肯定的。长沙市一个五年级的女学生,她妈妈是湘绣工人,每天绣东西要扎上万针,针扎下去,要拉下来,调转针头,往上扎,然后往上拉出来,再调转针头。由于手腕的工作强度很大,妈妈的手腕得了腱鞘炎。这位小学生为了不让妈妈那么辛苦,琢磨了很久,发明了两头尖的绣针,针眼在中间。这个针的优点是:无论往上扎还是往下扎,都不用再调转针头,手腕的工作强度大大下降。因为这项发明,她在全国发明竞赛中得了大奖。

4.3.1.2 你是否有情感障碍

情感障碍是创造过程中经常碰到的现象,而且也较难克服。例如,不敢冒险、害怕失败。这是由于新设想一般不能很快为社会或其他团体成员所认同,容易使创造者因被拒绝而失去团体和社会的归属感,因而不敢冒此风险。又如,情感上的"自恋情结",即过分看重已有的创造成果,而妨碍自己和他人作进一步改进,以及创造出更好的解决办法或创造产品。再如,在情感上容不得"混乱"也是一种常出现的障碍。这种障碍就是不能忍受不确定的、存在多种可能性的状态。其实,如果问题处于模糊状态,则恰恰可能预示着某种突破。这时所需要的是能坚持和忍受,直至达到真理的彼岸。

另一种妨碍创造的情感障碍是不会幽默,不会放松,不敢有游戏心。实际上,幽默可以活跃思想,可以摆脱传统和现实的束缚,激发想象力,甚至可以直接为创造发明提供思路。可以说,幽默是高情感智慧的标志,幽默感是创造个性的集中体现。

4.3.1.3 你是否有认知障碍

认知障碍主要有感知不敏锐、功能固定、过分遵守规则、人云亦云、缺乏独立见解等。

感知不敏锐是指在认识一开始就不主动、不积极、不敏感的状态。它主要表现为:对任何事都无动于衷,不感到新奇;对事物的兴趣只维持一会儿,不喜欢刨根问底,多问几个为什么;感知麻木,不善于发现问题;见怪不怪,看不出毛病和缺陷,缺乏创造的动力。我们生活中总会遇到不安全、不得劲、不顺手、不如意的地方,但是一般的人都是埋怨几声后,依然使用或照旧这么办。为什么呢?因为大家习惯了,感官对分明暴露的缺陷已经麻木了。

例如,小时候我们使用剪子的时候,会对妈妈说:好不方便呀!但是,妈妈经常说,习惯就好了。于是,时间长了,我们对周围不方便的事物逐渐缺乏了提问的好奇,缺乏了探索的勇气。

实际上,太阳每天都是新的,只要我们学会全新观察,充分运用你的视觉、听觉、嗅觉、综合起来感受生活,培养自己敏锐的观察力,你会发现,有好多的问题需要去提问,有很多的创造需要去实践。

4.3.2 突破自我

4.3.2.1 突破自我在于了解自我

人的成长过程是认识自我的过程,也是完善自我的过程。我们要以认识自我为基础,不断地完善自我。“金无足赤,人无完人”,每一个人多多少少总会有一些不完美的地方,并不能因为我有缺点,就全盘否定自己。我们出生的时候是一个比较粗糙的模型,经过生命的不断历练,我们才能够把自己塑造得比较完美。任何一个人都可以在实践中克服自身缺陷,改正缺点,不断丰富和完善自我。完善自我是一个永无止境的过程,什么时候都不能停滞和满足。人总是不断地站在新的起点,追求新的人生境界,在新的境界中升华。古人说过:“修身、齐家、治国、平天下”、“吾日三省吾身”,实际上说的是完善自我。完善自我促使每个人按各自的目标前进。完善自我能够挖掘人类潜意识,不断努力,创造辉煌,现已成为这个时代的共识。完善自我是不断进步、走向成功的必然要素。

请回答下面几个问题:

(1)当你知道一道题的答案而其他同学都没有举手,你又不能保证答案是对的时候,你敢于举手么?

(2)你平时经常会有新想法、新点子么?

(3)当你的想法和老师的看法有不同的时候,你敢于表达自己的想法么?

(4)你很在意别人对你的态度么?

(5)你会经常对着镜子里的自己微笑么?

(6)当别人否定你的想法的时候,你是否能够坚持自己的意见?

(7)遇到挫折的时候,你是否能够乐观面对并且愈挫愈勇?

(8)你是否喜欢提出问题?

以上的问题中你能够有五个以上持肯定态度么?如果低于五个,说明生活中你很在意别人的看法,走不出失败的阴影。而这些是你前行的真正限制因素。或者说明,另外的你自我感觉非常良好,认为自己是天才,不需要后天的打拼。

4.3.2.2 突破自我在于敢于尝试

创造不是一帆风顺的,通向成功之路必定要经历许多失败。许多人一生平庸,无所创新,就是因为讲究平稳、害怕失败、不敢冒险。我们在成长的过程中要突破这种创造情感上的障碍,不断完善自我。

突破创造情感上的障碍、完善自我,首先要敢于冒险、敢于创新。对待任何新的事物,多问几个为什么,当存在一定风险的时候,要敢于挑战。大多数中国孩子都因为小时候喜欢拆玩物品而曾被父母责怪的经历,其后果往往容易阻碍创造的脚步。

下面,列举一件最近你非常想做的比较冒险的事情,试写出假如做了事情发展的最坏结局、最好结局和最坏趋势、最好趋势。如表 4-1 所示。

表 4-1

冒险的事	最好结果	最好趋势	最坏结果	最坏趋势
重新组装不走的手表	修好了	以后修理物品更多	装不上了,被批评了	以后再也不修理物品了
你来填写				

突破创造情感上的障碍、完善自我,还要克服畏惧失败的心理。诚然,失败会挫伤我们的自信心,但它也是成功之母。许多正是无数次的失败、无数次的尝试后,才最后走向了成功的喜悦。也正是那些勇于面对失败、不断挑战自我的人,才真能捧走成功的桂冠。世界著名女科学家居里夫人是唯一一位在两个不同学科领域、两次获得诺贝尔奖的著名科学家。她在发现放射性元素镭的过程中经历了许多痛苦与辛酸,但她从未放弃,一直坚持研究,最终发现了镭,从而获得了诺贝尔奖,并最终由于长时间受放射性物质的侵害,身患多种疾病而逝世。居里夫人这种不怕失败、勇于探索的精神,是她最后取得成功的真正原因。

4.3.2.3　突破自我在于冲破突破画地为牢的思维束缚

一次到动物园，看到一头巨象被一根细细的铁链子锁在根小小的木桩上，周围只有一圈矮矮的木栅栏。以那头巨象的力量，一个小跑就能把链子挣断，一甩鼻子就能把栅栏甩到天上。人们好奇地问："大象不会跑掉吗？"导游说："不用担心大象会跑掉。这头象刚来这里时还很小，当时就用这根链子、这根桩和这个栅栏来捆住它。因为它当时根本没有挣断铁链子的力量。小象一天天长大，可是它并不知道自己现在的力量可以挣断链子逃出去。它不敢再那样想，也不再那样尝试，于是，它就永远待在这里。"

现在锁住我们的也是这样的链子。刚上小学时，老师一提出问题，一只只小手齐刷刷地举起，互不相让，争着发言。随着学龄和年级的不断升高，曾经潇洒抬起的手渐渐地减少。最初的那些明亮的眼睛、高扬的手到哪里去了？被无形的"铁链"捆住了。无形的"铁链"是什么？是老师对鲜亮的创造性想象严肃的纠正，是回答错误时老师的否定，是意见相悖时其他同学嬉笑的表情，是对小心翼翼的错误答案当头一棒的斥责断喝…… 慢慢地，我们已不再相信自己的思维价值，不敢用自己的语言表达自己的内心情感。面对许许多多的限制，面对重重叠叠的规范，我们默默地低下头，小心谨慎地把自己的思维半径痛苦的划定在标准答案之内，俯首帖耳地在A，B，C，D围成的思想栅栏里困兽般地徘徊。现在，就让创造这把"利斧"将我们头脑中的种种限制全部砍掉，让我们自己的心灵自由地驰骋在创造的家园！

4.3.3　超越自我

在20个世纪90年代中期之前，飞利浦公司的所有广告和营销活动都是在产品层面、以本地市场为基础开展的。结果在同一时间，虽然有许多不同的飞利浦活动在进行，但并没能把飞利浦作为一家全球公司的形象在世界范围内统一展现。1995年，飞利浦引入了第一个全球主题"让我们做得更好"，这也是第一个体现"一个飞利浦"的全球活动，第一次把整个飞利浦公司整合起来，给员工归属感，向外界展示统一的公司形象。在某种意义上说，直到这一主题的出现，"PHILIPS"这个标志才被赋予了统一的、内涵丰富的、拥有强大生命力的意义。2000年前后，飞利浦连续7个季度亏损；2004年9月13日，飞利浦在全球同时发布了新的品牌战略：在飞利浦所有的广告、产品包装和其他宣传品上，除了"PHILIPS"这个标志，还在相应的位置配上了一句"Sense and Simplicity"（中文翻译为"精于心，简于形"）。虽然这一次没有对"PHILIPS"这个标志本身进行大动作，但它对"PHILIPS"这个品牌而言却意义重大。目前，飞利浦公司在人力资源、IT、财务、公关等几个方面的整合已基本完成，接下来的市场营销、品牌推广、组织架构等方面的整合,将有望借助新的品牌战略的契机来最后完成。这一事例说明,无论对于公司还是个人,超越自我可以带来新的突破和成长。

4.3.3.1 人最大的对手是自我

世间没有比超越自我更困难的,不断努力才能成长。想要超越自我,就必须努力拼搏。英国有一句名言:“成功的秘密在于对目标坚定不移地不懈努力。”比起“机遇”、“天资”,努力拼搏更易于我们自己把握,我们必须在这一项上狠下功夫,才有更多超越自我、创造辉煌的机会。胆识和勇气是超越的“双翼”,超越自我,是不懈的探索和追求的过程;超越自我,是不断地打破传统、冲破束缚、挑战现状的过程。超越自我,是在对自己作出正确估价的基础上,对未来充满信心;是在创新活动中不盲从,不随俗,不受旧的习惯势力的限制和约束,不屈从外界压力而能坚持自己的见解;超越自我,是坚持顽强的创新意识,否则就是最简单的事情,我们也不能做到。

以超越的态度去面对成功和失败,把成功和失败都看做下一次超越自我的激励。成功不是一座山,别让它挡住我们前行的路。失败是我们成功的垫脚石,只有不断积累,我们才能走得更远。我们不是被别人打倒的,而是被我们自己打倒的。心理学家指出:绝大多数人都有可能比现实中的自己更强大。一个普通人只运用了其能力的10%,还有90%的潜能可以挖掘。

4.3.3.2 每一个人都是出色的

学校通常以学习成绩来衡量学生优秀与否。学习成绩又分主科和副科。那些主科成绩不突出的学生往往认为自己不出色,更难把自己与创造联在一起。

美国心理学家加德纳教授认为,人在实际生活中所表现出来的智能是多种多样的。这些智能可被区分为七项:语言文字智能、数学逻辑智能、视觉空间智能、身体运动智能、音乐旋律智能、人际关系智能和自我认知智能。

(1)语言文字智能(Verbal/Linguistic Intelligence):是指有效地运用口头语言或书写文字的能力。这项智能包括把文法、音韵学、语义学、语言实用学结合在一起并运用自如的能力。

(2)数学逻辑智能(Logical/Mathematical Intelligence):是指有效地运用数字和推理的能力。这项智能包括对逻辑的方式和关系,陈述和主张,功能及其他相关的抽象概念的敏感性。

(3)视觉空间智能(Visual/Spatial Intelligence):是指准确地感觉视觉空间,并把所知觉到的表现出来的能力。这项智能包括对色彩、线条、形状、形式、空间及它们之间关系的敏感性,也包括将视觉和空间的想法具体地在脑中呈现出来,以及在一个空间的巨阵中很快找出方向的能力。

(4)身体运动智能(Bodily/Kinesthetic Intelligence):是指善于运用整个身体来表达想法和感觉,以及运用双手灵巧地生产或改造事物。这项智能包括特殊的身体技巧,如平衡、协调、敏捷、力量、弹性和速度以及由触觉所引起的能力。

(5)音乐旋律智能(Musical/Rhythmic Intelligence):是指察觉、辨别、改变和表达音乐的能力。这项智能包括对节奏、音调、旋律或音色的敏感性。

(6)人际关系智能(Inter-personal Intelligence):是指察觉并区分他人的情绪、意向、动机及感觉的能力。这包括对脸部表情、声音和动作的敏感性,辨别不同人际关系的暗示以及对这些暗示作出适当反应的能力。

(7)自我认知智能(Intra-personal Intelligence):是指有自知之明并据此做出适当行为的能力。这项智能包括对自己有相当的了解,意识到自己的内在情绪、意向、动机、脾气和欲求以及自律、自知和自尊的能力。

那些在学校的主科——数学和语文、外语考试中并不出色的学生,却有可能在其他方面表现出突出的才能,所以不要以学习成绩没有名列前茅而否定一个人。每一个人都是出色的,与别人相比都有可取的优点。

例如,在学习光合作用的课堂上,有不同智能特长的同学会在不同的活动方式中表现出不同的优势。如果老师采取的学习方式只是一种,那么其余具有六种特长的学生可能表现并不突出。正确地评价自己,并发现所长,才能跳出原来的消极认定,超越自我。不同智能特长的学生表现出不同的活动优势,如表4-2所示。

表4-2　七种智能特长学生的七种活动优势

智　能	擅长的活动
语言文字智能	擅长写一篇关于光合作用的短文
数学逻辑智能	擅长利用书末的“研究导引”深入探讨
视觉空间智能	擅长用图表达光合作用的过程及条件
身体运动智能	擅长以角色扮演解释光合作用的过程
音乐旋律智能	擅长以旧曲新词宣扬光合作用的重要性
人际关系智能	擅长组织或参与小组合作学习
自我认知智能	擅长自我反思怎样减少污染和美化环境

4.3.3.3　创造是人生最高的境界

一般说来,最好的学生通过了教育为测验他们的能力而设立的考试,最出色的学生作为出色的毕业生走出最好的大学。但是,在这个不断变化的时代,这些学生能否更好地不断调整自己而成为社会的栋梁呢?书本里的知识是固定不变的,但是在社会生活中,大多数情况确实是模糊、相互联系、主观界定、价值不定、因人而异的,有时连解决问题所需要的一半信息也难以获得,但也必须采取行动来解决问题。这就需要我们能够不断地超越原有逻辑,学会创造性思维,从而创造性地解决问题。关于教育的目的,著名的物理学家劳厄曾经说过:重要的不是获得知识,而是发展思维的能力,教育无非是将一切已学过的东西都遗忘时所剩下的东西。我们在教学中真正需要提高的,是学会思维,尤其是创造性思维。在超越逻辑的过程中,体验创造的快乐。而很多名人正是通过超越逻辑的创造性思维解决了一个又一个难题。

创造是人类最美好的行为,是最高尚的劳动。人类社会的文明史就是一部创造发明史。在原始社会,若没有燧人氏发明钻木取火,人类恐怕还得生吃食物;若没有工具的发明,人类就不能与动物相揖而别。创造推动了人类的进步,创造带来了今天的文明,创造还将把人类推向更美好的未来。

在充满失败的探索创造的路上,我们是否会失去自己应有的创意高度?

在创造的天地中,我们一直坚信,每个人都有自己独特的个性和长处,每个人都可以选择自己的目标,并通过不懈的努力去争取属于自己的成功。只要我们正确审视自己,不断完善自己,每个人都会发挥出巨大的创造潜力,都能够有自己的创造空间。

实际案例

美国最成功的电影制片人——布朗

有一位美国电影制片人在成功之前先后被三家公司革职。早年他在20世纪福克斯公司任副总裁,然而,他建议摄制的《埃及妖后》卖座奇惨,接着公司大裁员,他首当其冲被裁掉了。在纽约,他在新阿美利坚报任编辑部副总,但是几位董事延聘了一位局外人,而他和这人意见不合,于是又被开除。回到加州,他又进了20世纪福克斯公司,在高层任职六年,不过,董事局不喜欢他所建议拍摄的几部影片,他又一次被革职。经过几次革职的打击,他开始静下心来仔细反省自己的工作态度,自筹资金,自立门户,成功摄制了《大白鲨》(如图4-6所示)《裁决》《天茧》等影片,从而在美国电影制片业站稳了脚跟。他就是美

图4-6 “大白鲨”登上《时代周刊》封面

国最成功的电影制片人——布朗。每个人都有自己独特的一面,我们不能发现那是因为我们缺少一双智慧的眼睛。

拓展训练

创意之"星"的性格特征

★ 形式:集体参与
★ 时间:20至30分钟
★ 材料:无
★ 场地:不限
★ 应用:创造力培养

目的:使学生了解那些创意之"星"的性格特点。

程序:

1. 告诉大家每个人都具有创意的潜质。但是,去了解那些我们认为是处于创新之巅的人们的性格特征,对我们来讲难道不是一件有趣的事吗?
2. 让每个学生各自列出一些他们所知的创新之"星"的性格特点。
3. 组成4至5人的小组,并让他们相互比照一下各自列出的内容。
4. 10分钟以后,让他们回复到大班的形式。问:

你们刚才发现什么?有哪些相同点?哪些不同点?

你了解到创新之"星"有哪些特点?

大家可能提及的部分性格特点包括如下:

- 有上进心。
- 与众不同。
- 爱开玩笑。
- 不墨守成规。
- 反应快。
- 独立性强。
- 热情洋溢。
- 感官灵敏(视、嗅、听、触及味觉)。
- 独具慧眼。
- 善于行动。
- 不怕险阻。

● 勇于探求奥秘。

此外，他们列举的某些词可能恰好相反：

● 具有耐心和缺乏耐心。
● 大胆和胆怯。
● 风趣和严肃。
● 精准和大约。
● 准时和迟到。
● 恰到好处和非正规。
● 小处着手和放眼大处。

以上这些结果很好地表明了所有的人——不管其个性如何——都具有创意潜质这一事实。

5. 你可能会希望提供以下的信息：那些以他们独特的创新能力而著称世界的名人，比如爱迪生（Edison）、爱因斯坦（Einstein）、福特（Ford）、富兰克林（Franklin）。他们有其共通之处，但以下事实可能会令你惊讶不已：

他们中的许多人在传统的教育体制下并没有表现出非常人的一面；相反，许多人甚至没有读过大学或获得学士学位。

他们热衷于和社会这个大家庭接触，喜欢结交不同的人并和他们进行交流。

他们从不轻易放弃，而且他们具有高度的上进心。

在没有成名以前，他们长期孜孜以求、不辞辛劳地在他们感兴趣的领域里工作着。

他们的早期经历是丰富多彩的，充满了自由大胆、探索一切的精神。

他们具有极佳的幽默感。

总结与评估：

这些对于自己创新能力的培养有哪些启迪呢？

思考练习题

1. 钉子上挂着一个系着绳子的玻璃杯，只给你一把剪刀，你能既剪断绳子又不使杯子落地吗？（剪时，手只能碰剪刀）

2. 将下列故事整理成三个可供选择的结局，一个悲伤的，一个幽默的，一个富有道德教育的：

聪明的驴子

在战争时期，一个士兵牵着驴去牧场吃草，此时，敌人突然进犯，使他惊慌，他试图用各种方法促使驴子快跑，但是枉然。“敌人朝我们来了”，他说。

“敌人干什么？”驴子问，“他们要在我背上放一对篮子，而不是像你这样放一个？”

“不”，士兵回答说，“这并不可怕。”

“那为什么？”驴子说。

3. 某人能够在比赛之前告诉你任何一场棒球比赛的比分。他是如何知道的？

4. 在荒无人迹的河边停着一只小船，这只小船只能容纳一个人。有两个人同时来到河边，两个人都乘这只船过了河。请问：他们是怎样过河的？

Chapter 5

转换思维方式　挑战思维定式

本章关键词

◇ 挑战唯一性
◇ 挑战概念
◇ 挑战完美

什么是创造性设想的最佳源泉？如果我们想比别人看得更远，我们必须"站在巨人的肩膀上"。这就意味着我们应该运用先辈提供给我们的已有知识。然而，使用已有知识去解决问题会导致我们又回到过去，会阻碍问题的解决。

仅用已有的知识和过去的经验解决问题的思路，被称为思维定式。思维定式在生活中能够帮助我们快捷地解决很多问题，但是在创造的天空里，思维定式往往会禁锢我们的创造力，陷入陈旧设想和故步自封的思维方式。

5.1　挑战唯一性

引导案例

多变的高跟鞋

图 5－1　多变的高跟鞋

高跟鞋与平底鞋二者各有各的魅力，却又无法互相代替。这款"多变"的高跟鞋是高跟鞋与平底鞋的结合体（见图 5－1）。通过替换模块化的高跟鞋跟，满足使用者不同场合的需求。

所谓唯一性,就是认为一个问题只有一种答案,或做一件事只有一种方式。

在考试的时候,大多数人都喜欢单项选择。其原因很简单,多项选择的选项容易混淆,难以判断。单项选择题虽然分值较少,但是考核的内容具体,得分也更加容易。从小学到现在,在单项选择题唯一性的限制下,我们头脑中的问题往往只有一个答案。生活中的我们也比较喜欢唯一性。对于唯一的东西,我们在进行选择时不需要煞费苦心,不需要苦苦地进行思索。当我们制定唯一的标准时,我们能够客观管理,对事不对人,做出的服务也更加标准,符合规范。

虽然唯一性的存在为我们的学习和生活带来了一定的方便,却影响了我们创造性的培养。许多问题,其答案往往不是唯一的,只有好坏程度上的差别。只有唯一答案的情况,只在很特殊、很少的范围内存在。生活中有许多问题都有多种答案,如果你认为只有一种答案,那么找到一个答案以后,就会停止寻找其他答案,也就失去了把许多答案放在一起比较优劣的机会,从而很容易漏掉最好的答案。在创造性地解决问题时,要尽可能地向四面八方搜索,搜索的方向和范围越广,找到最佳答案的可能性也就越大。法国学者查铁尔说:"你在做事时如果只有一个主意,这个主意是最危险的。"

突破唯一性,不仅需要我们具有主观意向,而且需要不断地锻炼我们的思维。我们可以从图形发散、词语发散和功能发散三个方面进行思维练习。

5.1.1 图形发散训练

图形发散是指以图为思维对象的思维发散。

图形发散的训练方法可以有很多种,视觉图形的发散能力在广告设计、产品设计上有重要作用。

- 基本元素发散。以某一图形为基本单元,进行不同的变化和组合,形成新的图案。例如,以六角形的不同排列组合构成各种图案。
- 组合设计发散。例如,以三角形、圆形和正方形三个图形进行组合,并注明组合图形的名称(如图 5-2 所示)。
- 图像构成发散。例如,这个图形加上几条线使它成为有确定意义的图像(如图 5-3 所示)。

图形发散的训练可以有很多种,这种视觉图形的发散能力在广告设计、产品设计上是大有用武之地的。

图 5－2　复杂的关联

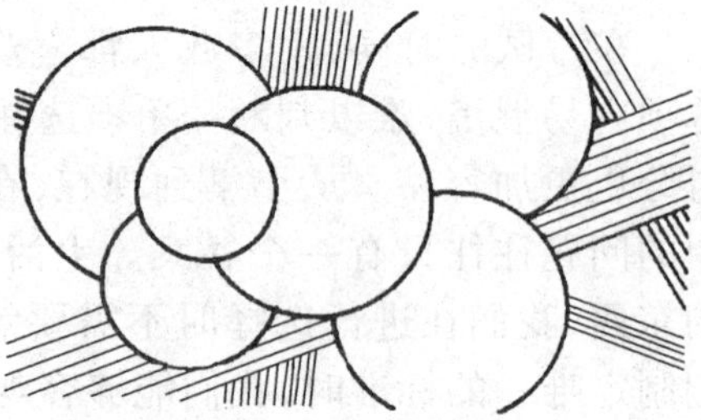

图 5－3　路灯

5.1.2　词语发散训练

词语发散是发散思维训练的基本方法。词语发散可以是名词发散、动词发散、反义词发散、标题发散、情节发散等多种训练。词语发散在写作和广告语的设计中被经常使用。

请看下面这些保险公司的经典广告词：

世事难料，安泰比较好——安泰保险
聆听所至，真诚所在——信诚保险
财务稳健，信守一生——美国友邦
人生无价，泰康有情——泰康人寿
平时注入一滴水，难时拥有太平洋——太平洋保险
天地间，安为贵——天安保险
中国平安，平安中国——平安保险
盛世中国，四海太平——太平人寿
诚信天下，稳健一生——太平洋保险

这些保险公司的名字和它们的广告词莫不是从安全、保障和诚信这几个词扩展出来的。类似的例子很多，可以说，词语的发散在生活中处处可见。

优秀的作家和诗人都是词语发散的大家，他们有感而发，并能在想到的许多相近的词中，选择最贴切的一个。

词语发散不仅在写作以及设计广告词的时候有用，在发明中也同样用得着。

让我们先玩个游戏，在 10 分钟内尽可能多地写出与开有关的动词。

拉开、打开、错开、捅开、撬开、翻开、弹开、拔开、割开、揉开、冲开、碰开、砸开、推开、射开、点开、踩开、踏开、捏开、碰开、摆开、劈开、拧开、敲开、吹开、喊开、挣开、撕开、拿开、拦开……

动词发散训练对科学技术工作者和有志于发明创造的人特别有益。因为这些人所要解决的问题常常涉及动作,如过去罐头只能撬开,很难打开,我们就可以用上面开的动词发散方法,找出一些简便易行的新方法,像拉开、翻开、捏开、点开、碰开等,这些词语可以启发我们发明实现不同动作的工具。通过刚才的游戏,我们可能会产生新的创意。

5.1.3 用途发散训练

如果楼下着火了,你在二楼,就会撕开窗帘,用它当绳子逃难。这取决于人的一种洞察力,能发现视野之内的事物所具有的潜在功能。这种能力就是用途的发散能力。

美国一家制糖公司每次往南美洲运方糖时,糖都受潮,损失很大。公司里的一位工人据说受到轮船上有通风洞的启发,建议在方糖包装盒的角落里戳个针孔使之通风,以达到防潮的目的。这个建议的成功使他获得了100万美元的嘉奖。

钻小孔还能用在哪儿呢?日本盛行一时的"香扣子"出口贸易,就是因为有人发现,在妇女的衣扣上开个小洞注入香水,香水不但不易散失,而且"永远"香味扑鼻。美国的一家飞机制造公司也尝试在飞机的机翼上钻了无数微孔,结果发现,微孔可吸附周围的空气,消除紊流,从而大大减小空气的阻力。他们据此做出样机后,发明了可节油40%的飞机。你瞧,"钻小孔"的设想威力竟有这么大!小孔还能钻在哪里呢?你也赶紧试试吧。

曲别针的用途有多少种?一种,固定纸张!这种回答是唯一性的说法,在这种情况下,人们往往会将自己禁锢在唯一性的牢笼中。现在,发挥我们的想象力和创造力,尽情地说出曲别针的用途。

在一次中外学者参加的开发创造力的研讨会上,日本一位创造力研究专家请与会者说出曲别针的用法,与会者七嘴八舌几分钟说出了20几种,大家让日本专家也试试,他说:"我说300种",人们都露出了惊异的目光,然后,专家用幻灯映出了曲别针的用途。这时,一位以思维魔王著称的许国泰先生递上一个纸条,说他能说出3 000种甚至3万种,与会者无不怀疑,许国泰先生走上讲台说:"前边大家讲的用途可用钩、挂、别、联四个字概括,要突破这种定势,最好的办法是借助简单的工具。"他把曲别针分解成材质、重量、体积、长度等要素,做一根横向信息标,然后把与曲别针有关的人类活动进行要素分解,分解为数学、音乐、文字、化学、物理等,在横标的原点连成另一个向上的纵向信息标,两个信息标交合形成信息反应场,信息反应场的作标可任意地组切交合,像魔术棒一样可以推出无限多的用途。

• 曲别针做成1,2,3……0,再做成+,-,×,÷进行四则运算,可有1万种

1 亿种运算。

• 做成 1,2,3……音符,在音乐上可创造无数的乐曲。

• 可做成英、俄、日、希腊、拉丁等外文字母,进行拼读又可有无限的字词文章。

• 可与硫酸反应生成氢气等,引起无数的化学反应。

• 铁与铜化合是青铜,铁与不同比例的几十种金属可以分别化合成上万种化合物

所以,曲别针的用途,无穷!

现在,我们走出唯一性,发现天空更蓝,道路更多。

通常看来,玻璃球只不过是小孩弹着玩的玩具。其实,玻璃球还可以用来刷瓶子,搅拌涂料,做按摩器等。你还能根据“他用法”,推想出玻璃球的其他用途吗？你注意过哪些物品带有“环形”结构吗？如果把它推广到生活的各个领域,会激发你产生哪些奇思妙想？

实际案例

伪装的艺术

同样是“伪装”,于不同的对象却有着不同的含义——对动物们而言,伪装是求生的技能;而对艺术家而言,伪装则是创意的体现。在图 5－4 伪装的艺术照片中,艺术家们将服饰与周围环境巧妙地融合在一起,完美地实现了人与自然的和谐统一。①

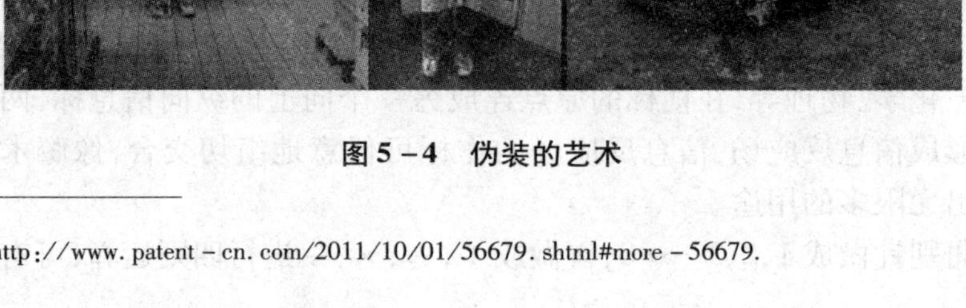

图 5－4　伪装的艺术

① http://www.patent－cn.com/2011/10/01/56679.shtml#more－56679.

思考练习题

1. 图的流畅性训练。你能用一条直线和一条半圆弧组成哪些物品？请画出来并给出名称。

2. 字的流畅性训练。（既练习思维的流畅，又练习文笔）

①请做连词：在青年与国家之间加词（8 至 10 个），使上一个词的词尾为下一个词的词头。（要求音同字同）

②你能分别用 8 个字描述它们的意思吗？

A. 小而高的山　B. 小而尖的山　C. 尖而高的山

D. 高而陡的山　E. 高而险的山　F. 高而大的山

G. 土堆成的山　H. 四周陡而顶端平的山

3. 请尽可能多地（每种至少两个）写出含有“马”字的成语。（“马”字分别在 1，2，3，4 位）

4. 请各小组在 5 分钟内尽可能多地写出带有数字 1 至 10 的词汇，如“一心一意”等。写得最多又无错误的为优胜。

5.2 挑战概念

引导案例

鼠标笔

如图 5－5 所示的这款新型鼠标采用了独特的钢笔造型，方便使用者通过手指精确控制鼠标的移动，免除了胳膊及肩部的繁重劳动。由于它的设计完全符合人体工学原理，使用起来非常舒适。

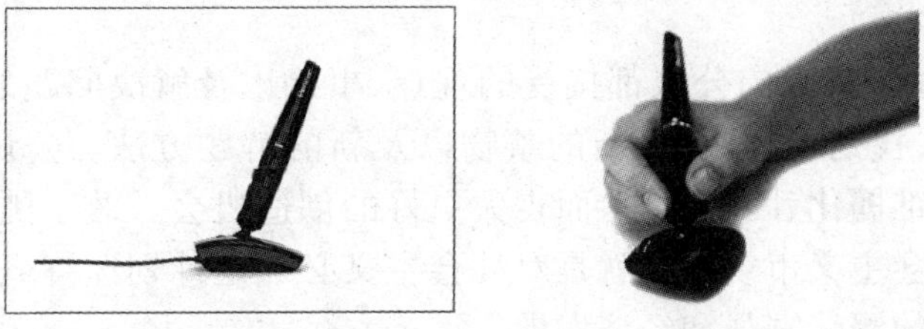

图 5－5　鼠标笔

5.2.1 概念——人类思维的结晶

概念是人们在千百次的社会实践中形成的关于某一事物的大家都接受、认可的特征的认识,即给这个事物下定义。有了概念,说明人类对这个事物的认识达到了一定的深度。概念所反映的是人们对这个事物在现实条件下认识到的,主要的、本质的、一般的方面。确切地说,它是人类思维的结晶。

1985年,沈阳市修建文化路立交桥时,一位从农村到沈阳看望上大学女儿的老大娘,对着雨后泥泞难走的路大发感慨:真是不明白城里人,没有河,修的什么桥啊。可见,在她的脑海里,桥与河是印在一起的。

"桥"这个概念在今天已经被无数次地挑战过,所以才有了地图上琳琅满目、异彩纷呈、美丽的立交桥。心脏有搭桥手术,婚介所有鹊桥,车站有天桥,玩有桥牌……正因为有了这些挑战,传统的"桥"的概念已经被人们更新,代之以适用范围更广的"桥"的概念。

5.2.2 概念——束缚创意的枷锁

缝纫技术的根本用途是缝制衣被,这可以说是常识。你能想到用它可以缝制飞机吗?美国国家航空航天局和波音公司利用已有100年历史的缝纫技术研制出一种新型高速先进缝纫机,这种缝纫机有可能使铝材机翼最终被淘汰。波音公司通过把复杂的碳纤维复合材料缝制成长约12.2米、宽约2.5米的巨大板材,就可以制造出飞机的翼板结构,从而使每个机翼节省大约8万颗机械金属铆钉。这样,整个商业飞机机翼的重量可减轻25%,成本也可降低20%。当然,这个"缝纫机"长度约为28米,上面的跨线桥(跨线桥)装有计算机和激光器,对厚度约为3.8厘米的碳纤维材料进行缝制,还要在碳纤维材料板上缝上一层加固用的网状材料,以增加强度,最后,复合板材再加上一层常用的环氧树脂以后被送往真空室和压热罐进行处理。

这一创造源于对"缝纫"这个概念的挑战,抛弃了缝纫只用于布料缝制这一概念,将机械的"制作"、"加工"、"加压"、"成形"等词义都结合进去,才有这个综合的新技术。

向概念挑战,就是向公众都接受的观点、事物以及解决问题的公认的适当方法进行挑战,找到新的概念、新的事物以及新的解题方法。公认的概念往往会使人们的思维僵化、固定化,从而丧失更好的创造机会。敢于挑战,就会开辟新的天地。社会主义市场经济就是对社会主义必须是计划经济概念的挑战,结果带来了我国的繁荣富强和经济发展。

椅子可以是什么样子的?让我们看看下面的图片。

看了图 5 -6 中的椅子是否有一种耳目一新的感觉？创造力让普通的椅子被设计得充满了无限的艺术气息。

图 5 -6　椅子

5.2.3　向概念挑战的方法

向概念挑战的方法要点主要有以下几点。

第一,要把被挑战的概念从所要解决的问题系统中抽取出来,切断其一切联系。孤立的问题就较为单纯,具有可操作性。因为要解决的问题是与它存在的环境、条件、背景紧密相连,如果不抽取出来,就会产生向这个问题有关的一切方面挑战,范围太广,无法下手。只有集中一点,目标明确,才能取得胜利。

例如:如果我们要说与健康长寿有关的因素,一个人可说出 10 条,再来一个人也可能说出 100 条,因为与健康长寿正相关的因素太多了,可能说也说不完。能做好的只能是就哪一方面的问题进行研究和指导。

第二,要把挑战概念和批判概念相区别。批判概念是概念本身存在缺陷,运用批判,找出这些缺陷,指出概念的必须替换性,无须考虑建设性的意见。挑战概念的目的在于找到可替代的事物或方法。有时也可能我们选择的要挑战的概念本身比任何新的想法、新的观念好,这说明该概念还有生命力,还有它存在的理由和条件;如果挑战成功了,就会产生一个更好的机会。挑战认为一个新概念可以与旧概念相提并论,新的可能比旧的好,也可能和旧的不相上下,提供出来供人选择,以建设性为主。

以上的要点都是学者根据大多数人在打破思维壁垒、挑战概念的时候的基本规律得出的。不同的人在思维过程中所表现的创造力也是不同的,如何挑战看似坚不可破的“概念”应因人而异。

实际案例

不粘的粘胶的大用途

粘胶、粘胶,当然是越粘越好。当我们买胶粘剂的时候,总是要挑黏着力最强的粘胶。这便是“粘胶”这个概念给我们的意义。但是,当我们对这个概念进行挑战的时候,发现了意想不到的作用。美国3M公司是一个著名的化学品公司,曾经发明过透明胶带等产品。1964年,美国3M公司召开了4年一次的“聚合粘胶研究计划”会,研究员史尔华没有拿出超强的粘胶,却研究出一种内聚性较强、附着性较弱、粘不紧的超弱性粘胶,大家都认为“不粘的粘胶有什么用”?史尔华却认准不粘的粘胶一定有用。

直到1974年,史尔华的一位同事佛瑞看到夹在基督教唱诗本中起提示作用的小纸条经常从书中掉出来,他灵机一动,想到在纸条上粘点超弱粘胶,纸条既掉不下来又不会粘坏书。之后,这种叫“随时贴”的产品在1978年上市,立刻风靡美国市场,像细菌一样,无孔不入,到处都是。3M公司总裁说:“自从本公司推出透明胶带后,20多年来,还没有一项产品那么简单,用途却那么广。”正是突破了粘剂一定要粘的概念的束缚,不粘的粘胶才能够风靡全世界,走向全球。

思考练习题

请对以下概念进行挑战:楼房、尺子、笔记本电脑包。

5.3 向完美挑战

引导案例

家用机器人:变身人类得力助手

当您在外奔波了一天回到家中后,家用机器人已经为您做好了丰盛的晚餐,放好了洗澡水,家里也被收拾得一尘不染。这如今已不是天方夜谭,家用机器人正在现实地向我们走来。如图5-7所示。近年来，家用机器人市场开始迅速发展。2007 年，全球家用机器人数量超过400 万台；2010 年，上千万家庭正在使用智能机器人产品；到2020年，某些发达国家将实现每个家庭至少拥有一台机器人，届时，家用机器人将像计算机、电视机、电冰箱等电器一样会普及到千家万户。

图5－7

由于家用机器人涉及仿生、生物识别、传感器、通讯、雷达、全球定位、存储器、机械设计、自动控制、软件、计算机等技术，家用机器人技术相关的专利更是数以万计。据科技部的一份机器人专利分析报告显示，全球在服务机器人领域的专利申请以日本和美国的专利申请量占据主导地位；在家用服务机器人技术领域方面，专利申请量排名前5 位的分别为日本、韩国、美国、中国、德国，其中，日本和韩国的专利申请量占有绝对优势；在专业服务机器人领域，美国和日本的专利申请数量占绝对优势，其次是中国、德国和日本。几年前，家用机器人的概念还和普通老百姓的生活相隔甚远，而如今，越来越多的消费者正在使用家用机器人产品，科技的进步通过产品为人们生活带来了便捷。但由于科技含量较高，生产成本较贵，服务机器人还不能像手机一样，成为普通民众轻轻松松就能买得起的消费品。虽然市场需求大，但家用机器人真正走进普通家庭还需一段时间，但我们也做好了准备迎接家用机器人时代的来临。①

① http://gongkong.ofweek.com/2014－02/ART－310045－8470－28780769_4.html

5.3.1 挑战完美的方法——希望点列举

挑战完美,即就现有事物本身的功能进行多方思考,看看人们对它还有什么新的希望,即希望点列举。

对于一个事物,我们不仅要常常以挑剔的眼光去看它,而且要满怀希望地想它怎么能更完善、更美、更好,这就要采取希望点列举法。希望点列举法能充分发挥我们的想象力,在发散时运用联想法,希望某事物具有哪些新的属性,列举时可以不受原物品的限制,大胆想象。

真正高水准的发散思维是在短的时间内能通过急速的联想跳跃找到大量正确的、有价值的答案的思维,而要做到这一点,思维在发散过程中就不能漫无边际,而必须遵循一些基本的规律。因此,我们在进行发散思维训练时不能只追求思维发散的数量,还必须提高思维发散的质量,运用现代高科技。

到医院检查身体花费时间不说,还要与病人接触,我们希望检查身体能在家里的平时生活中进行。带着这样的希望,日本的发明家发明了"智能厕所",把高科技的微电子技术应用于厕所。这种"智能厕所"可为使用者提供健康检查。小便后尿液在座便器内形成泡沫后,电子传感器就把糖、蛋白质、红细胞、白细胞、酮的含量测量值显示在荧光屏上。如果想知道脉搏、血压、体温,那么只要把手指放入坐便器扶手的特殊装置里就可以了。以上几项如果有问题,会直接传递给医生办公室。

5.3.2 希望点列举法的应用

请用希望点列举法改进自行车。

解答:

- 材料

a. 采用轻质高强材料做成轻便型。

b. 车体材料运用感光性能更好的,可防锈、防尘、防湿、防泥。

c. 车体材料夜晚可反光,可防险。

- 辅助功能

a. 改善车座,增加柔软度,坐上去更舒服。

b. 装置防险自动报警设施。

c. 增加胸托,减少手臂的压力。

d. 前把手高、低、前、后可调适。

e. 座椅上加腰靠垫,使人骑起来更舒服。

f. 后轮右边加配活动边轮,老年人用时更安全。

g. 增加车座的透气性，可使空气流通，夏天不积汗。

h. 车把上设有防寒手套。

I. 车筐有自动防盗报警铃。

• 省力

a. 可配小型电动装置。

b. 更省力的轴承结构。

c. 采用无级变速。

d. 车体再小些。

e. 可折叠，节省空间。

• 外形。

a. 多种颜色。

b. 造型更美观。

c. 2 人骑、3 人骑。

设计师斯科特·希姆在教他 4 岁大的儿子骑两轮自行车时，发现几乎每次减速孩子就会摔跤，于是他决心发明一种更好的训练工具。他设计的这种变形自行车当骑车人的身体前倾的时候——这种情况一般是在加速——重心的转移会带动一条张力袋，使两个后轮合二为一。而当车速慢下来之后，两个后轮的顶部会向内侧倾斜，形成一个稳定的"A"字（如图 5－8）。

图 5－8　变形自行车

变形自行车（如图 5－9 所示）让初学者更安全。

图5-9　这些都是自行车

实际案例

不完美中的完美

在我国家用电器市场上，近年来一波又一波的价格战此起彼伏，只有海尔集团“无动于衷”。为什么呢？海尔不靠打价格战取胜，靠的是不断开发出的新产品占领市场。

请看洗衣机产品。海尔在搜集的用户信息上看到：农民兄弟提出，农村用洗衣机洗土豆、地瓜，虽然能洗，但是不太好用。海尔人并没有认为洗衣机不能洗地瓜，而是设计研究并生产出专门销往农村的大地瓜洗衣机。这款洗衣机推出后，又有人提出土豆洗出来后，削皮很费劲，海尔又推出削土豆皮洗衣机。之后，驻守海岛和边疆缺水地区的战士们提出，我们这儿没有干净水洗衣服，白衬衣都洗黄了，海尔接着专门为战士们生产能使黄泥水、海水变清的洗衣机。西藏地区爱吃酥油，可打酥油是个费力的活，藏民提出能否帮我们解决，海尔又研究出专门销往西藏的打酥油洗衣机。有人提出用搓板洗衣干净，洗衣机要像搓板那样就好了，于是又有了搓板式洗衣机……这样不断创新，推出多姿多彩的产品，还用去打价格战吗？海尔集团总裁张瑞敏曾说：“当大家都在分市场的这一块蛋糕时，我们再另做一块如何？”

海尔集团成功的例子告诉我们：任何一个产品、一个事物都不是完美的，只有更好，没有最好。要想在竞争中立于不败之地，就要向完美挑战。

思考练习题

希望有时可能是幻想，不切实际，但正是不切实际的幻想、希望往往是伟大发明的指南。请你对以下事物从材料、结构、形状、坚固、耐久、方便、美观、实用、功能等多方面进行希望点列举。

A. 伞　　B. 电视机　　C. 电脑　　D. 拖布　　E. 手机

Chapter 6

拓宽思维路径　尝试逆向思维

本章关键词

◇ 挑战规则
◇ 逆向思维
◇ 缺点逆用

在实际生活中，许多约定俗成、既成事实的规则束缚了人们的思维，这也是人们不能进行创新的最主要的障碍。在创造性思维中，最具有挑战性和突破性的思维是逆向思维。传统的习惯性思维是一种“顺藤摸瓜”式的工作方式，即按照一定的逻辑向前推进思考，而逆向思维则是从相反的、对立的、颠倒的角度去思考问题。把事情从反面来考虑，或者说颠倒过来考虑，会促使我们产生意想不到的创意，这就是逆向思维，又叫逆向构思法。本章重点讲解如何向规则挑战，挑战常规思维，从逆向思维和缺点逆用两个角度来训练逆向思维，从而使人们在学习和生活中创造性地解决问题。

6.1　挑战规则

引导案例

巨人网络

巨人网络董事长史玉柱进入网络游戏时间并不长，为什么能迅速成就一个领域的神话？成功的关键因素之一是打破规则。史玉柱是第一个提出来网络游戏免费的人；是第一个在游戏里售卖虚拟道具的人;他彻底打碎了"练级、打怪、练级"的单循环模式,这一创新使玩家趋之若鹜。2007年11月1日,史玉柱旗下的巨人网络集团有限公司成功登陆了美国纽约证券交易所,总市值达到42亿美元,融资额为10.45亿美元,成为当时在美国发行规模最大的中国民营企业,史玉柱的身家突破500亿元。

6.1.1　规则的作用

规则是国家机关、社会团体、企事业单位对某一事务或活动的行为准则作出具体规定的规范性文书。

规则和守则、制度都属于行政规章类公务文书,与章程、办法、细则等法规性文书相比,规则的档次要低一些,它只适用于对一定范围内的某一具体管理工作或某一公务活动进行规范,以保证该项工作和活动的顺利进行。比如,学校制定的有《考试规则》,公安部门制定的有《交通规则》,图书馆制定的有《图书借阅规则》,仓库则有《仓库安全保管规则》,这些都属于具体管理工作的规则。再如,《人事争议处理办案规则》和《税务行政复议规则》则属于规范某一公务活动的规则。

没有规矩,不成方圆,规则涉及的事项虽然不如法规性公文那样重大,但在一些具体工作或公务活动中,如果没有相应的规则,工作和活动就无法正常开展。以一场球赛为例,如果没有比赛规则,比赛双方的行为就没有准则,肯定纠纷不断,难以进行。

据某报纸消息,一位内地女子嫁到香港,取得了香港定居权,后来与香港的丈夫离婚,香港法院将三名子女的抚养权裁定给她,她又高兴又感激,于是拿了一万元现金、洋酒和香烟送给法官,以表谢意,不料香港法官非但不领情,反而报告了廉政公署,于是,她被廉政公署控以提供利益罪,判刑三个月。这位女士按照内地人的一般思维模式行事,以为别人为她主持了公道,过后送上一笔钱、几瓶酒、几条烟表示一下谢意,是再正常不过的事了,礼多人不怪嘛！谁知却触犯了法律。

思维惯性是人们常犯的一种错误。习惯思维使人们解决矛盾、处理问题时总是从一贯的思维模式出发,遵循以往的经验和办法,在不知不觉中重复着,而且也认为这种重复是安全高效的。也正是这种自以为妥善合理的内心感觉,阻碍了人们放弃原有思路、另辟蹊径去创新性解决问题的行为。已经在人们心中形成的规则渐渐成为思考问题的固有模式,这种烙印很难打破重建,这也就使创新变得困难。

6.1.2 向规则挑战的含义

向规则挑战,就是对现在的规则进行审视,去除已经过时的规则,改变不合理的规则,保留合理的规则。向规则挑战就是要破除思维定式,摆脱常规性思维的束缚。思维定式往往产生思维惯性,影响思维的活力,束缚人们的头脑,甚至带来不良的影响。每个人都有思维定式,比如行为定式,请你交叉双手,发现你的左手(或右手)在上,很自然的动作;然后你再换换,把右手(左手)放在上面,你是否感觉非常不自然、很别扭呢?再如,你不假思索地穿上一件外衣,然后随意脱下,想一想你是先穿的左手(或右手);现在你再换换,先穿上右手(或左手),怎么样?感觉到不同了吗?是不是很生硬,好像突然间不会穿衣服了?这就是人们的思维定式。当握手和穿衣已经成为习惯时,人们是感觉不到的,而就是这样的习惯妨碍了创造力的发挥。

人人都有习惯,都有习惯成自然的体会,而习惯一旦形成,又是很难改变的。特别是思维上的习惯,让你不知不觉地按老一套方法解决问题。思维定式是创新的天敌。思维创新的过程就是向规则挑战,破除和超越习惯思维的过程。不仅我们每个人有各自的习惯,有自己心中的规则,我们生活的环境也已经形成了一个巨大的规则,它的势力更加强大。列宁说过,千百万人的习惯势力是最可怕的。这个强大的包围圈中,有些人不但自己不会去创新,还阻碍别人去创新。

当然,在创新的过程中不会是一帆风顺的,必然会遇到这样或那样的困难,这些困难来自自己也来自他人。就好像牛顿到了晚年,虽然已经当上了英国皇家学会的会长,还兼任最有实力的造币厂厂长,但他却变得保守起来,更可笑的是,他虽然完成了牛顿力学体系,却不敢相信自己的创造,企图证明存在上帝的“第一推动力”,可见上帝这一习惯性思维定式对他的影响力有多大了。作为一个勇于创新的人,势必要克服各种心理和生理上的障碍,要克服困难,敢想敢做,破旧立新,不断前进,创造属于自己的一片新天地。

实际案例

Swatch 手表

20 世纪 70 年代末,瑞士制表业陷入了空前危机。当时,瑞士出品的钟表产量在全球市场中的比例已从43%急剧下降到15%。复兴瑞士制表业成为刻不容缓的艰巨任务。1978年,世界上诞生了当时厚度最薄的腕表,这再次向瑞士制表业发出了严峻挑战。瑞士制表业决心迎难而上,创制出更为轻薄的计时器。

1985年,斯沃奇(Swatch)之父——尼古拉斯·G.海耶克在对Asuag和SSIH进行了历时四年多的重组后,最终促成两家钟表公司合并成立斯沃奇集团。斯沃奇集团的制表工匠不仅缔造了新的超薄表记录,更发明了全新的制表工艺。这一制表工艺采用一体式表壳,并将表壳的底部作为安装机芯的底板。机芯从腕表的上方进行安装,安装蓝宝石水晶玻璃镜面则成为最后一道工序。化繁为简,这是对制表工艺一次大胆却异常成功的颠覆。然而,是否能够使用塑料制作出更节省成本的腕表呢?斯沃奇集团带领瑞士制表业踏上了征服下一个挑战的征程。

使用塑料制作的腕表应具有容易上链和设置的机芯,必须能够从其塑料表壳的一面安装机芯。此外,塑料表的男装、女装表款还应当采用相同的底座。经过无数次改进,斯沃奇集团的制表工匠使用51个零部件代替了通常构成腕表的至少91个零部件,最终使塑料表成为可能。

斯沃奇腕表采用瑞士石英机芯和人工合成材料制造,兼具防水防震、计时精确、价格便宜等众多优点。腕表尤为适合批量生产,并具备丰富的色彩可供选择。斯沃奇表这款年轻、创新的腕表在瑞士独家制造,已成为激情四射、妙趣横生、生活情趣的完美象征。斯沃奇还打破了人们“便宜没好货”的传统观念。斯沃奇 价格虽然只有40美元到100美元不等,但它具备瑞士表的高质量:重量轻,能防水防震,电子模拟,表带是多种颜色的塑料带,各种颜色都很鲜艳,很适合运动。

“去年的斯沃奇表不能替代今年的斯沃奇表。”这是斯沃奇的目标。斯沃奇每年都不断地推出新式样手表,设计有创意的广告来刺激消费者的兴趣,以至于人们都焦急地期待新产品的出现。许多人拥有的斯沃奇手表都不止一块,因为他们希望在不同的时间、不同的场合佩戴不同颜色的手表。斯沃奇的战略使许多着迷的顾客蜂拥而至,不断地购买新式时尚手表。有位商人拥有25块斯沃奇手表,每天他都要换一套西服、领带、衬衫和一只斯沃奇手表。成功的原因并不是秘密:斯沃奇不只是报时的手表。斯沃奇突破了手表简单的计时功能——它对时间概念的新演绎不仅在于款式的千姿百态和色彩的绚丽多彩,而且运用了高科技的成果,体现了丰富的艺术想象力。斯沃奇赋予每一新款一个或浪漫或深沉的名称,有蕴涵着令人回味的文化内涵,如“光谱”、“瞄准时间”、“第四时间”等架构在“时间动力学”理论之上的;也有“玫瑰”、“禁果”、“提醒我”、“往日情怀”,对热恋中的情人具有极强诱惑力;而“探险”、“潜望镜”、“碳元素”等，对极欲探索科学奥秘的青少年来说，无疑是努力学习的动力机。斯沃奇特殊的品牌个性，真是牢牢抓住了每个年轻人的心！与这个手表相关的每件事物都充满了革新与挑动，从外观到内部零件、技术，以及问世的方式皆然。不局限于传统的行销手法，与众不同的品位，开路先锋大胆无畏的精神，让这个诞生于1980年初的塑料手表发展成为个性鲜明的国际知名品牌。

思考练习题

你能创造一种新的体育运动吗？

你可以从一张白纸开始，写下各种古怪的念头。一个不同而又可能有效的方法是从一种现有的游戏开始，看一看如果你一条一条地打破游戏规则，会发生什么情况。足球比赛的一条规则是不能用手。正是大胆打破了这条规则才导致橄榄球比赛的出现。橄榄球比赛的一条规则是不能向前传球。正是大胆打破了这条规则才导致美国足球比赛的出现。再拿网球比赛来试一试，如果场上有三个队员会出现什么情况呢？如果球不是被猛击出线而是可以弹回来重新比赛会出现什么情况呢？如果中间没有网会出现什么情况呢？如果没有球拍会出现什么情况呢？如果球不能弹起来会出现什么情况呢(像羽毛球一样)？你很快就会看到每条规则被打破后都会导致一项新的体育运动。

6.2 逆向思考

引导案例

返璞归真的面盆

现代卫生间里的面盆无论造型和功能如何多变，最起码都是有下水口的。可是今天的这款面盆则是采用了一种返璞归真的设计，下水口没有设计在内部反而是安排在了面盆的前侧，而面盆本身的造型可以方便使用者轻松地将其抬起并倒出废水，为了防止废水乱溅，它的下水口还被设计成了一道狭长的缝隙(如图6-1、图6-2所示)。

通过这种“制造麻烦”的方式来达到节水的目的。①

① http://www.patent-cn.com/2008/06/27/11193.shtml#more-11193(2008-7-20).

图 6-1　返璞归真的洗面盆

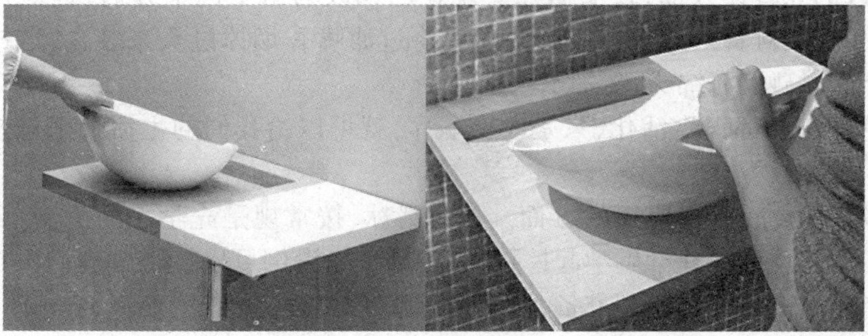

图 6-2　返璞归真的洗面盆

逆向思考即从相反的方面考虑,往往会得到意想不到的新方案。有时,一些对立的属性也常常联系在一起,比如,人们由某一事物的感知和回忆引起对与它具有相反特点的事物的回忆。逆向思考主要包括顺序反向、结构反向、功能反向等。逆向思考可以运用在技术发明上,也可以运用在创业前选择目标,创业中制定经营战略。

6.2.1　顺序反向

传统的习惯性思维是一种"顺藤摸瓜"式的工作方式,即按照一定的逻辑向前推进思考,而逆向思维则是从相反的、对立的、颠倒的角度思考问题。把事情从反面来考虑,或者说颠倒过来考虑,会促使我们产生意想不到的创意,这就是逆向思维,又叫逆向构思法。

在创造中，人们经常使用具有挑战性、批判性和新奇性的逆向思维来启发思路，逆向思维的本质是知识和经验向相反方向转移，是对习惯性思维的一种自觉冲击，所以，这种从对立的、颠倒的、相反的角度去想问题的方式往往能打破常规，破除由经验和习惯造成的僵化的认知模式，因而能为创造扫清障碍。顺序反向包括先后反向、前后反向、上下反向等。早先的船体结构组装焊接时，都是在同一固定状态下进行的，这样就有很多部位必须仰焊。仰焊劳动强度大，质量不易保证，对快速发展的造船业造成了束缚。于是，有人便在船体分段结构上动脑筋，暂停那些需要仰焊部位的装焊，待其他部位焊好后，将整个分段翻个身，变仰焊部位为俯焊位置。显然，装焊的质量和速度都有了保证。这看似平常的顺序变化，却能给生产和工作带来巨大的便利，生活中有很多平常小事都可以变一变，只要我们细心观察，动脑思考，生活可以变得更加生动有趣。大家都有乘坐火车的经历，火车的车窗原来都是由下向上推开的，在快速行驶时，窗外的风直扑人面，过于激烈。现在已经改为由上向下开启，进风口在上面，避免直接对着人猛吹。还有人建议将过滤嘴香烟掉过头来装盒，这样取烟时就不会触碰到海绵头，更加卫生些。

这些创新都很生活化，只是改变顺序，就可以给我们的生活带来意想不到的效果。

顺序颠倒有很多应用的方面。如学滑冰，按常规是先学怎样滑步，可有些聪明的教练反而先让学生学起摔跤，为的是一旦滑倒可以摔得合理而不至于摔伤。有这样的技术和心理准备，再学滑行就变得容易些了。

在拍摄制作电影时，不同的剪辑方法会得到不同的效果。比如，摄影师拍摄了三个镜头并按以下顺序剪辑：①一个人在笑；②枪口对准了他；③他一脸恐惧。按此顺序放映，观众看到的是一个懦夫的形象。如果将同样的三个镜头重新剪辑，正好与上面的顺序相反，放映后人们看到却是一个面对枪口哈哈大笑的勇士。电影制作中的这种“蒙太奇”技术对发明创造亦有启示：将已有事物的结构要素分解后重组，也可能产生新的效果，获得新的发明创造成果。

一般电冰箱都是上冷下“热”式结构，即冷冻室在上，冷藏室在下。能不能上下颠倒一下呢？某家电公司按照这一思路进行了分解重组设计，开发出上“热”下冷式电冰箱。这种设计带来了什么优点呢？其一，增加了用户使用的方便性。电冰箱在实际使用中常用的还是往冷藏室内储存熟食、水果、饮料等，冷藏室下置的冰箱要人弯腰存取东西，冷藏室上移后不再有此令人不舒适的动作；其二，冷冻室在下面，化霜水不再对冷藏室内的东西造成污染；其三，冷冻室下置方案利用了冷气下沉原理，使负载温度回升时间比一般冰箱延长了一倍，减少了耗电，节约了能源。

逆向思考好比开汽车需要学会倒车技术一样。如果不学会倒车技术，一旦你的汽车钻进了死胡同，就出不来了。思考问题时，人们有时也会钻进死胡同出不来，逆向思考就能帮你退出来。正像我们用不着总开倒车来显示自己的倒车技术一样，我们也用不着总使用逆向思维方法，但是一旦需要，如果不会使用逆向思考，你就会陷入困境。

6.2.2　结构反向

结构反向包括：内变外，外变内；对称变非对称，非对称变对称；平面变立体，立体变平面；方形变圆形，圆形变方形；大变小，小变大；反像变正像，正像变反像；零变整，整变零；多变少，少变多等。

衣服右边有了兜，左边也有一个兜，右边几个扣子，左边也钉上几个扣子，这样对称安排，有一种对称美。但设计师有时会打破这种对称美，右边有兜，左边没兜；右边没有扣，左边有扣，再加上不同的线条和颜色，上下左右协调，可以达到一种不一样的协调美。

钟都是圆形的或方形的。来个反向思考，整圆变半圆，把钟表机构都集中到一半，就发明了不落俗套的半形钟。瞥见墙上挂着半个完好的钟，另一半荡然无存，好像神秘地消失了，真是耐人寻味。量角器都是半圆形的，有人发明了整圆的量角器，量角器不用转来转去的，就能量出不同角度的角。

建筑的基本形态维度是由“长、宽、高”三维形成的空间，在进行维度反向创作时，可有建筑形态的多维化和建筑空间的多维化发展等手法。建筑空间的多维化最常用的就是加入时间维度的概念，如传统的序列空间，中国古典园林中的“步移景异”等手法。

日常生活中，煮饭做菜都是锅架在火的上方，因此，夏普公司原来开发的电烤箱也是热源在下面的，需烤制的鱼或肉放在上面。这种结构形式在加热过程中必然会产生这样的问题：鱼、肉经烘烤而析出的油脂要向下滴，掉在电热丝上便产生大量的焦烟，污染环境。技术人员想了不少办法发现，最好的方法就是作简单结构变换，将加热用的电热丝装在烤箱上部，所烤食品置于下方，这样，即便鱼、肉析出的油脂掉下去，也不会接触电热丝，烟雾的困扰也就不复存在。

传统的木工刨刀是刨刀固定的位置旋转着，待加工的木料由工人用手将其推向刨刀，这种机械稍有不慎便会伤到手指。国内外一些木工机械专家为防止工伤，提出了包括借助光电技术在内的各种防护措施，然而皆不能根本解决。只读了一年半小学的农村木工李林森运用逆向思维方法，改变了刨床的传统结构，设计出让木料固定不动，刨刀来回移动的新型刨床。这样，在加工过程中就不用手持木推行，杜绝了工伤发生的机会。此发明获得专利后转让给昆明拖拉机厂,第一年就创产值1 200万元,获利480万元。

6.2.3 功能反向

功能反向包括:有作用变无作用,无作用变有作用;难变易,易变难;施主变受主,受主变施主;你动变他动,他动变你动;劣化变优化,优化变劣化;经久耐用变一次性使用,一次性使用变经久耐用;大俗变大雅,大雅变大俗等。

在创造发明时,功能反向也是一种策略。比如,一般人都力求产品质量越高越好。但在某种情况下,产品质量达到一定层次,反而不需要再精益求精,这是由于消费者对不同层次的消费品的质量需求不一样。

对高档消费品,如电视机、电冰箱,消费者关心的是质量,对使用寿命、功能完好等内在品质相当重视。对一些家用陈设品、装饰品等,消费者追求的是外观新颖,价格不高,便于更新,对产品的经久程度不甚追求。如果厂家在耐久质量上下功夫,使价格提高,反而影响销售。对一些重复使用的日用小商品,人们要求的是使用方便,便于清洗。所以,一些一次性使用的商品能够问世,也正是用了一种逆向思考:别的人都在琢磨怎样使产品经久耐用,我偏偏想怎样使产品用一次就坏。虽然一次性商品存在环保问题,但这种产品的问世是人们思维进步的结果,这种思考问题的方式值得在创新发展中使用。

1987年,我国大兴安岭森林大火造成巨大损失,由此便想:怎样的灭火器材更好的呢?伊春林区有位郭师傅从吹灭蜡烛的现象中受到启发,进而产生了以风来灭火的灵感,并研制发明了轻便有效的风力灭火机。

日本索尼公司名誉董事长井琛大去理发,一边理,一边从镜子里看电视消遣。由于镜子中的图像是相反的,看起来觉得有点别扭。这位喜欢动脑的董事长便萌发了一个新想法:如果制造个反画面的电视机,那么就能在镜子里看到正常图像了。于是,他让公司技术部进行开发,研制出新颖的反画面电视。这种画面形象反向的电视不仅可供消遣,还可以为乒乓球、羽毛球等运动员作特殊训练,让左右手不同握拍的人经过反画面电视的转换互相借鉴。那些惧怕电视射线的人还专门用反画面电视,以便让射线冲着镜子,自己则躲在一边安全地欣赏节目。

在自然界和人类社会,许多事物和现象都充满了正反两方面的意义,这就昭示着,人们认识事物的思路和解决问题的方法不应是单向的。虽然人们提倡追求事业的执着性,但必须反对思维方式的僵化和思维路线的单一,这样才能使创造者的思路不因循守旧、一成不变,而是标新立异、出奇制胜。运用逆向思维解决发明创造问题时,应把思维的原点放在发明创造的目标上,这样才能做到思维路径移向和思考重点突出。这种从事物对立的、颠倒的、相反的角度去考虑问题的方式往往能帮助人们有效地破除思维定式，克服经验思维、习惯思维或僵化思维造成的认知障碍，为发明创造奠定基础。

实际案例

好孩子的形象都是坐着的、站着的，我偏偏要躺着，还要把脚翘起来，这种特殊的姿态是不是很吸引人？

猜一猜我是什么做的吧？（见图6-3）

图6-3

思考练习题

如何设计一个不影响煮饭烧菜的蒸物器具？

利用煮饭烧菜的热气来蒸熟食物，既省时间又省能源。但现有的蒸屉不是搁在锅上，就是搁在锅底或锅侧凸沿上，影响了煮饭烧菜。请你思考一下，设计一个不影响煮饭烧菜的蒸物器具？

6.3 缺点逆用

引导案例

逆境也是机遇

苹果公司在发展最好的时候,乔布斯才刚迈入三十岁,却被解雇了,主要是与公司其他人员对未来的愿景不同,最后只好分道扬镳。"我失去了整个生活的重心,我的人生就这样被摧毁。"

后来发现,被苹果计算机公司开除,是他所经历过最好的事情。

成功的沉重被从头来过的轻松所取代,每件事情都不那么确定,让乔布斯自由进入这辈子最有创意的年代。开了一家叫做 NeXT 的公司,又开一家叫做 Pixar 的公司。Pixar 接着制作了世界上第一部全计算机动画电影——玩具总动员(Toy Story)(如图 6-4 所示),Pixar 现在是世界上最成功的动画制作公司。

图 6-4 玩具总动员

6.3.1 缺点列举法

在传统的思维中,缺点都是贬义词。但是,在创造的天空中,当我们发现缺点的时候,也许就找到了发明的道路。爱因斯坦说:"提出一个问题比解决一个问题更重要,因为后者是方法和实验的过程,而提出问题则是找到问题的关键、要害。"寻找缺点就是提出问题的关键。

缺点列举法就是通过发现、发掘事物的缺陷,把它的具体缺点一一列举出来,使人们尽可能设想所要达到的发明创造目标,针对这些缺点,设想改革方案,使人们容易从中捕捉到有用的信息,以开展发明创造活动,进行创造发明。世界上任何事物,即便是很完美的事物,经过仔细分析后,也能发现它的不足和缺陷。比如,穿着普通的套鞋在泥泞的地上行走容易滑倒,这是因为鞋底的花纹太浅,烂泥嵌入花纹缝内,使鞋底变得光滑,容易滑倒。针对花纹浅的缺点,将鞋底花纹改成一个个突出的小圆柱,创造了一种新的防滑靴。手表常常容易忘记上弦——发明了全自动机械表和电子表;老花眼镜看远处东西不方便——发明了双层眼镜,上面是平光,下面是老花眼镜;自行车胎容易漏气——发明了实心胎(英国退休工程师莫雷发明);普通药瓶不能提醒病人服药——在瓶盖上装了定时发光发声装置。由于人们有思维定式,看惯了和用惯了的东西很难发现它们的缺点,也就很少去寻找它们的缺点,一种"凑合"、"将就"的心理使人们失去了创造的欲望和发明的机会。缺点列举法则反其道而行之,它鼓励人们积极地寻找并抓住事物不方便、不合理、不美观、不实用、不安全、不省力等缺点或不足,把它们一一列举出来,有针对性地加以解决,以达到创造发明的目标。

正是我们不断地发现现有产品中的缺点,不断完善,才有更多、更好的发明,更多、更优秀的创造。

缺点列举法的使用步骤主要包括以下几项。

6.3.1.1 敢于质疑,发现缺点

很多人都有这样的经历,煮牛奶时,常因照料不及时而使牛奶沸腾溢出,既造成浪费又污染灶具,使人烦恼不已。天津市铝制品三厂的一位技术员针对这种普遍存在的缺点,运用科学的方法,发明出一种防溢奶锅。这位技术人在发明之初,对加热牛奶的过程进行了仔细地观察,他发现,牛奶在刚开始变热时,只是轻微地抖动,接着液面开始出现一些气泡。随着加热的进行,气泡越聚越多,液面也越升越高,最后一涌而出,溢到锅外。细致地观察和深入地思考使这位技术人员自然而然地想到,如果能减少气泡的产生,那么煮牛奶就可以和烧开水一样,只沸腾翻滚而不溢出锅外。于是,问题就归结到如何控制并减少气泡产生了。一次,他从查阅国外技术资料中得到启发,决定采用一种防溢隔板,这种防溢隔板放置在奶锅中间,把锅中牛奶一分为二;隔板上开有一个扇形孔。加热时,奶锅底部温度高,上部温度低,在这个温差的推动下,锅中牛奶产生流动并形成循环。当沸奶带着气泡从下部经扇形孔流到隔板上部时,隔板的扇形孔就毫不客气的地将大量的气泡挤破,使其中的气体释放出来,这样流到上部的牛奶中气泡就少了,液面也就不会继续升高,从而达到了防溢的效果。防溢奶锅一问世就受到了消费者的青睐,成为抢手货。

改正缺点就是最好的卖点。只要我们在等待时机的过程中能充分积累,并且积极修正不足,那么,即使慢别人半步,也能以加倍的速度超越对手。录像机的技术最先是由日本索尼公司发明的,索尼公司推出的 Betamax 录像机曾在市场上取得领先地位。再如松下,在经过市场调查之后,松下了解到消费者最需

要的录像机功能项目，于是，在索尼公司急于把录像机推向市场的时候，松下公司用半年的时间来潜心研究索尼的录像机存在哪些问题和缺陷以及怎样更好地改进录像机的功能，在追求卓越信念的支撑下，松下的录像机投放市场之后反而更受消费者欢迎。

6.3.1.2 分析缺点，全面改进

日本美津浓有限公司原是生产体育用品的一家小厂，为了产品畅销世界各国，厂里的开发人员到市场上去调查。在调查中他们发现，初学网球者在打球时不是打不到球，就是打一个"触框球"，把球碰偏了，十分头疼。很多人都想，要是球拍大一点，兴许不会出现上述毛病。国际网联规定，球拍面积必须在710平方厘米之下。美津浓有限公司就专门做了一些比标准大30%的初学者球拍。这种球拍一上市，果然畅销极了。后来他们又了解到初学者打网球时手腕容易产生一种皮炎，这种病被人们称为"网球腕"，发生的原因是腕力弱的人在打球时发生腕震造成的。于是，该公司又发明了减震球拍。他们用发泡聚氨酯为材料，但是经过试验，发现打起球来软塌塌的，很容易疲劳。又重新进行了试验，终于制成了著名的"减震球拍"，产品打进了欧美各国。

用缺点列举法进行创造发明的具体做法是：召开一次缺点列举会，会议由5～10人参加，会前先由主管部门针对某项事务选举一个需要改革的主体，在会上发动与会者围绕这一主题尽量列举各种缺点，愈多愈好，另请人将提出的缺点逐一编号，记在一张张小卡片上，然后从中挑选出主要的缺点，并围绕这些缺点制定出切实可行的改革方案。一次会议的时间大约在一两小时之内，会议讨论的主题宜小不宜大，即使是大主题，也要分成若干小题，分次解决。这样，原有的缺点就不致被遗漏。

任何事物都是由多个部分、多种属性构成的。所以，列举缺点也应围绕这些部分和特性，从多角度出发来寻找缺点。

6.3.1.3 缺点列举法训练步骤

第一步，确定一个对象。

第二步，对大型的事物运用调查研究，对比分析，智力激荡法等，尽量列举这一对象的缺点和不足。

第三步，将以上缺点归类整理，一般可分为三类：A. 材料方面；B. 美学方面；C. 功能方面。

第四步，针对每一缺点进行分析研究，可以对某些缺点加以改进，从而创造出更好的产品。

日本的鬼冢先生是一个会用脑的人，他知道自己的实力不能与那些大厂相

比,就集中目标研究篮球鞋这一种产品。他首先会见了篮球优胜学校的选手,听取他们对运动鞋的意见。选手们都说:“篮球比赛最重要的是在运动中立即止步,否则投篮会不准,还会撞到别人身上。现在的篮球鞋在地板上容易打滑,步子刹不住。”他立即把焦点集中在“打滑”问题上。他亲自和选手们一起打篮球,体验鞋子打滑的情况。此外,他还调查了能紧急刹车止步的汽车轮胎的构造。由于一天到晚想到这事,一天,他正在吃晚饭,忽然看到章鱼腕足上的吸盘。他想,如果把鞋底做成吸盘式,就能做到立即止步了。他研究了过去的篮球鞋,鞋底都是平的,有的甚至中间还高出一些,这种鞋底打滑是免不了的。于是,他把鞋底设计成吸盘式,并请选手们试穿,结果证明,止步效果明显高于平底鞋。他把这种篮球鞋让运动员试穿,大受欢迎。

6.3.2 由劣转优法

缺点和优点、优势和劣势都是相对的,可一分为二,在这个场合是缺点的东西,换一个场合却往往成了优点。缺点逆用法的实质就是巧用缺点。日本有个创造学家对此作了高度评价:“人类能够取得很大的成就,与能否巧用缺点有关。”比如,有家造纸厂因加错了料而出了“废品”——纸质强度很差,但这种纸虽然强度很差,且既松又干燥,然而吸水性能却很好,于是人们就利用这种“废品”的缺点开发了一个新品种:吸墨水纸。“废品”转化成了“有用品”,纸的劣势变成了优势,这就是巧用缺点。

由劣转优法的使用步骤主要包括以下几项。

6.3.2.1 重新审视缺点

追求完美是人之常情。对事物的缺陷是否就该一概排斥呢?詹姆士·杨的成功给了我们一个特别的启示:巧用缺陷也是一个能使人走向成功的好方法。

中国有句古话,叫做“有则改之,无则加勉”。就是说,有了缺点和错误,一定要想办法改正,即使没有缺点和错误,也要时刻提醒自己,不要犯类似的错误。因此,一提到“缺点”,人们就习惯地抱以否定的态度。有谁会喜欢缺点呢?然而,世界上没有十全十美的事物,因而事物的缺点在所难免。如果我们能化解对缺点认识的抵触情绪,想到巧用缺点的办法,不但能将损失降到最低,而且有可能取得意想不到的效果。使用这一思维方法,首先要发现事物可利用的缺点。一般说来,发现事物的缺陷并不困难,要找可以利用的缺陷却不容易。因为缺陷多是人们在特定场合要排斥的,所以人们往往习惯地认为在其他场合也应加以排斥而不考虑运用。

6.3.2.2 巧用缺陷,化弊为利

在发现可利用的缺陷后,紧接着要分析缺陷,抽象出这种被认定为缺陷的现象后面所隐藏的可以利用的原理和特性。在一定科学原理的指导下,便可构思巧用缺陷或设想的方案了。

德国有种叫"汉斯"的番茄酱,其味道浓,但产品刚上市时,消费者在使用过程中纷纷抱怨这种牌子的番茄酱"倾倒时间太长",因而销售受阻。对此,公司老板因势利导,改变广告宣传重点。在新广告宣传中,突出"汉斯"番茄酱之所以流速慢,是因为它比别的番茄酱浓,味道也比稀的好,甚至公然宣称"汉斯"是流速最慢的番茄酱。如此大做文章后,消费者不仅不把"流速慢"看成是缺点,反而将其视为产品纯正、质量好的象征。

在中国商朝有一位宰相叫伊尹,他在组织土木基建工程的时候,让腿脚强健的人挖掘,肩脊有力的人背运,独眼的人进行测量画线,驼背的人则负责粉刷地面,人力各尽所用,每个人都做适合他做的工作,从而使他们的特殊能力都得到了充分发挥。

上面这两个个小故事说明,在适当的条件下,缺点会变成优点,利用好劣势,劣势就能变成优势。

6.3.3 变废为宝法

日常生活中,被人们轻易地就判定为无用的人或事物一定不少,而且人们一旦认定某件事物"无用"时,往往习惯于不假思索地废弃它,或像惠施那样干脆把它砸碎了事。这种想法的形成就在于我们的思维不会灵活转化,认识不到"有用"和"无用"之间其实没有绝对明确的界限。"无用"能否变成"有用"完全取决于使用某种事物时得当与否。因而,尝试为那些表面上看起来"无用"的事物寻找一个适当的位置,"无用"就可以变为"有用"。这又为我们指出了一条新的创新之路,明白了这个道理,我们就可以化腐朽为神奇。

生活中有很多物品往往由于为它寻找到新的适用位置而不断常新。像木桶家具的制作就是一个例子。日本有一家世代以造盛酒用的木桶为生的家族,由于种种原因,人们对木桶的需求量越来越少,眼看着他们的家族企业就要维持不下去了,但又不想让祖宗的基业断送在自己手里,怎么办呢?终于有人想出了个好主意,即他们仍然做有关木桶的生意,只是改为用回收来的木桶制成具有象征意义的酒桶家具。酒桶家具由于其质地好,造型独特,博得很多人乃至收藏家的喜爱,本来就爱喝酒的人更是以购得酒桶木床为乐。

《庄子·知北游》中说:"故万物一也,是斯所美者为神奇,其所恶者为臭腐,

臭腐化为神奇,神奇化为臭腐。”事物都具有两个方面,能看到它完好的一面就可成为神奇,只看腐朽的一面就会把它当臭腐。一般说来,对待劣质东西的处理办法是将其抛弃,积极的处理办法是巧妙地加以利用,使其转化为有用的东西。

某事物之所以被称为“废”,是因为它已不能发挥自身的使用价值了,但这并不代表它不具有使用价值,而是因为它的使用价值在这种特定的历史条件下不能发挥出来。变废为宝的方法有两种:

第一,改变自身属性。正所谓“变则通”,如果对此“废物”进行合理的加工、改造、拆分或重组,它就有可能释放潜在的使用价值,变废为宝。最典型的例子就是石油。刚开采出来的石油是多种烃的混合物,黑漆漆、黏糊糊的,没有什么用处,但经过层层地蒸馏、减压蒸馏,却可以获得各种汽油、柴油、润滑油、航空汽油、聚乙烯……就连剩下的残渣都是生产蜡烛、沥青的主要原料。所以不存在绝对的废物,只是我们还没找到改变它们的方法。

第二,改变外部条件。中国有句古话:“橘生淮南则为橘,生淮北则为枳。”这说明,对同一个事物,外部环境的不同可能导致其向不同的方向发展。在某处被认为的“废物”,移到另一个地方就可能变成“宝物”。这样的例子有很多,比如黑白电视,在中国早就淘汰了的东西,可是在非洲市场却大受欢迎,因为黑白电视廉价、实用,它对贫穷的非洲国家而言是最经济的选择。所以不存在绝对的废物,只是我们还没找到能让它们发光的地方。

在现实生活中,我们应以“变废为宝”的眼光来看待各种垃圾,不能盲目、随意地丢弃,要看到它深层次的价值,最大限度地开发它的价值。什么是节约?变废为宝就是最大的节约。

实际案例

新能源——牛粪变宝用于发电

随着油价的不断攀升和全世界对环境保护认识的提高,寻找既环保又经济的替代能源已经成为一些国家的主攻课题。目前,美国得克萨斯州的一家新型能源厂就把牛粪变废为宝,将它们加工转换成为一种与天然气类似的生物气体,并用于发电。

据英国媒体报道,位于美国加州中部的一家名叫 Vintage 的奶牛场日前宣布，他们发现了一条解决当地居民家庭用电的新途径，那就是利用牛粪进行发电（如图6－5所示）。这家奶牛场的经营者戴维·阿尔伯斯（David Albers）表示："大部分人并没有从牛粪中发现什么，但是我们却从中发现了给农场主们乃至整个加州提供的机会。"

图6－5　加州奶牛场用于将牛粪转换成可再生气体的场地

牛粪等动物粪便在自然界中受热分解之后会产生甲烷，这是一种比二氧化碳影响更大的温室气体。一些科学家称，控制动物粪便所散发出来的甲烷已经成为应对气候变暖的重要步骤。不过甲烷同样可以转化成可再生气体，这些气体可以代替煤被用来发电。有数据显示，一头牛的排泄物可以产生大约100瓦特的电能。

阿尔伯斯发明的制造可再生气体的工程十分浩大，工作人员首先将牛粪用水冲入一个面积较大的八边形的大坑中，然后再利用泵将其抽入一个被盖住的池塘中，池塘面积足有5个足球场大小，深度为10米左右，相当于10米左右。经由屏障进行过滤后，固体残渣最终可以用来做牛圈的草垫，可再生气体则经由太平洋煤气与电力公司（PG&E）的管道被输送至位于加州北部的发电厂。

提倡大力使用清洁及可再生能源的加州监管部门已经对位于该州的发电厂发出指示，要求到2010年时，可再生气体能够提供其20%的供电量，到2020年的时候，这个数字要达到33%，太平洋煤气与电力公司希望借助这项新技术。加州能源委员会的副主席表示，全州所有的奶牛养殖场场主都可以效仿这种做法，通过这种方式，他们既可以增加收入，又能帮助保护环境。

据悉，牛、羊等反刍动物是甲烷、二氧化碳等加剧空气污染和地球温室效应物质的重要释放者。目前，世界上共有10.5亿头牛和13亿只羊，牛羊通过放屁、粪便、尿液所排放的甲烷气体含量占全世界甲烷排放量的1/5。其中，牛产生的甲烷气体量最大，是其他反刍动物的2～3倍。为了保护地球环境，目前，科学界和各国政府都在积极地想办法，力图将牛、羊等动物的甲烷排放量降到最低。

思考练习题

1. 想一想废弃的瓶子、纸盒可以做什么？

2. 谁都不喜欢听废话，请你利用“废话”来办点好事。

3. 现在的电脑大约在18个月或更短的时间内就会被淘汰，仅1998年美国就淘汰2 000万台电脑，请想想办法解决这些“电脑垃圾”。

4. 现在有许多人在饭店吃饭时挥霍浪费，点一桌子菜，剩了很多也不打包就扬长而去。如果你是饭店的主人，能不能采取什么措施，利用他们的虚荣心理改变这一现象呢？

Chapter 7

强化思维逻辑　发展缜密思维

本章关键词

◇ 5W2H 法
◇ 穷问法
◇ 系统分析法
◇ 穆勒五法
◇ 假设演绎法

7.1　分析和综合

引导案例

经销商"挑牌"技巧:5W2H 决策模型①

经销商挑牌决策模型(5W2H 法)是经销商与厂家进行谈判的模型,其结构与顺序如图 7－1 所示。

中间层是谈判的主题内容:从产品(WHAT)到目标消费者(WHO),这一层次主要解决产品销售层面的问题,包括产品类型、价格设定、渠道模式、年度市场促销安排、消费群对产品的接受度等。上层的 WHY 是要求厂方提出有说服力的证据来证明中间的部分是正确可行的,这一层面的谈判是解决生意的市场风险性。下层的 2H 则要沟通如何做市场及市场投入预算问题,这个层面要解决市场可开发性问题。上述三个层面七个关键点的谈判可以帮助经销商建立起一套理

① http://www.boraid.com/article/39/39533_2.asp? size = zhong (2008－5－11).

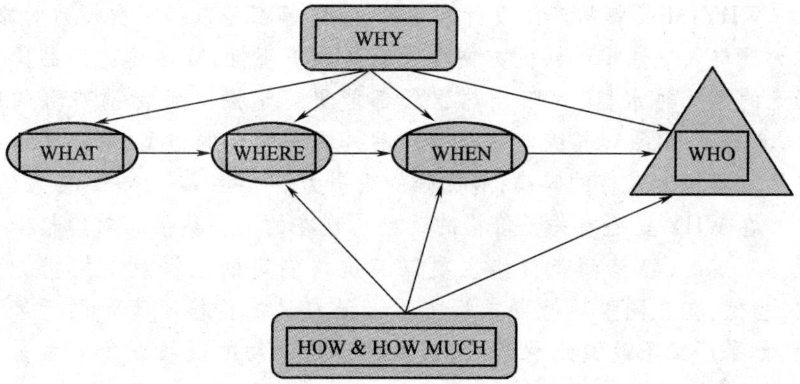

图7－1　5W2H 法示图

性决策模型，经过这个模型的考察，经销商选择品牌的风险将大大降低，也能更加准确地判断品牌的前景、实力及企业的企图心、销售政策等。

我们以S经销商选择M品牌的电热水器进入市场为例，看如何应用5W2H模型进行谈判与决策。

M品牌的销售经理找到S经销商，S是某省会排名前五位的家电经销商，经营彩电、电话机、传真机、燃气灶、抽油烟机等。那么，S要不要经销M品牌的电热水器呢？

M品牌销售经理对S经销商的5W2H回答是这样的：

WHAT：M品牌是美国第一的热水器品牌，进入中国已三年，市场销售平淡，已投资5 000万美元在中国建设生产基地，并根据中国住房的特点改进了产品外观及性能，产品种类齐全，从超薄实用型到家庭供(暖)水中心级的产品一应俱全，而且有耗电量低，储热时间长等优点。

WHO：M品牌的目标消费群从单身贵族到白领之家，以中高收入的都市白领人群(月入2 000～8 000元)为对象，因此，其品牌风格是完全都市化、时尚化的，产品外观设计也极为精致。

WHERE：M品牌的渠道模式分两种：一类是各大商场、电器连锁店、专卖店的店铺式终端销售；另一种是与高档住宅捆绑销售渠道，即直接装入在建住房的卫生间捆绑销售。

WHEN：2005年，M品牌的销售目标是建立15个终端专柜、2～4个形象店、并建立1万户消费者数据库系统，实现销售额800万元。

WHY:M品牌从产品设计到定价、宣传等都是以都市白领为对象,因为这群人更注重生活的方便性及家居的美观性,M品牌的产品比市场上的燃气热水器、太阳能热水器都能更好地满足目标消费群的需求,尤其是M品牌其隔电安全及产品外观美学化的造型,解决了过去电热水器粗大笨重的弊病,有更强的吸引力。

在WHY里还有关于价格的谈判。现在的大多数品牌对价格都是严格限定的,经销商谈价格主要以其价格制定的依据及支持措施为主,当然,在合同里最好要求厂方承诺给自己的价格不高于同行经销商,如果厂家不敢做此承诺,就试探其价格浮动的底线或争取贸易优惠条件。

HOW:为配合渠道开发,M品牌提供导购员及特殊渠道销售代表,并由M品牌市场部免费培训;媒体上投入两个月的电视及报纸广告,将M品牌的知名度提升至40%,同时派发及户投宣传折页;各售点专柜统一按品牌执行手册的标准装修;上市时针对结婚人群做几次增值促销活动,比如,买M热水器抽奖送蜜月旅游等活动。

HOW MUCH:预计全年投入各类促销推广费用200万元,用以支持经销商的渠道建设、品牌宣传及促销活动。

经过上述谈判,S经销商充分了解了M品牌2005年在该城市的计划,再对其投资的确实性、人员的专业化程度及营销组织的性质考察后,可以做出经销M品牌的决策。

对经销商来说,采用上述思维及谈判模型可以令大多数厂家的销售经理们出一身汗。如果销售经理无法将上述问题讲解清楚,或回答里存在很多漏洞及模棱两可的地方,经销商就不要立即决定,即使自己认为该品牌或产品有前途。

上述内容是一个逻辑上相互关联的整体,如果厂方的渠道设定与目标消费群不一致,或目标消费群与品牌及产品设计不一致,或促销方法没有围绕目标消费群及渠道等,就说明厂方对市场整体运作缺乏统筹规划,对市场可能出现的危机准备不足,那些所谓的政策支持、市场启动计划都有可能是“泡泡”。此时,选择经销就有较大的风险。除非是经销商对渠道的掌控力很强,也能感觉到市场的需求,在降低贸易风险(不压过多的库存)的前提下,方可抓牌。

5W2H挑牌决策模型是第一个完整、系统提出的适合经销商理性选择品牌的决策思路与方法。对经销商来说,选择合适的产品及合适的生意合作方式是避免厂商矛盾或冲突的第一要务,也是降低经销商市场风险,提高资金使用率的核心选择。

挑牌是经销商必须做出的第一个战略决策!掌握理性的挑牌技巧是超越同行、决胜商海的核心经营能力。

7.1.1 5W2H 法

7.1.1.1 5W2H 法简介

柯南道尔笔下的大侦探福尔摩斯和阿加莎克里塑造的大侦探伊洛要最终破案,都须搞清几个问题:作案对象(What)、作案时间(When)、作案地点(Where)、作案动机(Why),怎么作案即作案过程(How to),以及与上述几个因素都有联系的作案者(Who)。这种思考问题的方式是确定一个事件的发生过程的最常见、最基本的方式,同样也可以从这些角度去审视一项技术过程或一个管理过程的症结究竟在哪儿,寻找解决的办法。

5W2H 法是美国陆军首创的提问方法。这一方法简单、方便,易于理解、使用,富有启发意义,广泛用于企业管理和技术活动,对决策和执行性的活动措施也非常有帮助,也有助于弥补考虑问题的疏漏。5W2H 是将七个提问的英文第一个字母缩写而成。通过为什么(Why)、做什么(What)、何人(Who)、何时(When)、何地(Where)和如何(How)、多少(How much)七个方面的提问,即用五个以 W 开头的英语单词和两个以 H 开头的英语单词进行设问,发现解决问题的线索,寻找发明思路,进行设计构思,从而达到解决问题或者实现发明创造的目的。我们可以把这一方法理解为"发现问题,解决问题"。

7.1.1.2 5W2H 法的应用程序

首先,对一种现行的做法或现有的产品从七个角度检查它的合理性,即:

第一,做什么(What)?

第二,为什么(Why)?

第三,谁(Who)?

第四,何时(When)?

第五,何地(Where)?

第六,如何(How)?

第七,多少(How much)?

然后,将发现的疑问列出。

最后,讨论分析,寻找改进措施。

如果现行的做法或产品经过七个问题的审核已无懈可击,便可认为这一做法或产品可取。如果七个问题中有哪一个答复不能令人满意,则表示这方面还有改进的余地。如果哪方面的答复有独到的优点,则表明思路有一定的创造性。这七项提问因问题性质不同,发问的内容也不同。例如:

• 为什么(Why)?为什么发热?为什么变成红色?为什么要成这个形状?为什么采用这个技术参数?为什么不能有响声?为什么不用机械代替人力?为什么产品的制造要经过这么多的环节?为什么非做不可?

• 做什么(What)?条件是什么?哪一部分工作要做?目的是什么?重点是什么?与什么有关系?功能是什么?规范是什么?工作对象是什么?

• 谁(Who)?谁办最方便?谁会生产?谁不可以办?谁是顾客?谁被忽略了?谁是决策人?谁会受益?

• 何时(When)?何时要完成安装?何时销售?何时是营业最佳时间?何时工作人员容易疲劳?何时产量最高?何时完成最切时宜?需要几天才算合理?

• 何地(Where)?何地最适宜某物生产?何处生产较经济?从何处买?还有什么地方可以作销售点?安装在什么地方最合适?何地有资源?

• 怎样(How to)?怎样做最有力?怎样做最快?怎样做效率高?怎样改进?怎样得到?怎样达到效率?怎样使产品更加美观大方?怎样使产品使用起来最方便?

• 多少(How much)?功能指标达到多少?销售额多少?成本多少?输出功率多少?效率多高?尺寸多少?重量多少?

5W2H法提问的几个角度基本囊括了任何事物和过程的所有方面。因此,这一方法原则上可用于任何领域的任何问题。只要针对事物性质灵活具体地赋予这几个方面适当的内容,就可以抓住事物存在的根本方面和制约条件来分析问题,往往会一下子找到发生问题的根本原因。有些事物的缺点并非一眼就可以看出来,借助缺点列举可以找到缺陷,但有的缺陷即使找到了,产生的原因却相当复杂,若能进一步使用5W2H法,则能抓住缺陷和问题背后隐藏的原因,使解决问题的范围得以确定,有助于问题迎刃而解。

5W2H法是一个循环的过程,通常分为以下六个步骤:

第一步,利用5个W和2个H提问,分析现状。

第二步,在把握现状的基础上,利用5个W和2个H提问,预测未来状况。

第三步,如果上述两步的回答中存在不能令人满意的或者无法解决的问题,那么它或它们就是突破口。

第四步,根据突破口,再利用 5 个 W 和 2 个 H 提问,找到解决问题的思路。

第五步,作出决定,并执行决定。

第六步,利用 5 个 W 和 2 个 H 提问,评估执行效果。如果不满意,再进入下一轮的检查,即重复上述五步。

5W2H 法几乎可以用于任何问题的解决,尤其广泛应用于产品革新、技术开发、工作改进、改善管理等。

例题:5W2H 与网站策划之间的联系(用 5W2H 法进行网络策划)①。

• WHY——为什么?为什么会有网站策划,为什么要做网站策划。这里先提一下产品策划(或产品经理),互联网本身有很多产品,产品本身一开始被定义出来的时候并不是体现在网站上,而是在整体的规划和对市场的把握上。策划人员在接到产品的时候,需要把产品经理的产品表现到网站上而最终达到赢利的目的。为什么有网站策划,实际上是策划产品在页面上的体现。

• WHAT——是什么?策划人员在拿到产品方案时,首先要明白这个产品到底是什么。很多人可能会一拿到方案就开始做,这是错误的。余世维举了个例子,他拿出一张纸,对所有人说,把你们面前的纸给撕了。话没说完,有人开始撕,横着、竖着,什么样的都有。这个时候又说话了:请把你们的纸从下往上,45 度的撕成两半。这个例子虽简单,但说明了人和人的理解会有不同,不同的人有不同的想法,至于方案就更不能这样。积极的沟通和交流是策划人员和产品人员这个时候要做的重要一步。

• WHERE——从哪里着手?沟通到了深入一步的时候,应该把握产品的重点方向是什么,何时开始或准备赢利(当然,影响这些的因素有很多,如渠道等)。了解这些东西,可以开始着手重点的表现层的东西,也就是说,可以开始在网站的流程上的思考了。这个时候大都是这么开始,从个人的经验来看,人的因素占了很多,所以进行到 Where 的时候要了解具体哪个人负责哪件事,做好下一步的沟通准备。

• WHEN——何时?什么时间完成?什么时机最适宜?我想针对网站策划,什么时候完成似乎变得不重要了。什么时候是"死线"(Deadline)往往成了最重要的时间。我列出来了一些网站策划要考虑的几个关键时间:何时开始、何时进行原型设计,何时进行讨论,何时完成设计稿,何时开始制作,何时开始开发,何时开始联调,何时进行测试,何时进行发布,等等。

---

① http://www.ccyyw.com/post/5w2h - wangzhancehua.html(2008 -5 -9).

• WHO——谁？其实这个部分从一开始就应该考虑到，涉及网站的相关人员有多少，每个人都是什么类型。有的设计师比较有经验，不用讲太多就能明白你想要的效果；有的不喜欢产品，却能很按时的完成任务；有的产品经理不是太懂，确能对产品负起责任。每个人都不同，针对不同的人要多沟通，多了解对方总有好处。

• HOW——如何去做？网站策划不是口头表达，总有一定的规律性和可操作的流程。写好一份完整的网站策划书实在不简单。我想谈的有几个关键点。一是简述产品的概念和要达到的目的，让相关人士进行初步了解。二是规定好时间段，特别是“死线”，把项目的执行力体现在时间段上。三是规划好网站的布局，从二级开始到一级；从流程到整体，让项目人员完全了解网站的概况及操作。四是描述产品定位给网站所要求的风格。这个时候可以给设计师一些参考的元素，设计师对理性的东西往往不是太重视，给他们感性的元素会很快地上手网站设计。五是网站的内容是什么，要确定下来。此时的定义对网站上线后的测试和修改都相当重要，如果一个产品上线后还改来改去，用户不知道会烦到什么程度。

• HOW MUCH——多少。在这里我想谈一下质量控制。有次工作中上线后出现了一个错别字，查到最后，原来是产品经理打错了一个字。追其过程，策划人员拿到文案，然后复制到策划书里，然后交给设计师，设计师再复制，再交给制作人员，再交给开发，再交给测试，再交给上传。完了，整个过程没有一个人看到这个错别字。

7.1.2 穷问法

7.1.2.1 穷问法简介

你看过多米诺骨牌游戏吗？把许多小骨牌直立排列成许多形状，然后推动第一张骨牌，第一张骨牌倒下把第二张撞倒，第二张撞倒第三张……以此类推，所有骨牌都被推到，这就是多米诺骨牌游戏。后来人们把因某一事情的发生而引起周围事物连续反应的现象称为“多米诺连续效应”。

提问思维中也有多米诺的连续效应。当一个问题被提出后，其他问题就相应产生了，而其他问题又会引发出新的问题。所以，我们在提出问题时，不要只是简单地问一两个为什么就中断了，一定要穷追不舍，直至把问题的根源给挖出来为止。

在日本丰田汽车公司，曾经流行一种管理方法，叫做“追问到底法”。就是说，对公司新近发生的每一件事都采用追问到底的态度，以便找出最终的原因。

一旦找到了最终原因,那么,对一连串的问题也就有了深刻的认识。

比如,公司的某台机器突然停了,那就沿着这条线索进行一系列的追问:

问:“机器为什么不转了?”

答:“因为保险丝断了。”

问:“为什么保险丝会断呢?”

答:“因为超负荷而造成电流太大。”

问:“为什么会超负荷呢?”

答:“因为轴承枯涩不够润滑。”

问:“为什么轴承枯涩不够润滑呢?”

答:“因为油泵吸不上来润滑油。”

问:“为什么油泵吸不上来润滑油呢?”

答:“因为油泵会产生严重磨损。”

问:“为什么油泵会产生严重磨损呢?”

答:“因为油泵未装过滤器而使铁屑混入。”

追问到此,最终的原因找到了。给油泵装上过滤器,再换上保险丝,机器就能长期地正常运行了。如果不进行这一番追问,只是简单地换上一根保险丝,机器短暂转动后又会马上停下来,因为最终的原因没有找到。

穷问法(即追问到底法)是识别问题的最简单的方法之一。通过不断地对原始问题进行穷追不舍的提问来获得对问题的新视角,而问题的新视角又可以产生对问题解决的可行方法,直到获得最高层次的问题抽象,其表现形式一般直接采用“为什么”。

7.1.2.2　穷问法的具体步骤

(1)把问题作为最初定义陈述出来。

(2)提出如下问题:我们为什么要做问题中所述的工作?

(3)回答(2)中所提出的问题。

(4)作为一个新提出的问题对答案再定义。

(5)重复(2)和(3)两步,直到获得高层次的问题抽象。

穷问法一种是问别人,由别人来解答你的提问;另一种是问自己,由自己深入思考,寻找有关材料来解答自己提出的问题。如果有条件问别人(如问老师和名人),由他们解答你心中的疑问,那自然是好。采用寻根问底的方式发问可以形成一系列的观点、看法,供立意、构思时参考。

例题：怎样减少员工的旷工现象？[①]

最初的问题:通过什么方法可以减少员工的旷工现象？

问题:我们为什么要减少员工的旷工现象？

回答:维持充足的员工水平。

再定义:通过什么方式我们可以维持充足的员工水平？

问题:我们为什么要维持充足的员工水平？

回答:这样做是为了能保证工作任务的完成。

再定义:通过什么方式我们能保证工作任务的完成？

问题:我们为什么要保证完成工作任务？

回答:为了增加公司的利润。

再定义:通过什么方式我们可以增加公司的利润？

最终的问题:通过什么方式我们可以进一步增加公司的利润？

“为什么”法对扩大问题范围及探索其各种各样的边界是十分有用的。这种方法还有助于管理者评定基本目标。

7.1.2.3 穷问法的基本提问方法[②]

(1)趣问法。把问题趣味化,或通过各种有趣的活动把问题引出。这种提问容易使对方的注意力集中和定向,引人入胜。

(2)追问法。在某个问题得到肯定或否定的回答之后,顺着其思路对问题紧追不舍,刨根到底继续发问。其表现形式一般直接采用“为什么”。

(3)反问法。即根据教材和教师所讲的内容,从相反的方向把问题提出。其表现形式一般是“难道……”

(4)类比提问法。根据某些相似的概念、定律和性质的相互联系,通过比较和类推把问题提出。

(5)联系实际提问法。结合某个知识点,通过对实际生活中一些现象的观察和分析提出问题。

7.1.3 综合法——系统分析法

7.1.3.1 系统分析法简介

系统分析法是指把要解决的问题作为一个系统,对系统要素进行综合分析,找出解决问题的可行方案的咨询方法。兰德公司认为,系统分析是一种研

① 邢以群,张大亮.存亡之道——管理创新论[M].长沙:湖南大学出版社,2000:285－286.

② http://www.35d1.com/Article/shuxue/200512/5970.html(2008－5－9).

究方略，它能在不确定的情况下确定问题的本质和起因，明确咨询目标，找出各种可行方案，并通过一定标准对这些方案进行比较，帮助决策者在复杂的问题和环境中作出科学的抉择。

系统分析法来源于系统科学。系统科学是20世纪40年代以后迅速发展起来的一个横跨各个学科的新的科学部门，它从系统的着眼点或角度考察和研究整个客观世界，为人类认识和改造世界提供了科学的理论和方法。它的产生和发展标志着人类的科学思维由主要以“实物为中心”逐渐过渡到以“系统为中心”，是科学思维的一个划时代突破。

系统分析法是咨询研究的最基本的方法。我们可以把一个复杂的咨询项目看成系统工程，通过系统目标分析、系统要素分析、系统环境分析、系统资源分析和系统管理分析，可以准确地诊断问题，深刻地揭示问题的起因，有效地提出解决方案和满足客户的需求。

7.1.3.2　系统分析法的步骤

系统分析法的具体步骤包括：限定问题、确定目标、调查研究和收集数据、提出备选方案和评价标准、备选方案评估和提出最可行方案。

（1）限定问题。所谓问题，是现实情况与计划目标或理想状态之间的差距。系统分析的核心内容有两个：一是进行“诊断”，即找出问题及其原因。二是“开处方”，即提出解决问题的最可行方案。所谓限定问题，就是要明确问题的本质或特性、问题存在范围和影响程度、问题产生的时间和环境、问题的症状和原因等。限定问题是系统分析中关键的一步，因为如果“诊断”出错，以后开的“处方”就不可能对症下药。在限定问题时，要注意区别症状和问题，探讨问题原因不能先入为主，同时要判别哪些是局部问题，哪些是整体问题，问题的最后确定应该在调查研究之后。

（2）确定目标。系统分析目标应该根据客户的要求和对需要解决问题的理解加以确定，如有可能，应尽量通过指标表示，以便进行定量分析。对不能定量描述的目标也应该尽量用文字说明清楚，以便进行定性分析和评价系统分析的成效。

（3）调查研究和收集数据。调查研究和收集数据应该围绕问题的起因进行，一方面要验证有限定问题阶段形成的假设，另一方面要探讨产生问题的根本原因，为下一步提出解决问题的备选方案做准备。

调查研究常用的有四种方式，即阅读文件资料、访谈、观察和调查。

收集的数据和信息包括事实（Facts）、见解（Opinions）和态度（Attitudes）。要对数据和信息去伪存真，交叉核实，保证真实性和准确性。

(4)提出备选方案和评价标准。通过深入的调查研究,使真正有待解决的问题得以最终确定,使产生问题的主要原因得到明确,在此基础上,就可以有针对性地提出解决问题的备选方案。备选方案是解决问题和达到咨询目标可供选择的建议或设计,应提出两种以上的备选方案,以便提供进一步评估和筛选。为了对备选方案进行评估,要根据问题的性质和客户具备的条件,提出约束条件或评价标准,供下一步应用。

(5)备选方案评估。根据上述约束条件或评价标准,对解决问题的备选方案进行评估。评估应该是综合性的,不仅要考虑技术因素,也要考虑社会经济等因素。评估小组应该有一定代表性,除咨询项目组成员外,也要吸收客户组织的代表参加。根据评估结果确定最可行方案。

(6)提交最可行方案。最可行方案并不一定是最佳方案,它是在约束条件之内,根据评价标准筛选出的最现实可行的方案。如果客户满意,则系统分析达到目标。如果客户不满意,则要与客户协商调整约束条件或评价标准,甚至重新限定问题,开始新一轮系统分析,直到客户满意为止。

现以某锻造厂为案例使用系统分析方法。① 某锻造厂是以生产解放、东风140和东风130等汽车后半轴为主的小型企业,现在年生产能力为1.8万根,年产值为130万元。半轴生产工艺包括锻造、热处理、机加工、喷漆等23道工序。由于设备陈旧,前几年对某些设备进行了更换和改造,但效果不明显,生产能力仍然不能提高。厂领导急于要打开局面,便委托M咨询公司进行咨询。M咨询公司采用系统分析进行诊断,把半轴生产过程作为一个系统进行解剖分析。通过限定问题,咨询人员发现,在半轴生产23道工序中,生产能力严重失调,其中,班产能力为120~190根的有9道工序,主要是机加工设备。班产能力为70~90根的有6道工序,主要是淬火和矫直设备。其余工序班产能力在30~45根之内,都是锻造设备。由于机加工和热处理工序生产能力大大超过锻造工序,造成前道工序成为“瓶颈”,严重限制后道工序的局面,使整体生产能力难以提高。因此,需要解决的真正问题是如何提高锻造设备的能力。

在限定问题的基础上,咨询人员与厂方一起确定发展目标,即通过对锻造设备的改造,使该厂汽车半轴生产能力和年产值都提高1倍。

围绕如何改造锻造设备这一问题,咨询人员进行了深入的调查研究,初步提出了四个备选方案,即:新装一台平锻机;用轧同代替原有夹板锤;用轧制机和碾压机代替原有夹板锤和空气锤;增加一台空气锤。

---

① http://baike.baidu.com/view/532763.html(2008-5-2).

咨询人员根据对厂家人力、物力和资源情况的调查分析，提出对备选方案的评价标准或约束条件，即：投资不能超过20万元；能与该厂技术水平相适应，便于维护；耗电量低；建设周期短，回收期快。咨询小组吸收厂方代表参加，根据上述标准对各备选方案进行评估。第一个方案（新装一台平锻机），技术先进，但投资高，超过约束条件，应予以淘汰。对其余三个方案，采取打分方式评比，结果第四方案（增加一台空气锤）被确定为最可行方案，该方案具有成本低，投产周期短，耗电量低等优点，技术上虽然不够先进，但符合小企业目前的要求，客户对此满意，系统分析进展顺利，为该项咨询提供了有力的工具。

实际案例

通过 SWOT 系统分析法，西南航空公司进行正确的市场定位①

在20世纪70年代，西南航空公司只将精力集中于得克萨斯州内的短途航班。它提供的航班不仅票价低廉，而且班次频率高，乘客几乎每个小时都可以搭上一架西南航空公司的班机。这使西南航空公司在得克萨斯航空公司市场上占据了主导地位。

尽管大型航空公司对西南航空公司进行了激烈的反击，但由于西南航空公司的经营成本远远低于其他大型航空公司，因而可以采取价格战这种最原始而又最有效的竞争手段，而且做到了任何一家大型航空公司都无法做到的低成本运营。

不论如何扩展业务范围，西南航空公司都坚守两条标准：短航线、低价格。1987年，西南航空公司在休斯敦——达拉斯航线上的单程票价为57美元，而其他航空公司的票价为79美元。20世纪80年代是西南航空公司大发展时期，其客运量每年增长300%，但它的每英里运营成本不足10美分，比美国航空业的平均水平低了近5美分。

西南航空公司在选择准战略性机会窗口后，低价格是保证它打赢这场战争的关键。为了维持运营的低成本，西南航空公司采取了多种措施。在机型上，该公司全部采用节省燃油的737型。这不仅节约了油钱，而且使公司在人员培训、维修保养、零部件购买上均只执行一个标准，大大节省了培训费、维护费。同时，由于员工的努力，西南航空公司创下了世界航空界最短的航班轮转时间。

① http://www.jinlanmeng.cn/showarticle.asp?ArticleId=33516&ClassId=37(2008-4-26).

当别的竞争对手需用1个小时才能完成乘客登机离机及机舱清理工作时，西南航空公司的飞机只需要15分钟。在顾客服务上，西南航空公司针对航程短的特点，只在航班上为顾客提供花生米和饮料，而不提供用餐服务。

一般航空公司的登机卡都是纸质的，上面标有座位号，而西南航空公司的登机卡是塑料的，可以反复使用。这既节约了顾客的时间，又节省了大量费用。西南航空公司没有计算机联网的订票系统，也不负责将乘客托运的行李转机。对大公司的长途航班来说，这是顾客无法忍受的，但这恰恰是西南航空公司的优势与精明之所在。它选择并进入这样一个狭小的战略性机会窗口，使大型航空公司空有雄厚的实力却无法施展。正如一位大型航空公司的经理所说："它（西南航空公司）就像一只地板缝里的蟑螂，你无法踩死它。"西南航空公司是在确保控制成本、确保赢利的条件下拿起价格武器的。为了降低成本，它在服务和飞机舒适性上做一些牺牲。但是，只要质量、安全、服务不是太差，顾客是欢迎低价格的。

因此，如果一家企业可以提供比竞争对手低的价格，同时既不影响服务或产品质量，又能保持一定的利润，那么，它就具有极强大的优势。而中小企业通过对战略性机会窗口的选择，是可以达到这一境界的。

对服务类企业来说，对自身及外界各基本要素进行深入分析，建立起战略性服务观是在竞争中处于不败之地的关键。到1993年，西南航空公司的航线已涉及15个州的34座城市。它拥有141架客机，这些客机全部是节油的波音737，每架飞机每天要飞11个起落，由于飞行起落频率高、精心选择的航线客流量大，所以西南航空公司的经营成本和票价依然是美国最低的，其航班的平均票价仅为58美元。当西南航空公司进入加利福尼亚州后，几家大型航空公司不约而同地退出了洛杉矶——旧金山航线，因为它们无法与西南航空公司59美元的单程票价格展开竞争。在西南航空公司到来之前，这条航线的票价高达186美元。西南航空公司的低价格战略战无不胜。1991年，当克莱尔发现已找不到竞争对手时，他说："我们已经不再与航空公司竞争，我们要与行驶在公路上的福特车、克莱斯勒车、丰田车、尼桑车展开价格战。我们要把高速公路上的客流搬到天上来。"

在西南航空公司的发展过程中，克莱尔一直坚持稳健的发展战略。对实际弱小的中小企业来说，四处出击乱铺摊子的"游击战"是无法取得战略性胜利的。克莱尔主张集中力量，稳扎稳打，看准一个市场后就全力投入进去，直至彻底占领该市场。他拒绝了开通高利润的欧洲航线的邀请，坚定不移地坚守短途航线，以避免与大航空公司兵刃相见。克莱尔对开通航线的城市也有着严格的标准。对每天低于10个航班客运量的城市，西南航空公司不会开辟航班。

思考练习题

1. 用5W2H法分析我国旅游业的现状,寻找有待开发的旅游项目。

2. 经销商如何选择有潜力的服装品牌?

提问项目	提问内容	情况说明	改进措施
为什么?			
做什么?			
何地?			
何时?			
何人?			
怎样?			
多少?			

3. 作为营销管理者,你是否了解你的产品?是否了解你的消费者?运用穷问法了解你的产品和你的消费者。

4. 运用穷问法提出如何提高我国公众的环境意识水平的方法。

5. 开车的人最怕汽车相撞出事故,所以没有汽车事故的未来一直是尖端技术研究的目标。科学家正在研制永远也不会相撞的汽车。请用系统分析法设计一下未来的小汽车是什么样的?

6. 请设计一个在陆地上、水中和空中都能开的飞行器。

7.2 归纳和演绎

引导案例

人的胖瘦是由什么来决定的

人的胖瘦是由什么来决定的?对这一问题,一直有着许多假说,如饮食说、运动说、激素说等,但都不能圆满地解释人类的胖瘦问题。早在几十年前,美国缅因州杰克逊实验室的研究人员,在遗传学研究方面发现，肥鼠的胖瘦是由基因突变造成的。其中有两个基因，一个叫“胖子”(ob)，一个叫“糖尿”(db)。据此，他们提出了假说：ob可能是一个像激素一样的信号，由某个组织产生后分泌到血液里，作用于某个靶组织(如脑)，进而影响摄食行为；db的行为却不像是信号本身，而像是接受、执行这个信号的分子。为了验证这一假说，许多研究人员进行了创造性的探索。1994年12月，在美国洛克菲勒大学工作的中国学者张一影和他的合作者终于取得了突破性研究成果。他们发现，ob基因在脂肪组织里活跃，产生相应的蛋白质产物，命名为“瘦素”。瘦素的行为确实像杰克逊实验室研究人员的假说那样，它是个激素样分子，由脂肪产生，进到血里再进到下丘脑控制摄食行为。

7.2.1 穆勒五法

19世纪英国逻辑学家穆勒对归纳法作了第一次系统的阐述，提出了著名的探索因果联系的归纳方法——“穆勒五法”，这五种方法是对历史上求因果方法的比较严格、全面的总结。它们是一些比较简单的，但又具有一般性的方法。这五种方法是：求同法、求异法、求同求异并用法、共变法、剩余法。

7.2.1.1 求同法

人们在生活中观察到，新降的雪有40%～50%的空气间隙，若有堆积，就能保持地表温度；棉花疏松多孔，具有保温功能；泡沫塑料中间有很多小孔间隙，也能保温不传热。虽然积雪、棉花、泡沫塑料是完全不同的物质，其质地、形状、用途等各不相同，但它们都有一个共同情况，即疏松多孔。于是人们得出结论：疏松多孔的东西可以保温。

这个推断就是通过求同法得出的。

求同法的内容是：考察几个出现某一被研究现象的不同场合，如果各个不同场合除一个条件相同外，其他条件都不同，那么这个相同条件就是某被研究现象的原因。因为这种方法是异中求同，所以又叫做求同法。

求同法可用下列公式表示：

场合	有关情况	被研究现象
(1)	A,B,C	a
(2)	A,D,E	a
(3)	A,G,F	a
…	…	…

所以,情况 A 是现象 a 的原因(或结果)。

求同法的特点是“异中求同”,即在各种不同的情况中寻求唯一相同的情况。由于事物的相关因素往往是复杂的,很可能表面相同的而实非相同,或表面相异而实非相异。而且求同法没有考察所有场合,也没有考察各个场合中所有的情况,所以求同法得出的结论是偶然的。

要提高求同法结论的可靠性,就要注意以下两点:

第一,各场合是否还有其他的共同情况。人们在应用求同法时往往忽略了不同情况中隐藏着另一个共同情况,而这个比较隐蔽的共同情况又恰好是被研究现象的真正原因。例如,候鸟秋天南飞,春天北回。在诸种场合中,似乎只有气温的升降这一“共同情况”导致候鸟春来秋往,即气温的升降是候鸟迁徙的原因。但是科学家们怀疑这一结论,他们经过反复研究,发现在候鸟迁徙的诸场合中,除了气温升降这个“共同情况”外,还有一个被忽略的“共同情况”,即昼夜时间的增减(日照时间的增减)。通过进一步考察和研究,发现导致候鸟迁徙的原因正是昼夜的增减。

第二,要尽量增加可比较的场合。进行比较的场合越多,结论的可靠程度就越高。如果比较的机会较少,往往可能有一个不相干的现象恰好是它们共有的,人们便会产生误解。例如,某年高考,某校获得高分的 10 多名考生都在考前喝过蜂王浆。于是,有人据此得出结论,喝蜂王浆是考生取得优异成绩的原因。但是,后来对更多的在高考中取得优异成绩的同学进行考察,发现不是这么回事。

7.2.1.2　差异法(求异法)

有一次,法布尔在郊外的森林中发现了一只蛹,就带回自己的家中,很快蛹就孵化成一只雌蛾。雌蛾从蛹中孵化出来的当晚,几十只雄蛾从远处飞来,围着雌蛾转。法布尔反倒很奇怪,这些蛾子生活在 20 里外的森林里,雌蛾孵化的晚上,天那么黑,它是怎样找到雌蛾的呢?

雄蛾怎样找到新娘,法布尔做了很多实验,他用罩子把雌蛾罩起来,雄蛾还是能找到;他把雌蛾转移,雄蛾还是能找到;后来把雌蛾用玻璃罩严密封住,不让空气进去,雄蛾就找不到了,像没头的苍蝇乱飞乱舞,新娘就在身边,雄蛾就是找不到,它们有眼却看不见。如果把玻璃罩漏一点缝,雄蛾就会精神大振,一下扑向玻璃罩。

法布尔终于搞清楚了,是雌蛾发出的气味把雄蛾吸引到自己身边。法布尔把雌性昆虫发出的信息素叫性引诱素。法布尔揭开了雄蛾找到新娘是性信息素在起作用的谜团。这个结论就是用差异法得出的。

差异法的内容是:比较某现象出现的场合和不出现的场合,如果这两个场合除一点不同外,其他情况都相同,那么这个不同点就是这个现象的原因。因为这种方法是同中求异,所以又称为求异法。

求异法可用公式表示如下:

场合	有关情况	被研究现象
(1)	A,B,C	a
(2)	-,B,C	-

所以,情况A是现象a的原因(或结果)。

求异法的特点是"同中求异",它要求被研究现象出现的场合与不出现的场合中,只有一种情况不同,其余的情况完全相同。这一般只有在人工控制的条件下才能做到,因此,求异法的应用一般是以实验为基础的。求异法的结论要比求同法可靠得多。但是,求异法也不能保证它考察了所有的情况,其结论仍然是或然的。

应用求异法时应注意以下两点:

第一,两个场合是否还有其他差异情况。求异法要求,在被研究现象出现的场合和被研究现象不出现的场合中只有一个差异情况存在,其他情况必须完全相同。如果其他情况中还存在另一个差异情况,那么很可能它就是被研究现象的真正原因。例如,在对生物钟的研究中,医务人员注意到,同样的医疗措施得出不同的医疗效果,这往往与治疗的时间有关系。糖尿病人在早晨4时对胰岛素最敏感;人得传染病最可能死亡的时间与细菌最敏感的时间是一致的,约在早晨5时左右。由此,他们认识到在进行医学研究时,对试验组和对照组除了采取某种医疗措施或使用不使用某种药物外,还必须注意时间的相同,而不要由时间的不同而使其他情况不相同,从而导致错误的结论。因此,在使用求异法时应当严格遵守"其他情况完全相同"的要求。

第二,两个场合唯一不同的情况,是被研究现象的整个原因,还是被研究现象的部分原因。如果被研究现象的原因是复合的,而且各部分原因的单独作用是不同的,那么总原因的一部分情况消失时,被研究现象也就不出现的。只有找出被研究现象的原因,才能真正把握这些现象与被研究现象之间的因果联系。

7.2.1.3 求同求异并用法

人们在农业种植中发现,种植豆类作物(大豆、豌豆、蚕豆等)时,不用给它们施加氮肥,而且这些豆类作物还可以使土地的含氮量增加,而种植其他作物(小麦、玉米、水稻)时却没有这种现象。后来经人们研究,豆类作物的根部长有根瘤,而其他作物没有。因此人们断定,豆类作物的根瘤能够使土壤的含氮量增加。这一结论就是通过求同求异并用法得出来的。

在这个例子中,被研究对象是种植某些植物不但不需要给土地施氮肥,而且土地的含氮量还会增加。两组事例是:一组为正事例组,是被研究对象出现的场合;即种植豆类作物的场合,一组为负事例组,是被研究对象不出现的场合,即种植小麦、玉米、水稻的场合。在正事例组中只有一种共同情况,即豆类植物都长有根瘤;负事例组也只有一种相同情况,即非豆类植物都没有根瘤。在此基础上比较两个正负事例组的差异,即有无根瘤的差异,从而得出结论。

求同求异并用法的内容是:如果某被考究现象出现的各个场合(正事例组)只有一个共同的因素,而这个被考察现象不出现的各个场合(负事例组)都没有这个共同因素,那么这个共同的因素就是某被考察现象的原因。该法的步骤是两次求同一次求异。

求同求异并用法可用下列公式表示:

场合	有关情况	被研究现象
正事例组		
(1)	A,B,C	a
(2)	A,D,E	a
(3)	A,F,G	a
…	…	…
负事例组		
(1)	-,B,C	-
(2)	-,D,E	-
(3)	-,F,G	-
…	…	…

所以,情况 A 是 a 的原因(或结果)

运用求同求异并用法,要经过以下三个步骤:

第一步是比较正事例组的各个场合,得出凡有情况 A 就有现象 a 出现;

第二步是比较负事例组的各个场合,得出凡无情况 A 就无现象 a 出现;

第三步是比较正负事例组,根据有情况 A 就有现象 a,没有情况 A 就没有现象 a,推出情况 A 是现象 a 的原因。

纵观整个过程,实质上,第一步用的是求同法,第二步用的还是求同法,第三步用的是求异法。求同求异并用法是一种特殊的求异法,穆勒称做“间接差异法”。显然,较之求同法和求异法,求同求异并用法是一种更为先进的逻辑方法,它可以避免单一使用求同法或求异法的不足。但求同求异并用法在考察有关情况时可能忽视本是相关的情形,故而其结论也是或然的。

为了提高求同求异并用法结论的可靠程度,运用求同求异并用法时应注意以下问题:

第一,在正、负事例组中,应尽可能多地选择一些场合进行比较。因为比较的场合愈多,就愈能排除偶然因素的影响,愈能提高结论的可靠程度。

第二,对负事例组的各个场合,应尽可能选择与正事例组场合较为相似的来比较。因为负事例组中的场合在数量上可以是无限多的,有些与正事例组相差太远的负事例场合对探求被研究现象的因果联系不起什么作用,只有考察那些与正事例相似的场合才是有意义的。只有尽量提高正负事例组的相似程度,才能提高结论的可靠程度。

7.2.1.4 共变法

某个生产台灯的企业,第一季度的资金利用率为50%,利润是10万元;第二季度的资金利用率为55%,利润是11万元;第三季度的资金利用率为60%,利润是12万元;第四季度的资金利用率为70%,利润是14万元。该企业在管理、人员素质、生产设备等其他方面的情况没有改变。于是得出结论:资金利用率的提高是利润增加的原因。这一结论就是通过共变法得出来的。

共变法的内容是:在其他条件不变的情况下,如果某一现象发生变化,另一现象也随之发生相应的变化,那么前一现象就是后一现象的原因。

共变法可用公式表示如下:

场合	有关情况	被研究现象
(1)	A1,B,C	a1
(2)	A2,B,C	a2
(3)	A3,B,C	a3
…	…	…

所以,情况A是现象a的原因(或结果)

这种共变有以下三种情况:

第一种是同向共变。它是指如果作为原因现象的量一直递加,那么作为结果现象的量也随之一直递加。例如,在其他情况不变的条件下,潜水越深,压力越大;反之,潜水越浅,压力越小。

第二种是异向共变。它是指如果作为原因现象的量一直递加,那么作为结果现象的量则一直递减。例如,一定质量的气体,在其他情况不变的条件下,该气体所受的压强愈大,其体积就愈小;反之,该气体所受的压强愈小,其体积就愈大。

第三种是既同向又异向的共变。它是指如果作为原因现象的量一直递加,那么作为结果现象的量并不是一直随之递加,而是递加到一定程度后反而递减。例如,在炼铁时增加碳元素的比例会加大铁的硬度,从而增加铁的强度,但是碳元素增到一定量后就不能再增了,如果再增,铁就会逐步变脆,韧度降低,从而降低铁的强度。

共变法的特点是"同中求变",即在其他有关情况都保持不变的条件下,寻求唯一与被研究现象发生相应变化的情况。如果许多情况都在变化,就很难确定哪个情况与被研究现象有因果联系。显然,在自然条件下,要做到这一点是很困难的。因此,共变法通常是在人工控制的条件下应用的,因而其结论的可靠性程度也较高。但在最终的原因未得到证实之前,它的结论仍具有或然性。

为了提高共变法结论的可靠程度,运用共变法应注意以下几点:

第一,不能只凭简单观察来确定共变的因果关系,有时背后有着更深刻的原因,像李比希发现染料配方的故事。有时两种现象共变,但实际并无因果联系,可能二者都是另一现象引起的结果。如闪电与雷鸣。

第二,共变法通过两种现象之间的共变来确定两者之间的因果联系,是以其他条件保持不变为前提的。

第三,两种现象的共变是有一定限度的,超过这一限度,两种现象就不再有共变关系。例如,对农作物施肥,在一定限度内可以增产;但如果超过这个限度,就会适得其反。

7.2.1.5 剩余法

有一次,居里夫人和她的丈夫为了弄清一批沥青铀矿样品中是否含有值得提炼的铀,对其含铀量进行了测定。令他们惊讶的是,有几块样品的放射性甚至比纯铀还要大。这就意味着,在这些沥青铀矿中一定含有别的放射性元素。同时,这些未知的放射性元素只能是非常少量的,因为用普通的化学分析法不能测出它们来。量小放射性又那样强,说明该元素的放射性要远远高于铀。1898 年 7 月,他们终于分离出放射性比铀强 400 倍的钋。该元素的发现,应用的就是剩余法。

剩余法的内容是:如果某一复合现象已确定是由某种复合原因引起的,把其中已确认有因果联系的部分减去,那么,剩余部分也必有因果联系。

剩余法可用公式表示如下:

复合情况 A,B,C,D 与被研究的复合现象
a,b,c,d 有因果联系
B 与 b 有因果联系
C 与 c 有因果联系
D 与 d 有因果联系
所以,A 与 a 有因果联系

剩余法的特点是“余中求因”,即已知两个复合现象之间有因果联系后,把其中已确定了有因果联系的部分除去,再从剩余的结果中分析原因。由于剩余法不能保证将各种因果联系都研究穷尽,因而其结论也具有或然性。

应用剩余法时应注意以下两点:

第一,必须确知被研究的复合现象中的一部分现象(b,c,d)是由复合现象中的某些情况(B,C,D)引起的,并且剩余部分(a)不可能是这些情况(B,C,D)引起的;否则,结论就不可靠。

第二,复合现象的剩余部分(A)不一定是一个单一的情况,很有可能是个复合情况,在这种情况下,人们就必须进一步研究、探求剩余部分的全部原因。

7.2.2 假设演绎法

假设是指以已有的事实材料和科学原理为依据,对未知的事物或规律进行的推测论断。假设验证法就是指以假设作前提,再运用演绎推理的方法,从假设推论出可由经验验证的结论,再用实验进行检验和修正。人类对自然界的认识是永无止境的,我们在进行科学研究和探索时,永远存在一个广阔的未知领域,这就使假设验证法在科学研究和创造中有着重要的意义。

假设的验证与完善会形成假说。假设是经由直觉、想象和类比得出的初始设想,要经过逻辑上的论证,看其是否合理地解释了已知的经验事实。如果基本设想得到验证,这种假设就可经过修正、补充,形成一个完整的假说。假说是科学发现的思维形式,是人们根据已经掌握的科学原理和科学事实,对未知的自然现象及其规律性所作出的假定性解释和推断。假设演绎法就是首先对被研究对象的性质和规律提出假说,然后再运用演绎推理的方法,由假说推论出可由经验验证出的结论,再由实验进行检验和修正。如果说科学发现不存在普遍适用的发现模式,但却存在具有高层次意义上的认识模式。某些科学事实的直观发现也许不需要假说,但任何理论的发现都要经过假说的中间阶段。科学发展形势本身就是要经过从问题到假说,经过无数实验的检验而上升为理论的过程。

运用假设演绎法要注意以下几点:

其一，既尊重事实，又超越事实。在提出假设时，应尽可能充分地了解和掌握创造对象的情况，包括形态、构造、方法、原理、材料、功能等，了解得越细越好；在此基础上，提出自己创造性的假说；同时，又要超越现实，否则就谈不上创造。

其二，既要遵循现有的科学理论，又要不受它的束缚和限制。对现有科学理论应采取辩证否定的态度，对其科学性的一面应予以继承；对其不完善、不合理、不科学的部分，应敢于运用批判思维，对其进行验证和检验，要进行大胆地猜想与假设。

其三，既要善于坚持，又要勇于放弃。假说毕竟还不是科学事实，据此进行的创造既可能走上成功的坦途，也可能误入歧途。一个人一方面应有一种勇于开拓、勇于进取的气概，同时也应有当事实证明假说是错误时，急流勇退、及时修正的灵活性，这样才能坚持真理，发展真理。

假设演绎法的实施步骤如下：

第一步，假设的提出。先就一个现象产生的原因提出假设或猜想。

第二步，根据这个假设，推出如果条件改变会有什么结果。如第一个研究，根据鸟是通过记忆路途返回这个假设推论，如果出发时，不让它看见路途，重返回时就找不到家。第二个研究是根据鸟是借太阳光位置定位的假设推出，如果太阳光位置改变了，鸟要飞行的方位也改变。

第三步，假设的验证。设计具体的实验来实现条件的改变，看是否有预期效果出现。比如，第一个研究用镇静剂使鸟入睡，运走。第二个研究则设计了巧妙的实验装置，改变射入鸟笼的阳光的方位，如果出现了预期效果，假设就被验证了；相反，假设就被推翻了。

第四步是假设的修改和完善，直到它取得可靠知识的地位。

可见，假设验证法是首先对被研究的对象、性质或规律作出推测，推出假设，从假设中推出可验证法和结论，再用实验去验证它。运用这种方法可以使我们的创造成为更能动自觉的活动。尤其是当创造中，资料不充足，数据不完备，且缺少借鉴的情况下，这种方法可以为你提供一把打开创造之门的金钥匙。

科学家运用假设验证法进行科学研究，得到了许多重要的发现。例如，鸟类的归巢能力除了与太阳有关系，还与自然界的什么要素有关系呢？特别是鸟类如何在夜间迁徙。实际上，鸟判定方位是综合多种方式的非常复杂的过程。运用假设验证法加以研究。

解答1：有科学家还提出地球磁场方向会使鸟体内产生感应，鸟是靠地球磁场这个大罗盘来测定方位的。

做实验。在鸟的头上安上线圈，连接电池，人为地造成了北极指向南极的磁场。在阴天将鸟放出,实验会显示错误方向,本来应该向东北方向飞,现在就朝西南飞。

验证了鸟是靠地球磁场这个大罗盘来测定“方位的”这一假设。

解答2:鸟在测定航向时,视觉范围很重要,地平线是判定方向的依据之一。

做实验。如果看不到地平线会怎样呢?把一些鸽子从小放在地平线之下的大坑里,从来没有机会看到遥远的地平线。这些鸟不知道如何定向,虽然它也能看见太阳和星星。当这些鸟被带到数公里之外的地方放飞时,它们都迷了路。

“鸟在测定航向时,视觉范围很重要,地平线是个判定方向的依据”的假设也得到验证。

实际案例

鸟是怎样知道回家的路的

鸟类的迁移是一个十分吸引人的玄妙问题。科学家感兴趣的是鸟是怎样知道回家的路,即使它们飞到极遥远的地方,也能找路回家。曾有一些自作聪明的人认为:这些鸟所以能返回旧巢,可能是鸟对沿途有记忆,它们能照原来路线飞回。为了试验这个假设是否正确,有人曾预先给鸽子注射大量镇静剂,然后才运送它们,这些鸽子在某一遥远的地点苏醒后,它们同没有注射镇静剂的鸽子一样,都能返回旧巢。证明人们的这个假设是错误的。

20世纪50年代,德国学者吉斯达夫·克兰默认为,候鸟是借太阳位置来定向的。为了证实自己的假设,他设计了一个巧妙的试验来验证自己的假设。实验中,他把拟椋鸟(一种候鸟)放在一个特殊设计的鸟笼内,这个笼子有六个距离相等的窗,每一个窗都可以看见天空(如图7-2所示)。他发现笼中的鸟在迁徙季节都面向迁徙时所应飞行的方向:春季向东北,秋季向西南。然后,他决

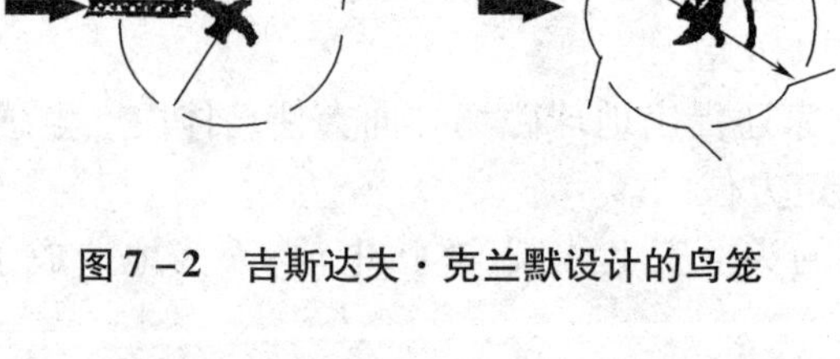

图7-2　吉斯达夫·克兰默设计的鸟笼

定试行将太阳“移动”，看鸟有什么反应。他将被实验的许多鸟放进一个只有一米光线射入的鸟笼，发现笼中的鸟都朝着同一个方向：这个方向就是它们若不被关就飞往的方向。他想，可能鸟把这束光线当做太阳的方向。然后以太阳为基本方位，调整出自己的飞行方位。到底是不是这回事呢？克兰默用一些可以调节角度的玻璃镜，将光线折射90°进入笼内，发现笼中所有的鸟也照相等的角度转身。结果证实了克兰默的假设。

思考练习题

1. 求异法的实例：秋末冬初街道两旁的响叶杨开始落叶。可是路灯下面的却迟迟不落，即使是同一棵树，也有这样的情况。这是为什么呢？人们最终就会想到这与路灯照射有关。请你列举其他的例子。

2. 下面这四个判明因果的实例为求同法、求异法、共变法、剩余法各一例，请分辨出每一例各属哪种方法。

(1) 农民张三在寻找自家地里庄稼生长不良的原因时，有施肥上、管水上、防治病虫害上、泥土翻整上、种子上的因素。他曾经怀疑是施肥上的原因。但当他了解到李四和自己一样施肥，而庄稼生长良好，所以他确定不是施肥上的原因。

(2) 接上例，张三也曾怀疑是管水上的原因。但当他了解到王五管水上的方法和自己不一样，但王五的庄稼和自己地里庄稼一样生长不良，所以他确定不是管水上的原因。

(3) 张三在寻找庄稼生长不良的原因时只有五个因素：施肥、管水、土地翻整、防治病虫害、种子。他用求同法、求异法等方法确定不是施肥上、管水上、土地翻整上、防治病虫害上的原因。既然不是以上四方面的原因，那肯定是种子上的原因。

(4) 冬春季节农民用塑料大棚种植蔬菜，当他们观察到棚内温度高时蔬菜就长得快，温度低时蔬菜就长得慢。从而得出结论：蔬菜长得快慢的原因是温度的高低。

3. 手机电池的充电效率与室内温度是否有关系？请提出一种假设，再设计实验来验证你的假设，并提出改进充电效率的办法。

4. 提出假说的初步设想时，一般不应过于强调思维的逻辑可靠性，而应多发挥思维的创造性。直觉、灵感和想象这类非逻辑思维形式在假说初步设想的提出中起着怎样的作用？

第3篇

创造技法篇

Chapter 8

联想法和类比法

本章关键词

◇ 联想法
◇ 图片联想法
◇ 焦点法
◇ 类比法

联想是一种科学的、丰富的想象过程,是指由一事物的表象、词语或动作想到另一事物的表象、词语或动作。比如,当你见到一个意志坚强的人就会联想到钢铁,而见到一个凶狠的人就会联想到豺狼。

8.1 联想法

引导案例

身体的潮汐

精神病学家高利伯有一次度假,在海边看到涨潮现象后使他突然联想到,都说人们身体也有一个海洋,会不会也有"身体的潮汐"呢?

由这一联想开始,他进行了研究,最后发现,每当月圆之夜,精神病院里病人的病情会加重,新入院的精神病人也会增加,特别是一些狂躁病人会情绪激动,无法平静。进一步研究发现,月亮的圆缺对人有明显的影响。月亮圆时,心脏病人的发病率增大,出血病人增多;肺病患者容易发生咯血现象;消化道出血的病人病情会加重,危险性增加，死亡率较平时更高。

高利伯通过联想所研究得到的这一系列发现在科学界引起了巨大轰动。

联想又分为自由联想和强制联想。自由联想就是不受拘束地随意联想，例如，由白天想到白云，由白云想到飞机等。强制联想则是有意识地限制联想的主题和方向。因此，所谓联想法，是通过一些技巧，或者激发自由联想，或者产生强制联想，从而解决问题的方法。

8.1.1 图片联想法

看到这张月圆的图片（如图 8－1 所示），会使人们想到什么？比如，“中秋节”、“嫦娥奔月”、“悲欢离合”……

图 8－1 月

看到一张图片而自然产生的联想，称为图片联想。图片联想法就是在解决问题时利用与所解决的问题本无关系的图片，产生强制联想，从而启发思维的方法。图片联想法的特点是：不用概念作刺激物进行联想和类比，而是用图片作为刺激物，发挥人的视觉想象力，在图片和需要解决的问题之间产生联想，进行类比，以获得创造性的设想。

8.1.1.1 图片联想法的功能

（1）视觉刺激更直接、生动。利用视觉形象做刺激物还可以使人比较容易地直接从形象思维进入问题，更符合人类思维的过程和状态。图片上的各个特征都是有特定意义的，在图片的启发下所产生的想法必然是新颖奇特、不同于旧思路的。在图8－2中,是蔬菜广告?还是造型艺术?这些来自意大利超市的创意图片还真能让人犯糊涂,但是我们也不禁感叹利用图片进行想象的无限创意。

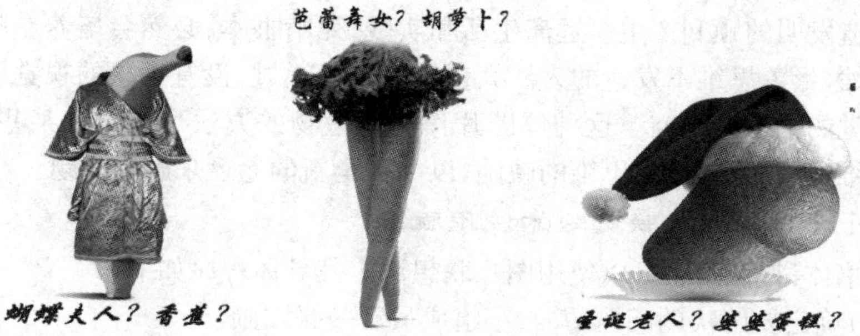

图8－2

(2)图片给予的视觉刺激有利于打破概念束缚。图片给人的视觉刺激是非常丰富的,更有助于人们产生大量的联想。因为用语言概念作刺激物,容易使人受抽象概念的束缚,受旧的暗示作用的影响,趋于习惯性的思路。利用视觉形象做刺激物则可以更远地离开要介绍的事物概念,通过看图片并理解这些图片,不再去想那些困扰心头的问题。图8－3中,大家可以一目了然"抄袭他人论文成果"的可耻后果。从一定意义上说,一张生动的图片比一篇成千上万字的明文规定所表达的含义深刻的多。

图8－3 抄袭他人论文成果

按理说,没有感知经验的积累,便不能上升到抽象的理性认识。但是,由于人们学习间接经验和知识的时机大大增加,往往在接受抽象的理性认识之前缺乏丰富的感性认识的积累。所以,一旦需要改进感性认识所直接涉及的事物时,脑子里只有抽象的符号,而直接的经验、生动的形象信息十分匮乏,这就阻碍了创造发明的顺利产生。远离生活和实践,死啃书本,必然会培养左脑发达、右脑萎缩、形象思维不发达的人。大哲学家康德说过,没有抽象的视觉谓之盲,没有视觉的抽象谓之空。这种以图片作为刺激物的方法可以帮助某些人改变旧的思维习惯,弥补抽象思维的缺陷,以一种全新的途径来解决问题。

8.1.1.2 图片联想法的使用程序

在集体讨论时,也可以使用图片联想法。其具体程序如下:

(1)确定要解决的问题,并给小组成员看一张图画。

(2)每个成员都用一两个句子描述他所看到的东西(远离要解决的问题)。小组成员努力把图片中的种种元素或结构与所要考虑的问题联系起来,并越来越详细地分析首先获得的印象,逐步完善自己的设想。

(3)当小组成员不再有设想时,看下一张图片,重复上面的过程。

小组最好在实施这个方法之前,将要解决的问题讨论一下,最后在设想产生后再交换一下好的设想,确定最优方案。

使用图形联想法时,挑选图形很重要,最好是与解决的问题相距很远又具有幽默感的问题。有的创造小组专门设计了一套图,如发明这个方法的德国巴赫勒—法兰克福的研究所就制作了专门的一套图。

例如,用图片联想法解决"如何改善新建住宅小区的集中供热系统的安装,又不降低舒适度"的问题。

首先,暂时远离问题,看一幅画。

刺激物(与问题无联系):一幅火车的图(如图8-4所示)。

图8-4 火车

其次,看到火车,我们能产生的什么联想呢?

a. 为了安全,火车需要有运行的时间表。

b. 火车的发明应用了空气动力学原理。

c. 火车的速度非常快。

d. 驾驶火车需要训练有素的专业人员。

e. 特殊基础设施,如火车站、铁轨等。

最后,回到要解决的问题,根据以上线索产生强制联想,提出解决小区安装供热系统的新设想:

根据 a,制定按每日或每周一循环安装供热系统的程序表。

根据 b,在房屋中,供暖设备的设计要应用热力学原理,以减少热损耗(如对流等)。

根据 c,两套供热装置中,一套根据室外气温达到一定温度时提供基本热量,另一套装置按要求使温度提高,如洗澡间的温度。

根据 d,提高供热设备维修和管理人员的业务素质。

8.1.1.3 图片联想法例题

请挑选一个图片(如图 8-5、图 8-6 所示),试着通过联想,解决计算机疲劳症的问题。

图 8-5

图 8-6

解题:根据图 8-5,得表 8-1。

表 8-1

产生的联想	得到的设想
A. 瀑布式的胡子——流动性	A. 可动的椅子,定时提醒做眼保健操
B. 常青树	B. 绿色的保护屏
C. 手杖——声音	C. 定时放音乐提醒休息
D. 遮目	D. 定时播放屏保
E. 腾云驾雾——轻松	E. 定时提醒工作者的疲劳程度
F. 卡通形象——活泼\天真	F. 使用幽默、童真的儿童语言编写眼保健操,听起来心情愉快.

根据图 8-6,得表 8-2。

表 8-2

产生的联想	得到的设想
A. 有支架	A. 设计支架式保护屏
B. 帽子	B. 戴一种帽子可刺激脑部穴位
C. 鸡和鸡蛋	C. 用鸡蛋清来敷眼睛消肿
D. 巧克力颜色	D. 定时黑屏
E. 海螺	E. 多吃海产品
F. 天线	F. 用天线把辐射引出去
G. 蘑菇	G. 养仙人球降低辐射
H. 脚	H. 足疗
I. 天外来客	I. 失重状态——放松
J. 大眼睛	J. 戴防护眼镜

8.1.2 焦点法

世界著名的建筑师伊罗·萨里曾经受环球航空公司的委托,在纽约肯尼迪机场设计一座建筑,他构思多日都未获得满意的方案。一天早餐时,他偶尔瞟了一眼放在桌子上的柚子——可能在大多数人的眼里,柚子和建筑没有什么联系,但对伊罗·萨里来说,那偶然的一瞥使他豁然开朗。他出神地盯住柚子左看右看,然后连早饭也没有吃完就急忙走进了设计室,想象的翅膀引领他进入了自由的创新天地。当建筑物竣工时,建筑界为之一振,赞誉萨里设计的建筑是"一种完全流体的式样,把弯曲和环转包含其内,使人想象到大鸟的飞翔"。

萨里的强制联想在创新设计中发挥了作用。所谓强制联想，就是把原本毫不相关的东西硬联系在一起，其结果有时很荒唐，有时却很有创意。

8.1.2.1 焦点法简介

焦点法是美国 C. H. 赫瓦德总结提出的一种创造技法。焦点法就是将要解决的问题作为焦点，随便选择一个事物做刺激物，通过刺激物和焦点之间的强制联想获得新设想、新方案的方法。焦点法也是一种强制联想法。

台湾小朋友翟梅发明的下雨自动关窗户装置就是通过强制联想法构思成功的。她的发明思路是这样的：首先通过窗户自动关闭这一要求联想到弹簧门，即应有一弹性张紧机构，下雨前窗户是开的，有一控制机构与弹性张紧机构平衡。该控制机构如遇下雨就变湿，结果失去控制，让窗户关上。什么东西干时能承受拉力，下雨时就失去拉力呢？由此，她联想到卫生纸。于是，她设计出这样一种装置：打开的窗户外侧用一束卫生纸系结，内侧用一束橡皮筋张紧，这就解决了下雨自动关窗的问题。

8.1.2.2 焦点法的应用步骤

焦点法的操作程序见图 8－7 所示。

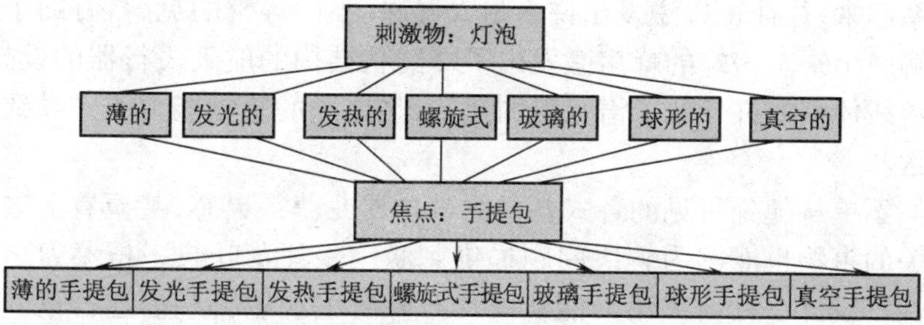

图 8－7 利用焦点法发明新式手提包

(1)确定发明目标 A，如要发明手提包。

(2)随意挑选与手提包风马牛不相及的事物 B 做刺激物，如挑选灯泡。

(3)列举事物 B，如灯泡的一切属性。

(4)以 A 为焦点，强制性地把 B 的所有属性与 A 联系起来产生强制联想。

通过新奇、有效的强制联想，就得到了一系列有关手提包的设想：发光手提包、发热手提包、电动手提包、插座式手提包、螺旋式手提包、真空手提包……有的可能很荒唐，有的则有一定价值。如果都不令人满意，还可以就其中一种属性产生进一步联想。

例如：

发亮——
白天——
云彩——
会变形——
会变色——
会形成雨——
会被风飘走——
悬浮感——
……
像云彩一样会变形的手提包
像云彩一样会变色的手提包
会下雨降温的手提包
会吹风的手提包
有悬浮感的手提包
……

自然界的一些现象看上去似乎与我们所要解决的问题风马牛不相及,但将它们联系起来,往往可以激发出许多耐人寻味、不同寻常的见解,有助于我们从困境中解脱出来。蜜蜂的蜂房激发出了蜂窝状结构的航天飞行器的设想,海豚光滑的流线体型或许导致了潜水艇的建造,响尾蛇的感觉能力或许导致了红外定向技术。

人们不单从随处可见的各式各样的事物那儿获得灵感,甚至看上去与问题完全无关的事物也能够为解决问题提供刺激。一片草叶与一把菜刀之间有什么相似性?设计一种新式菜刀能从一片草叶身上汲取哪些启迪?草叶呈墨绿色,有根须,雨水落在上面就会滚下(不透水),并且还是生长的、活的等。草有颜色或许启发我们设计一把彩色菜刀;草有根须或许启发我们设计刀架、钩扣或皮条连在菜刀上,使菜刀"植根"于厨房这片沃土,以免丢失或孩子拿着玩;水珠总是从草叶上滚落这一属性启发我们将刀面抛光镀铬,使之防水防锈;草是活的或许可以启发我们设计一种可以伸缩或可以折叠的菜刀。要看到草叶与菜刀之间的联系,必须发挥我们的创造想象力。一个审慎而又富于创造力的问题解决者不仅能够联想出互不相关的项目之间的联系,而且能够联想出它们之间新颖的、富于独创性的联系,从而导致问题的创造性解决。

强制联想可以把任何毫无关系的事物强拉在一起。乍一看好像非常荒唐,其实是打开了事物的联系之网,提供了发现相似性和相反性的可能和机会,有助于打破原有的固定联系,建立新的联系。

运用强制联想法必须思路开阔，善于把握事物之间的共同之处和彼此之间的关系，善于调动你记忆中的所有储备。另外，还要善于从毫不相干的事物之间透过现象分析，找到其中隐蔽的相似之处，展开联想。所以，我们在平时要多看、多想、多在脑中放一些供联想的事物。有时也许只是一句话、一个故事、一次游戏，就会激发我们发明的灵感。

8.1.2.3 焦点法运用例题

例题：以任一物品作为刺激物，设计新式帽子。

解题：选择字典为刺激物。

第一，选择刺激物 ——字典。

第二，列举字典的特性——字母排列；笔画排列；解释词意；页码；外文翻译（双解）；地名和人名；度量衡；历史年代；成语；专业术语。

第三，将字典的特性强制性地与帽子结合，提出各种设想——

发明标有字母的帽子，人们可根据姓氏的第一个字母购买帽子，使用时方便认知。

由笔画想到谜语和拼图游戏发明可拼接的帽子，不戴时可拆了玩。

设计有不同含义的帽子，如情人帽、母子帽、兄弟帽、姐妹帽、老乡帽、战友帽等。

由页码想到一页一页地翻，可设计能层层揭下外皮的帽子，让帽子每天换一个花样。

设计印有外文单词的帽子和能说外语的帽子，帮助学习外语。

以成语为意境设计帽子，如海枯石烂帽、盘马弯弓帽、心心相印帽等。

受各专业精神的启发，产生设计灵感，如受数学启发，设计的帽子所有的尺寸暗含某个数的倍数；由建筑专业想到设计积木块帽子。

实际案例

仿生椅

人们将某些生物的形态或功能与椅子联系起来，获得灵感，就有了仿生椅，这样的家具不但具有原来的功能，还增加了趣味性和可爱性（如图 8 - 8 所示）。

图8-8　仿生椅

思考练习题

1. 请对以下几组词进行联想，尽量想出多种联系来。

①老鹰——橘子；②天山——电话；③书架——星星；④劳动——拖鞋；⑤小刀——键盘；⑥资料——路灯；⑦电影——水龙头；⑧苹果——手机；⑨北极熊——太空；⑩月球——饮料。

2. 就餐时使用餐巾可以避免洒落的食物污染衣裤，但不能防止污染地面(地毯)。因此，有人曾发明一种胸部装有像手风琴一样折叠式的围嘴。这种围嘴设计新颖，对儿童十分适用，但给大人使用却不美观，看来传统的餐巾不能丢。你能设法改进吗？

3. 请在下面列出的事物中随便选择一个做刺激物，使用焦点法发明或设计新式办公桌。

A. 礼帽　　B. 篮球　　C. 冰淇淋　　D. 兔子

4. 运用焦点法为长期伏案工作的人设计一种防治颈椎病和腰椎病的新式办公桌椅。

5. 请从下面的图片(如图8-9所示)中挑选一个作为刺激物，产生联想，解决眼镜易碎又易丢失的问题。

图8-9　刺激产生联想的图片

8.2 类比法

引导案例

海鸥侦察机

海鸥是最常见的海鸟,甚至人们一提起海鸟就会很自然地首先想到海鸥。在海边、海港,在盛产鱼虾的渔场上,人们都可以看到成群的海鸥欢腾雀跃,它们有的悠然自得地漂浮在水面上,有的游泳、觅食,有的低空飞翔。它们飞起来就像离弦之箭,在空中直击海面,瞬即又腾空而起,海鸥的飞行本领是有目共睹的。

来自美国佛罗里达州大学的工程师里克－林德(Rick Lind)从海鸥身上得到启发,研制出一种能够在高层建筑周围穿越,同时又俯冲于林荫大道的远程遥控侦察机,适用这种环境的远程遥控侦察机迎合了现代战场的需要。图8－10中林德手拿的侦察机原型,充分利用了海鸥可在肩部与肘部灵活弯曲翅膀的能力特点。笔直的肘部在最大程度上可提高侦察机的稳定性,肘部以下部分则提高飞机在骤降、俯冲和翻滚时的机动性。①

图8－10

① http://it.sohu.com/20081024/n260223983.shtml.

最常见的类比就是比喻,如我们常把小孩的脸比做苹果。更高级的类比就是隐喻。隐喻是一种暗含的比喻,比如说人生是个舞台。隐喻是一种心理机理,缺乏具体性,所以几乎是不能言传的,而是通过直接类比、亲身类比、符号类比、幻想类比等具体操作表现出来。

8.2.1 直接类比法

8.2.1.1 直接类比的原理

类比(Analogy)一词最开始是数学家用于表示比例关系方面的相似性,后来又扩展到作用关系方面的相似。直接类比的思维过程分为两个阶段。第一阶段:把两个事物进行比较;第二阶段:在比较的基础上进行推理,即把其中某个对象有关的知识或结论推移到另一对象中去。

飞行器自动控温系统的发明就经历了观察、分析、推理、类比、模仿等多种思维方法,但是核心的方法是类比(如图8-11所示)。许多发明来自捕捉与解决问题类似的情境,然后将该情境中有用的原理直接类推到要解决的问题之中,这就是直接类比。

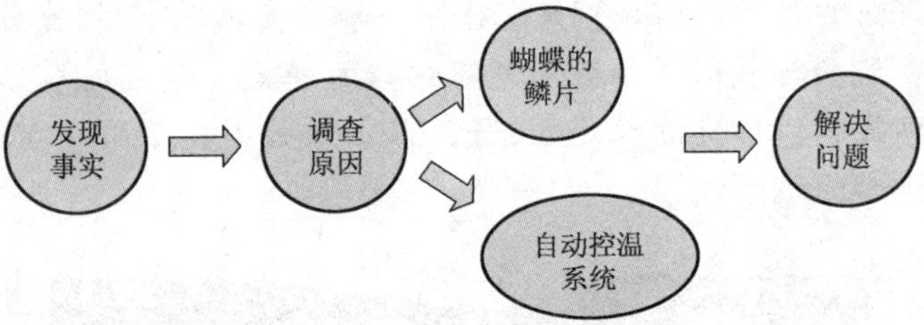

图8-11 飞行器自动控温系统的发明

科学史上,有不少科学家应用类比方法提出重要的科学假说,有力地促进了科学的发展,也有的科学家应用类比方法获得了科学发现和技术发明。比如,德布罗意和薛定锷根据光学中的费尔马原理与经典力学中的莫泊图原理的相似性,从光具有波粒二象性类推出物质粒子也具有波粒二象性,建立了波动力学。事隔4年,他们大胆的预言和推论都被实验证实了。

运用直接类比法,主要通过描述与创造发明对象相类似的事物和现象去形成富有启发的创造性设想。直接类比是事物之间的类比,在技术发明中最经常使用的思路是将创造对象与其他事物进行类比。人类从动植物获得灵感的直接类比又叫仿生法。雷达、飞机、电子警犬、潜水艇等科技产品都是模仿生物体的结构和功能发明的,所以又叫结构模拟法和功能模拟法。

8.2.1.2 直接类比的种类

(1)外形类比。为迎接2008年北京奥运会,国家游泳中心启动了"水立方"设计方案。该方案由中国建筑工程总公司、澳大利亚 PTW 建筑师事务所、ARUP 澳大利亚有限公司联合设计。

这个看似简单的"方盒子"是由中国传统文化和现代科技共同"搭建"而成的。在中国文化里,水是一种重要的自然元素,并能激发起人们欢乐的情绪。国家游泳中心赛后已成为北京最大的水上乐园,所以设计者针对各个年龄层次的人,探寻水可以提供的各种娱乐方式,开发出水的各种不同的用途,他们将这种设计理念称做"水立方"(如图8-12所示),希望它能激发人们的灵感和热情,丰富人们的生活,并为人们提供一个记忆的载体。

图8-12 国家游泳中心"水立方"

为达到这一目的,设计者将水的概念深化,不仅利用水的装饰作用,而且利用其独特的微观结构。基于"泡沫"理论的设计灵感,他们为"方盒子"包裹上了一层建筑外皮,上面布满了酷似水分子结构的几何形状,表面覆盖的 ETFE 膜又赋予了建筑冰晶状的外貌,使其具有独特的视觉效果和感受,轮廓和外观变得柔和,水的神韵在建筑中得到了完美的体现。

(2)结构类比。航天飞机、宇宙飞船、人造卫星等太空飞行器要进入太空持续飞行,就必须摆脱地心引力,这就要求运载它们的火箭必须提供足够大的能量。

为了使太空飞行器达到第二速度,运载火箭就必须提供相当大的推力。因为运载火箭上带有推进剂、发动机等沉重的"包袱",但如果飞行器自身重量轻,就可以大大减轻运载火箭身上的"包袱",也就能使太空飞行器飞得更高、更远。

为减轻飞行器的重量,科学家们绞尽脑汁,与太空飞行器“斤斤计较”。但要减轻重量,还要考虑不能减轻其容量与强度。科学家们尝试了许多办法都无济于事,最后,还是蜂窝的结构帮助科学家们解决了这个难题。

大家都知道,蜜蜂的窝都是由一些一个挨着一个排列得整整齐齐的六角形小蜂房组成的(如图 8－13 所示)。18 世纪初,法国学者马拉尔琪测量到蜂窝的几个角都有一定的规律:钝角等于 109°28′,锐角等于 70°32′。后来,经过法国物理学家列奥缪拉、瑞士数学家克尼格等人先后多次的精确计算得出:消耗最少的材料制成最大的菱形容器,它的角度应该是 109°28′和 70°32′,和蜂房结构完全一致。

图 8－13　六角蜂窝

蜂窝的这种结构特点不正是太空飞行器结构所要求的吗?于是,在太空飞行器中采用了蜂窝结构,先用金属制造成蜂窝,然后再用两块金属板把它夹起来,就成了蜂窝结构。这种结构的飞行器容量大、强度高,且大大减轻了自重,也不易传导声音和热量。因此,今天的航天飞机、宇宙飞船、人造卫星都采用了这种蜂窝结构。

(3)功能类比。蚂蚁在出去寻找食物的时候,会时不时地返回蚁巢重新调整导航系统,以防迷路。蚂蚁不但通过路标来确定方向,还拥有一种名为“路径整合器”的备份系统。该系统会对其走过的距离进行测量并通过体内的罗盘不时地重新测算蚂蚁所在的位置,这使蚂蚁即便在离开巢穴时走过的路跟迷宫一样,也能找到直线返回巢穴的路径,以减少路程(如图 8－14 所示)。

现在科学家正在利用这一理念制造出更智能的机器人(如图 8－15 所示)。苏黎世大学的马库斯·克纳登教授指出,如果从蚂蚁那里学到路径整合以及识别路标的知识,就能将这些知识应用到自动化机器人身上。其中,包括在重要位置重新设置、调整导航系统,这能使机器人在辨别方向上的性能更加可靠。

图8-14　蚂蚁

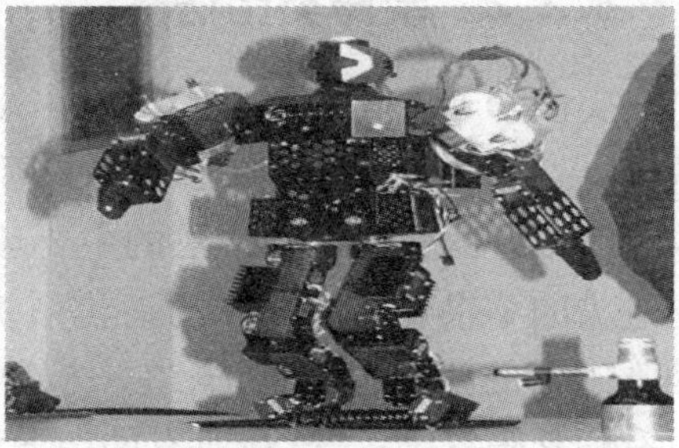

图8-15　智能机器人

8.2.1.3　使用直接类比解决问题的程序

第一步,根据要解决的问题,想一想世界上还有什么事物与要解决的问题具有同样的功能。

第二步,那个事物的功能是如何发挥的(原理)。

第三步,将那个原理运用到要解决的问题中。

第四步,完善这个设想。

例题:老鼠是人类的敌人,人类常用的灭鼠方法是用鼠夹。但旧式的鼠夹响声太大,老鼠们学乖了,不再靠近鼠夹。所以,有必要发明一种无声捕鼠器。

解答:因为无声捕猎只能发生在动物界和植物界,无生命的世界还谈不上捕猎。

第一,寻找能满足这种需要的动物和植物。

想一想,什么生物能无声地捕猎?青蛙、蛇、蜘蛛、壁虎、猫、蝙蝠、猪笼草、狸藻、毛毡苔……

第二,弄明白其中的原理。

这些生物无声捕猎的原理是什么?青蛙靠舌头卷、蛇靠蛇芯子一伸一缩、壁虎靠变色伪装、猫靠脚上的肉垫、蝙蝠靠特殊的在黑暗中能看东西的超声波系统、蜘蛛靠网粘住猎物、猪笼草靠用蜜液引诱昆虫、狸藻靠茎上小囊口倒生的只能进不能出的刚毛、毛毡苔靠叶上分泌的带有甜味和香味的黏液……

第三,模仿这个原理提出设想。

借用上述原理提出方案:设计入口处有倒刺的捕鼠器;设计活动门略长于门框,老鼠只能进不能出的捕鼠器;发明分泌香味既能引诱老鼠,又能粘住老鼠的捕鼠器;发明利用超声波技术捕鼠的工具……

第四,完善这个设想。

8.2.2 亲身类比法

美国学者鲍勃·麦金和比尔·威波兰克提出了一种培养学生想象力的方法,叫做“苹果之旅”。该方法在美国斯坦福大学视觉思维课程上进行了试验,收到了很好的效果。该方法的主要环节如下:首先,闭上眼睛,放轻松……你刚吃进去的苹果现在正在你的消化系统中消化,苹果变成了你,想象你就是刚才被吃进去的苹果,想象你长在一棵苹果树上,深吸一口气,呼出来。呼气时,把所有的紧张统统抛开,让所有的杂念沉寂下去……你感觉到温暖的阳光照在皮肤上,柔和的轻风吹拂着,天空湛蓝,阳光渗入你——苹果的身体里,感觉妙极了。你可以听见树叶被微风吹得沙沙作响,闻到渐趋成熟的苹果的甜甜香气,你成为大自然的一部分,感觉真好……

这一试验使许多参与者深有感触:当你的身心随着想象溶入大自然,脱离了固有的躯体,随所遇而成形,你会感到你的思维无比的自由,感观无比的清新,你仿佛活跃在无比宽广的奇幻世界里,身心无比舒坦。在这个训练想象力的试验中,要求学生把自己比做苹果,就是运用亲身类比的方法。

当人们研究一个发明对象时,会把已经知道的物品或曾经看到的某种现象同正在研究的对象联系起来,加以比较,并从中受到启发。这种把别的事物的道理类推到这个事物,或者模仿和借鉴某种技术解决现在的难题的方法就是类比。类比法就是运用类比推理,打开思路,解决新的问题,创造新的东西的方法。联想之后往往随之进行类比,因此,很难将联想和类比区分开来,但是作为联想法和类比法,二者在技巧上还是有许多不同。

亲身类比又称拟人类比,即把自身与问题的要素等同起来,从而帮助我们得出更富创意的设想。在这个过程中,人们将自己的感情投射到对象身上,把自己变成对象,体验一下作为它会如何,有什么感觉。这是一种新的心理体验,使个人不再按照原来分析要素的方法来考虑问题。

8.2.2.1 亲身类比的特点

世界上的事物尽管千差万别,但并非杂乱无章,它们之间存在某种程度的对应与类似。如果我们能善于在异中求同、同中见异,就可得到创造性的成果。

SCUM 在这里用来指那些一坨一坨、无以为形、无以名状的泡沫多元聚酯胶。一个人如果变成它,会有什么感觉呢?这个人会觉得:我(SCUM)是残渣、底层泡沫、快速成型。外形就像电影《异形》中的外星生物一样,会令人厌恶,让人躲避;也像病毒吞噬细胞一般令人恐惧。但如果使用鲜艳的色彩进行装饰,也是非常可爱的;如果把我打扮成毛茸茸的动物,小朋友一定会喜欢我。

这是设计师杰斯基的个人创作，看过 SCUM 的人往往无法在恶心或喜爱之间作决定。它让人联想到一切令人不愉快的分泌物，但是它那明亮的色彩和幽默的造型（有时像水母，有时像垃圾山）却又让人忍俊不禁（如图 8－16 所示），同时还能读到那种街头痞子特有的不屑和挑衅，游戏般强调瞬间的本能，以及一个艺术家对造型的精密考虑。设计师创作时，以“我就是它”会给看见它的人什么感觉的心态来塑造，便是运用了亲身类比。

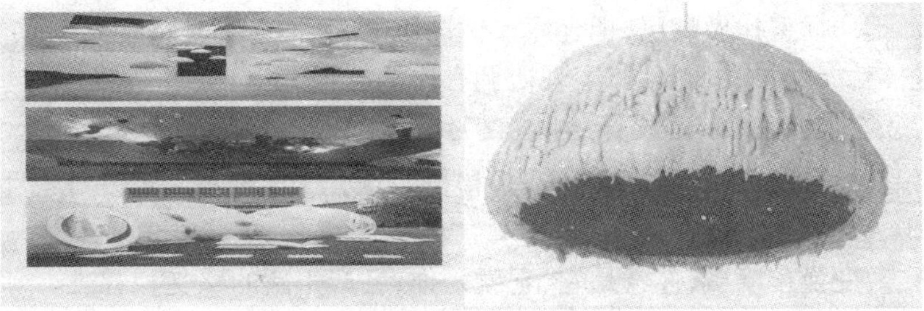

图 8－16　装点后美丽的 SCUM

运用亲身类比，最简单的做法就是问“假如我是它，我会……”这是一种移情，又叫拟人化。即把要解决的问题、面对的事物人格化，使无生命的东西有了生命。

比如，“假如我是铅笔，我想变成什么？”把自己比做铅笔，想象一下自己的感受，这样的体会过程使设计师对铅笔的看法与过去相比有了不同，设计师说：“我想让自己变成项链”、“我想让自己变成一把锁”、“我想让自己变成麻花”，于是，一连串的创意喷涌而出。要记住，这些精美的设计都来自“假如我是它，我会……”这样的思考能激发人的情感，启发人的智慧，促使人提出独特的设想和解决问题的方法。

所以，在创造发明中，如果我们能故意用自我欺骗的方式，通过拟人化和移情，把自身的性格、情感、感觉与课题对象（或问题因素）等同起来，这就是亲身类比。亲身类比使我们看问题的角度变了，感受也就不一样了，从中获取关于对象（或问题因素）的全新感受和深刻见解，能帮助我们最终产生创造性设想。

拟人类比在我国古代典籍中屡见不鲜。《易经》的“天行健，君子以自强不息”就是一种天人合一、万物一理的拟人类比。文学艺术中的拟人类比更是随处可见。例如，把祖国比做母亲，把美丽的姑娘比做鲜花。科学上，拟人类比的例子也是不胜枚举。凯库勒在梦见一条蛇咬住自己的尾巴后，提出了苯分子环状结构理论。设计机械装置时,常把机械看做人体的某一部分,进行拟人类比,从而获得意外的收效。比如,挖土机的设计就是模仿人的手臂动作:它向前伸出的主杆如同人的胳臂,可以上下左右自由转动;它的挖土斗好比人的手掌,可以张开、合起;装土斗边的齿形好似人的手指,可以插入土中。挖土时,手指插入土中,再合拢、举起,移至卸土处,松开手让泥土落下,这是局部的拟人类比各种机械手的设计也是如此。整体的拟人类比就是各种机器人的设计。这种拟人类比还常用于科学管理中,比如,把某工厂的厂办比做人脑,把各车间比做人的四肢,把广播室比做嘴巴,把仓库比做内脏等,从而按人体的正常活动管理全厂。这样就能及早发现问题,实现协调有序的管理。

8.2.2.2 **亲身类比使用的程序**

第一,把自己比做要解决的问题(移情),或让无生命的对象变成有生命、有意识(拟人化)的对象。

第二,变换角度后,你就是它,它就是你,会产生新的感受和看法。

第三,根据上述感受提出新的解决办法。

第四,恢复到原来的状态,评价设想的可行性。

曾有一家工厂要改进原来生产涂料的配方,使涂料能更好地黏附在白灰墙的墙面上,但试验了许多配方都不理想。一位技术人员用亲身类比法提出了解决问题的方案。

他想:我是一滴涂料,刚刚被涂到白墙的表面上。我喜欢白灰墙的表面,因为我知道,我只能在这里为自己建造一个临时住所,但我处于恐慌之中,因为我在跌落、跌落……我试图挤到墙里面去,我就要被杀死了!我用我的手抓一个像样的支撑物,但我在滑落,越来越快!我不能抓到支撑物了……

这样的亲身类比后,他又重新回到了现实的自我状态中,知道了涂料需要有一双有渗透力、能"插"到白灰墙里的"手",这实际上意味着涂料里应有一种溶剂,它能与结合力差的白灰相结合或渗透其中,又能使涂料也随着结合渗透进去。

根据上述思路,这位技术人员终于试制出了一种渗透性很强的新型涂料。

例题:某罐头厂要设计一种榨果汁的机器。试用亲身类比法提出设想。

解题:工厂的技术人员在提出设想时,运用亲身类比法,把自己设想成橘子瓣中的一个小液泡,然后问自己:"我怎样才能从包围我的胞壁中跑出去呢?"从而得到一些有趣的想法。

甲说:气球里的空气是怎么样跑出去的?使劲挤压,把气球压破了,空气就跑出来了,那么,谁来挤压我呢?可以找一个大重砣压在我身上,"啊!好重呀,我都有喘不上气了。”换种方法怎么样?

乙说:把包围我的细胞壁冻一下,它变脆了,一碰就破,我就跑出来了。不过这样容易把我也冻坏。

丙说:用绳子拴个石头抓在手里,在头上转几圈,一松手,小石头就飞了。如果也给我这样的离心力,就像有什么从背后推了我一把,帮我冲破细胞壁的包围跑出去。

罐头厂采用了丙的设想,设计出了离心式榨果汁机。

8.2.3 幻想类比法

幻想类比法就是将幻想中的事物与要解决的问题进行类比,由此产生新的思考问题的角度。例如,要设计能自动驾驶的汽车,人们想到神话中用咒语启动地毯的故事,由此启发人们运用声电变换装置实现汽车的自动驾驶。

8.2.3.1 幻想类比的创造机制

借用幻想、神话和传说中的大胆想象来启发思维在许多时候是相当有效的。在这里,首先要强调的是,幻想类比只是运用幻想激发想象力。幻想就像帮助我们过河的“垫脚石”,只是一个工具,幻想并不是我们马上要实现的目标。

8.2.3.2 运用幻想类比的操作步骤

第一步,根据要解决的问题,想一想有什么幻想故事和大胆的传说。

第二步,这个故事和传说中使用了什么新奇的想法。

第三步,根据上述想法受到的启发提出新的解决办法。

第四步,评价设想的可行性。

尝试解决好像不可能实现的理想状态也是需要幻想类比的。

建筑师幻想当屋主离开屋子时,住宅屋门会自动关闭,在周末屋主来临时,又会张开,怎样解决这个问题呢?郁金香因阳光作用会自动地绽开和闭合,自动化的车库大门也能做到自动开启。牵线木偶也能在人的控制下做各种动作。建筑师想:如果有一个小人国里的人帮助自己开启门窗该有多好啊。最后,建筑师从牵线木偶那儿借鉴灵感,使用绳索和滑轮来升降百叶板。升降体系做成重量均等,因此,在平台上的人体重量就可以掀起屋面,屋面降低时,平台升到原位。平台的开、闭应用弹簧闩固定。

8.2.3.3 幻想类比法运用案例

著名哲学家艾赫尔别格曾经对人类的发展速度有过一个形象的幻想比喻。他指出,在到达最后 1 公里之前的漫长的征途中,人类行进的道路十分艰难崎岖,虽侥幸穿过了荒野和原始森林,但对周围的世界万物茫然一无所知。只是在即将到达最后1公里的时候,人类才看到了原始时代的工具和史前穴居时代创作的绘画。他接着描绘道,在最后的赛程里,人类看到难以识别的文字,看到农业社会的特征,看到人类文明刚刚透过来的几缕曙光。离终点200米的时候,人类在铺着石板的道路上穿过了古罗马雄浑的城堡。离终点还有100米的时候,在跑道的一边是欧洲中世纪城市的神圣建筑,另一边是"中央之国"的四大发明的繁荣场所。离终点50米的时候,人类看见了一个人,他用创造者特有的充满智慧和洞察力的眼光注视着这场赛跑——他就是达·芬奇。剩下5米了,在这最后冲刺中,人类看到了惊人的奇迹,电灯光亮照耀着夜间的大道,机器轰鸣,汽车和飞机疾驰而过,摄影记者和电视记者的聚光灯使胜利的赛跑运动员眼花缭乱……

在这里,艾赫尔别格运用了丰富的幻想,将漫长的人类历史即所谓的"最后1公里"栩栩如生地展现在人们面前。

8.2.4 符号类比法

符号类比法就是通过逆向思考、浓缩矛盾等技巧,在抽象的语言(符号)与具体的事物之间反复建立新联系,从而从原有的观点中超脱出来,得到丰富、新颖的主意的方法。

符号类比运用了两面神思维:对立事物的结合预示着矛盾,而且是自相矛盾。在科学研究中,碰到这种矛盾对立的现象时却往往预示着将会有新的突破。

8.2.4.1 浓缩矛盾的技巧

矛盾就是指对立的事物和概念,如冰雪和火山、冷酷和热情。浓缩是指抽象的概念、词语和符号。符号类比中的"浓缩矛盾"(Compressed Conflict)或称"简约反差",即用精练的、紧凑的、利落的语言形式去表达相互对立的、矛盾的属性。比如,粗心的担忧、痛苦的微笑、笔直的弯曲、摇摆的稳定等。

莎士比亚在一幕悲剧中使用了短语"被俘虏的胜利者",以描写一个靠魔鬼帮助取胜的人是自己罪恶的俘虏。科学家们使用浓缩矛盾"安全攻击"给法国科学家巴士德(Pasteur)一个启发,他通过给病人注入少量的病菌来阻止病人的病情恶化,因为人体会变得适应那些病菌。用小病去替代死亡,这就是"安全攻击"。

掌握浓缩矛盾的技巧有哪些重要的意义呢?那就是学会一种两面神思维方式,以解决复杂的问题。这种浓缩矛盾的基础训练应从以下两个方面展开:

第一,从抽象概念到具体事物。训练从浓缩的矛盾的词意中联想具体的事物。一个缩简的自相矛盾的词能描述的不止一个事物。例如,“庞大的精确”能形容一头大象用鼻子捡起一粒花生。同样的词又能形容一架巨大的电视接收系统或一台大型电脑。这完全决定于人们自己特别的大脑如何去想象它。第二,从具体事物到抽象概念。训练由具体的事物概括出一个矛盾短词。用矛盾短语概括事物的方法,是先找一个词,概括你要解决的问题,再寻找这个词的反义词,把它们组合在一起。比如,你要解决的问题是打公用电话不卫生的问题。要用一个抽象的概念概括这个问题,就是“肮脏”。

摆弄词组之所以能够产生新的设想,就是因为语言本身也是一个“陈旧的隐喻”的巨大贮藏库。它的丰富内涵可以通过各种方式得到扩展和挖掘。例如,古希腊人常用琥珀制作爱情护符,确信戴着这种护符的人可以引来爱人。他们发现,摩擦琥珀可以吸引羽毛、线头等小东西,摩擦时会有火花。他们就把这种摩擦起点的现象叫做“elektron”,来自希腊语“elektor”,意即“发光的太阳”,进入拉丁语后写做“electrum”,英语演变为“electricity”。因为电的首次产生是同皮毛与琥珀的摩擦相联系的。19 世纪电磁理论发展及电力技术的运用又使电这个词包括了震颤或激起麻感的含义。所以,只要我们仔细琢磨每个词意的来历,就会有许多深藏的东西可供发挥。

自相矛盾在创造性思考过程中具有重要的作用,因为它能同时容纳两种不同甚至是对立的见解。实际上,正是这种情况会刺激人们走出狭隘的思维轨道,迫使人们对已有的假设产生怀疑,从而经常会带来科学上的重大突破。有人曾在无意中听到著名物理学家玻尔在处理难题时说:“我们遇到自相矛盾的问题,真是棒极了,现在我们有希望获得一些进展了。”

8.2.4.2 符号类比法的具体操作程序

采用符号类比法时,可运用以下技巧解决问题:

第一,从具体到抽象,把要解决的具体问题用抽象的概念表达。

第二,找到它的反义词,把两者联系在一起就构成了矛盾短语。

第三,从抽象到具体,玩弄词句,受这个矛盾短语的启发,联想到其他具有这种对立性质的事物。

第四,通过大量列举,发现有价值的对象,分析其原理。

第五,借助其原理,产生直接类比,形成新的解题方案。整个过程是以符号(主要是语言符号)为中介的类比,因此,叫符号类比法。

在创造中,我们如果有意识地运用这种矛盾词语组合的“符号类比”方法,一定会开阔思路,独辟蹊径。

例题:运用符号类比法,创造新的建筑房屋和架桥的方法。

第一步,什么动物植物会建屋架桥?

第二步,分析它们建屋架桥的方法。

第三步,用对立矛盾的词来形容这一过程。

第四步,选择其中一组词,由这组词产生新的联想,还有什么事物符合这组词所描写的状态。

第五步,运用动植物的这一原理,发明一种新的房屋或桥梁。大胆运用,不要怕荒唐。

第六步,修改、完善设想,使设想变得可行。

解答:

A. 伸缩桥

第一步,想到非洲和澳洲的白蚁能用泥土筑成几米高的塔形的巢。

第二步,它们建屋架桥的方法是:白蚁先堆起两根下粗上细的泥柱,再推动泥柱的顶端,使两个柱头粘在一起,如此反复工作,便堆成一个大土堆,再把土堆加高,就成了塔。泥柱连接后成拱形结构,符合力学原理,负荷量大,结实。

第三步,由泥土的特点和建成后的拱形结构的特点想到:柔软的坚硬,由泥柱连接前后的特点想到:直立的弯曲。

第四步,选择"柔软的坚硬",由此联想到软体动物的触角,虽然很柔软却不易受到伤害,其原因在于受攻击时,触角能很快地收缩,而在安全时又能伸出来。

第五步,运用动植物的这一原理,发明一种类似天线那样的可收缩式房屋。由数节渐次变细的钢管和配件连在一起,不用时可收缩。

第六步,修改、完善设想。考虑到建屋的过程可以横向展开,也可以纵向展开,设计能与主结构连接的墙板、楼板和相应部件。收缩屋作为一种可移动式建筑,是固定式建筑的补充,既可独立,也可附加在固定式建筑上,因此还要考虑固定方式和连接方式的设计(如图 8－17 所示)。

第七步:画出图并建造模型。

B. 汽车桥(如图 8－18 所示)

第一步,联想到猴桥,众多猴子互相抱紧了,从一棵树到另一棵树,那么,由一个猴子来采集树冠边的水果时,就可便利地享受水果。

第二步,这种桥的诀窍在于每个猴子用自己身体的拉力和扭力来形成一个悬索结构的桥梁。

第三步,用矛盾的词来描述这种桥,就是"费劲的便利",猴子搭桥很费劲,

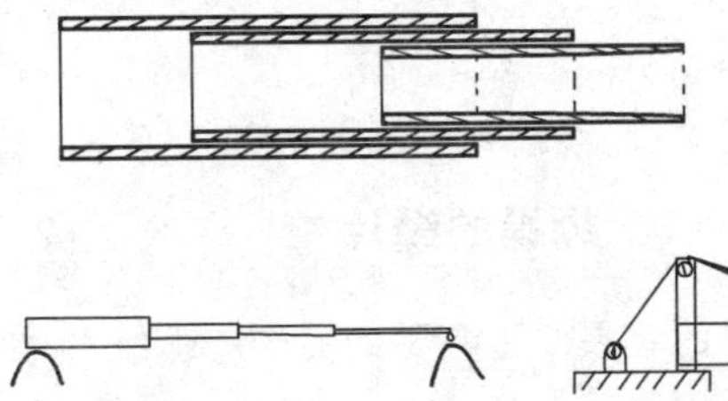

图 8－17　收缩房屋

但采水果很便利。

第四步，通过“费劲的便利”想到更多同时具有这样对立性质的事物：驯养信鸽（驯养信鸽的费劲和信鸽能送信后得到的便利）；鲸鱼捕食（张开大嘴巴费劲地等待食物的到来，突然闭上嘴巴，就便利地得到了大量食物）；多米诺骨牌（费劲地搭起后，轻轻地一碰就一下子全倒了）。

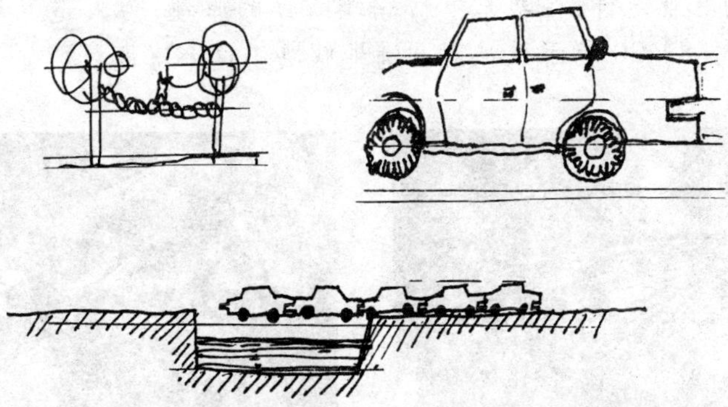

图 8－18　汽车桥

第五步，由上述事物想到发明一种汽车桥。在各辆汽车前后都装上凹凸装置，能使很多车连成一条长龙，具有不弯曲、不打折的整体效果。这样，在过河和过洼地时，就由后面轮子着地的汽车来推动前面的汽车。前面的汽车到了彼岸后，又用拉力把后面的汽车拉过去。

第六步，修改设想。

第七步，把设想画出来或做出模型。

实际案例

蝴蝶的鳞片

蝴蝶不仅给人们带来美的享受,更重要的是,它还给科学家以有用的启示,解决了航天上的一大难题。

这件事说来十分有趣。人类发射的人造地球卫星在太空飞行时会受到太阳光的强烈辐射,向阳的一面温度往往高达200℃,而背阳的一面温度却下降到-200℃。这样,卫星上装置的各种精密仪器、仪表就很容易被“烤”裂或“冻”裂。科学家对此大伤脑筋。后来,他们发现了蝴蝶的鳞片巧妙调节体温的作用(如图8-19所示)。当太阳光直射时,鳞片会自动张开,以减少太阳光的辐射温度,从而可少吸收太阳光的热能;当外界气温下降时,鳞片又会自动闭合,紧贴体表,使太阳光直射身上,以便吸收更多的热量,因此,它能使自己的体温始终控制在一个正常的范围内。就这样,科学家模仿蝴蝶鳞片的原理,为人造卫星设计了一种控制系统(如图8-20所示),从而圆满地解决了这个难题。

图8-19 蝴蝶

图8-20 太空飞行器

阿拉伯飞毯与坐垫

幻想类比应用在设计中往往会得到奇异的效果,如小时候看过《一千零一夜》,是否憧憬着拥有一块阿拉伯飞毯?现在你所看到的这块毯子虽然不能真的带你飞腾起来,但你却可以随心所欲地使用它。具有高度功能性和互动性的地毯为喜欢席地而坐的人们提供了选择的乐趣(见图8-21)。它的背面有三个互相独立的气囊,使用附带的充气装置,你可以通过调整气囊中的空气容量来改变它的外观，当然一切都是为了使你感到舒适。

图 8-21　坐垫

进化小人橡皮擦

如图 8-22 所示的这款橡皮组合借用了经典的人类进化图造型，设计师还对它们进行了立体设计，让橡皮小人的形象更加逼真。如此精致的造型让人简直有些舍不得使用呢。①

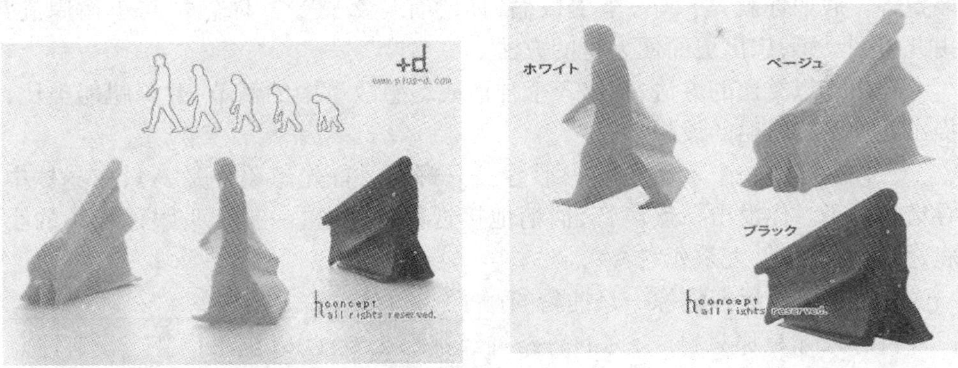

图 8-22

① http://www. patent - cn. com/2011/08/08/55393. shtml#more - 55393(2011 - 8 - 24).

思考练习题

1. 先做如下练习，要努力使自己思维活跃起来，情绪也变得兴奋起来。

A. 什么机械的东西，动作像一条发怒的蛇？

B. 什么动物的行为像送货车？

C. 你认为什么动物像蒸汽挖土机？

D. 你认为什么生物曾给发明瓦的人以启发？

E. 早期的人跟什么动物学会了愤怒？

F. 在自然界中，我们应该跟谁学习忍耐？

然后试着解决下面的问题：特警队员专门执行艰巨危险的任务，可是他们穿的鞋很普通。现在请你发明一种新的鞋，能使他们在爬高执行任务时更安全。你可以设想：平时，这双鞋一点也不妨碍走路；当你爬到高处时，这双鞋还能使你站得特别牢，甚至能倒立着工作！想一想，什么动物和植物爬在高处也很安全呢？

2. 想象一下，假如你是一辆洒水车，你会有什么样的感觉？你能否从中受到启发，改进现有洒水车呢？

记住：使用“假如我是它，我会……”

3. 为了防止丢失汽车，人们想出了很多办法，如上锁、送存车处、安放报警装置等。假如你就是汽车，车子被偷，你能有什么感受？你怎样与小偷周旋？由此得到灵感，想出更简便易行的方法。

4. 用幻想类比的方法，找出3个神话或幻想故事中的情节，并与帆船类比，提出几种新式帆船的设想。

5. 你自己造一个矛盾短句去形容一只狮子。首先想象你是一只在丛林中寻猎的狮子。你没出一点声音，悄悄地接近你的晚餐，一头个头跟你相仿的小鹿，然后你猛扑上去杀死它。

什么字可以形容你像一只捕猎的狮子？＿＿＿＿＿＿＿＿

再想象你是那只狮子，你的每条神经都那么专注，以至于你甚至没有注意到附近一个拿着猎枪的猎手。

什么字可以形容你如这只被捕猎的狮子？＿＿＿＿＿＿＿＿

现在把这两个字放在一起组成一个短句，即矛盾短句，形容你为一只狮子时的情形。

这个矛盾短句也许并不像你期望的那样对立。在下面的空行中，你可以改变或更换短句中的字，直到你认为两个字确实互相对立。

＿＿＿＿＿＿＿＿＿＿＿＿＿＿＿＿

6. 运用符号类比法提出一个有关大学生就业难问题的解决方案。

第一步,列举这个社会问题的现象和矛盾。

第二步,用哪个对立的抽象词能形容这个现象?

第三步,这个短语又能让你想到什么现象?

第四步,从这些现象中受到启发,提出一个非常大胆的想法。

第五步,完善这个设想,最终提出一个切实可行的、解决大学生就业难问题的方案。

关键在于不要急于提出自己的看法,而要先离开这个问题,从表面不相关的事情中获得灵感。

Chapter 9

系统转化法

本章关键词

◇ 要素重组法
◇ 省略替代法
◇ 感官补偿法

发明创造可分为两种类型,即原理突破型发明和组合型发明。原理突破型发明是由于发现了新规律,探索出新技术原理而做出的发明,其突破在于找到了以科学原理物化为技术原理的方法而做出的发明。如内燃机代替蒸汽机、电力代替汽力、晶体管代替真空管等均属于此列。组合型发明是利用已有的成熟技术,通过适当的组合而成的发明。如"CT 扫描仪"的发明是通过把 X 射线照相装置同电子计算机结合在一起实现的。这两项技术本身都是成熟的技术,并无什么原理上的突破,但组合为一体后,便可诊断出脑内疾病及体内癌变,而这一特殊功能是原来两项单独技术所没有的。

9.1 要素重组法

引导案例

智能穿戴:专利引爆"私人订制"

戴上一副时尚的眼镜,无须动手操作便可进行视频通话、拍摄照片和录像、上网冲浪或处理电子邮件,这就是据称将在 2014 年推向市场的谷歌眼镜(图 9-1)。这款神奇眼镜的功能实际上就是通信 + 微

型投影仪 + 摄像头 + 传感器 + 存储传输 + 操控设备的结合体，这就是被称作可穿戴电脑的设备，苹果、三星即将推出的智能手表也属此类，并成为2014年最吸引眼球的智能电子消费品。预计2018年全球可穿戴智能设备的销量将达到1.77亿部，可穿戴智能设备市场规模将达到300亿美元。①

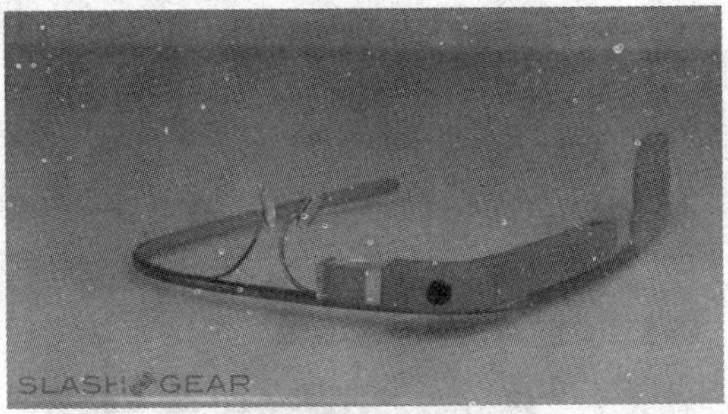

图9-1

日本创造学家高桥浩认为，发明创造的根本原则归根到底不过是一条，那就是将信息进行分割和重新组合。爱因斯坦对组合原理说得更为深刻：组合作用似乎是创造性思维的本质特征，由此可见组合法的重要性。

组合法有多种类型。按组合因素的不同，有技术手段组合法、原理组合法、现象组合法、材料组合法等；按组合方式不同，有成对组合法、内插式组合法、辐射组合法、系统组合法等；按组合要素性质的不同，有同类组合法、异类组合法等。这里仅介绍几个常用的类型。

9.1.1 同类组合法

9.1.1.1 同类组合法的创造原理

同类组合是指两种或两种以上相同或相近事物的组合，其特点是参与组合的对象与组合前相比，其基本性质和结构没有根本变化，只是通过数量的变化来弥补功能上的不足或得到新的功能。最简单的同类组合，如装在一只精巧礼品盒中的两支钢笔、两块手表，还有子母灯、双拉链、鸳鸯宝剑、双插座等。

组合餐具也是运用了同类组合创造法。中餐在欧美国家颇受欢迎，但是使用筷子却成了他们最头疼的事情。不过有了这样一款名为 Frogetmee 的二合一

① http://gongkong.ofweek.com/2014-02/ART-310045-8470-28780769.html.

筷子(见图9-2),或许一切都会方便很多。它的一端是勺子,另外一端是被做成了镊子形的筷子。通过这样简单的组合,可以加强同类产品使用管理上的条理性,也能够加速中餐在全球范围内的推广(见图9-2)。[①]

图9-2　二合一筷子

9.1.1.2　同类组合法的运用步骤

同类组合法运用步骤如下:

第一,思考同类组合的效果。任何事物都可以自组,但自组后的效果很不一样。在运用同类组合时,主要追求的是量变引起的质变。

第二,解决同类组合的结构问题。同类组合过程中,参加组合的对象同组合前相比,其工作原理和基本结构没有什么变化,并在组合体中具有结构上的对称性。因此,同类组合在连接上是比较容易的。但是对某些创造性较强的同物自组(如三轴电风扇),可能在结构设计时还会碰到技术难题。这时,同类组合能否成功取决于创造者解决技术问题的能力。

在各大商场文教用品专柜前,我们能看到,各种组合文具包装精美,样式各异,品种齐全,可以清晰看见里面装有订书机、剪刀、铅笔、圆珠笔、告事帖等(见图9-3)。

---

① http://discover.163.com/07/0618/08/3H8ONEAB000125LI.html(2008-7-20).

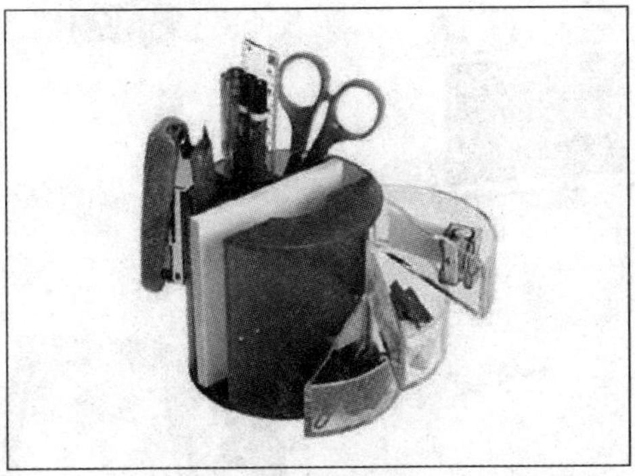

图 9-3　组合文具

9.1.2　异类组合法

9.1.2.1　异类组合法的创造原理

异类组合是指两个或两个以上不同领域中的技术思想或两种以上不同功能的物质产品的组合,组合的结果带有不同的技术特点和技术风格。异物组合实际上是异中求同、异中求新。由于其组合元素来自不同领域,一般无主次之分,参与对象能从意义、原理、构造、成分、功能等任何一个方面或多个方面进行互相渗透,从而使整体发生深刻的变化,产生新的思想或新的产品。

这款有趣的概念设计——电视凳就是异类组合的产物。它在凳子的底面设计有一个电视,平时可以像普通凳子一样使用,要看电视的时候将凳子翻过来即可。不过最有趣的是,你可以直接仰卧到地上,把头伸到凳子底下看电视,重新体会儿时的乐趣(见图 9-4)。①

9.1.2.2　异类组合法的运用步骤

第一:首先要确定一个基础组合元素。

第二,根据发明创造的目的进行联想和扩散思维,以确定其他组合元素。

第三,把组合元素的各个部分、各个方面和各种要素联系起来加以考虑,这些要素没有主辅之分。

【案例】

数码案板

在未来的厨房艺术中,每家每户都会增添一副新面孔,这就是一款高科技

① http://discover.news.163.com/08/0415/10/49IK651B000125LI.html.

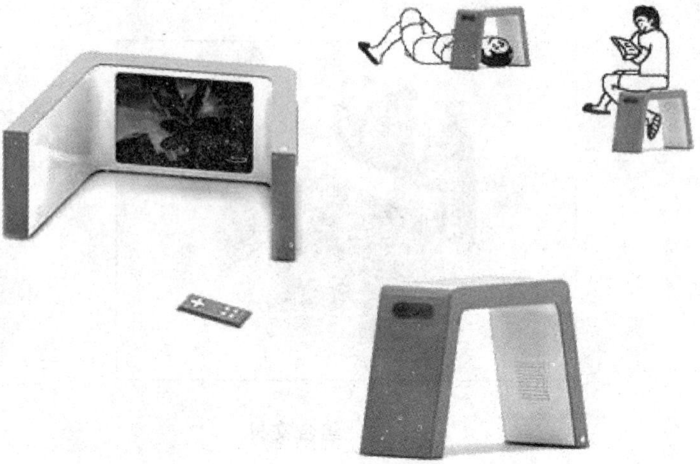

图9-4 电视凳

数码案板。这块案板上嵌有一块可折叠的液晶显示屏，能边炒菜边看菜谱。从此，你在厨房里就可以随时看着菜谱，变幻出各种美味佳肴。不仅如此，你还可以下载最新的菜谱，每顿都可以尝试新菜式，而这些都将在厨房的方寸之间完成。这款将普通的案板和成熟的数码技术相结合的高科技数码案板相信在将来一定会成为家庭主妇的厨房利器（见图9-5）。①

图9-5 高科技数码案板

① http://discover.news.163.com/08/0410/09/495IOJTQ000125LI.html.

9.1.3 主体附加组合法

见图9－6，这款创意设计表面看来就是一个普通的吸管，不过它却内置有LED灯。要开灯只需要将吸管弯曲即可，直立时则会关闭。由于夜晚比较安静，所以很多人都喜欢在晚上读书学习，尤其是学生，更是乐此不疲。可是，由于集体宿舍很容易打扰到别人，所以也就有了不少针对这部分人群设计的产品。①

图9－6 吸管阅读灯

9.1.3.1 主体附加组合法及其特点

主体附加组合法是指以某一特定的对象为主体，增添新的附件，从而使新的物品性能更好、功能更强的组合技法。它以一种“锦上添花”的方式，在原本已为人们所熟悉的事物上利用现有的其他产品或添加若干新的功能来改进原有产品，使产品更具生命力。

有人把栅状钩子分别附加在3个电风扇叶片上，在电风扇旋转时，就会使空气快速流动。当有蚊子飞过时，就会被吸进叶片中去，并且被挡在栅网上，过段时间，就有成千上万只蚊子被杀死，这就是“杀虫电风扇”。有人对普通手杖进行主体附加改装，使其具有拄杖助行、照明、按摩、磁疗、报警、健身防卫等多项功能。带闪光灯的照相机，安装载物架、车筐、打气筒的自行车，手机附加摄像头增加拍照功能，同时增加其他电子附件使其具备收录、录音等功能等，都是运用了主体附加组合法。

---

① http://discover.news.163.com/08/0410/11/495Q66DQ000125LI.html.

许多产品已得到人们的广泛认可和使用,但人们潜意识里依然感到这些产品有某些缺陷,渴望它们有更好的表现。例如,叫壶的出现就是迎合了人们这种潜在的需求。它是在传统的水壶的壶盖或壶嘴上多加一个小孔哨,使水壶在水开时能发出响亮的哨音,提醒那些或许忘了火上还在烧水的人们(见图9-7)。

图9-7 叫壶

运用主体附加组合法不仅能搞出"小发明",也可以获得技术上较复杂的"大发明"。许多重要的优质合金材料就是在"添加实验"中显露峥嵘的。主体附加法的特点有:一是不改变主体的任何结构,只是在主体上连接某种附加要素。如在奶瓶上附加温度计,在铅笔上附加橡皮头等。二是要对主体的内部结构作适当的改变,以使主体与附加物能协调运作,实现整体功能。如为了减少照相机的体积,有人将闪光灯移至照相机腔体内。这种组合不是将闪光灯与照相机主体简单地联在一起,而是将两种功能赋予一种新的结构形式——内藏闪光灯的照相机。

9.1.3.2 主体附加组合法的运用步骤

第一,有目的、有选择地确定主体。

第二,分析主体的缺点或对主体提出新的希望和功能。

第三,根据实际需要确定附加物及组合的方案。

主体附加既能产生有用的辅助功能,也可能带来无用的多余功能。在洗衣机上附加定时器,增加的定时功能是有必要的,而在洗衣机上附加一个洗脸盆,对绝大多数家庭来说则是多余的。因此,采用主体附加进行创造时,一定要考虑有无必要进行功能附加。

【练习】

手帕与系列词组组合，进行产品设计

• 沙眼帕。在手帕上滴入含有治疗沙眼药液的软质水，用手帕擦眼即可治疗沙眼。

• 美容帕。在手帕上滴入混合高级美容液，用手帕擦脸时即可达到美容的效果。

• 癣用帕。在手帕上滴入混合型高级药，还可渗入香精，从而起到治疗的效果。

• 香水帕。只需注入高级香精即可。

• 棋盘帕。人人需要娱乐，在手帕上印制各种棋盘，便可以给人们的娱乐提供方便。

• 童话帕。童话，是开发儿童智力的有效方法。手帕，是儿童喜爱并必需的生活用品。在手帕上印制童话连环画，一定会受到小朋友们的欢迎。

• 字母帕。学习外语，应从儿童开始。在手帕上印制外语字母、短语、小故事，形成语言环境，加强学习和训练。

• 智能帕。在手帕上印制各种智力开发题。

• 科普帕。收集新的科学知识，印在手帕上，做成"十万个为什么"系列。

• 中学生帕。可在手帕上印制对数表、函数表、时差表、地图、历史年表、铁路图、公路图、航海图、航空图、星座图等。

实际案例

带计算器的方便卷尺

如图9－8所示的这款拉绳式卷尺，非常适合测量曲线距离和复杂路径距离。它不仅配备了方便测量的水平仪，还带有科学计算器。使用时，测量结果可以直接显示在计算器屏幕上，同时，计算器还可以帮您记录三个测量数据，以便直接进行计算。①

① http://www.patent－cn.com/2011/08/18/55643.shtml#more－55643(2011－8－24).

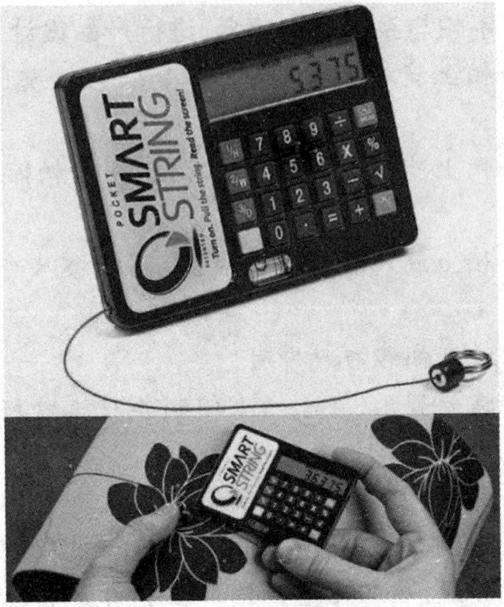

图 9－8　带计算器的卷尺

思考练习题

1. 将下列组合物品分别填入表 9－1 中：多头听诊器、会唱歌的杯子、五色圆珠笔、带刻度的剪刀、组合沙发、壁挂式鱼缸、积木、太阳能手提包、按摩椅、电脑版冰箱、带收音机的台灯。

表 9－1

组合方式	发明示例
同类组合	
异类组合	
主体附加	

2. 将下列事物进行任意组合是否会产生新的发明？

电脑、自行车、眼镜、电磁炉、水性笔、手机、耳环、运动鞋、橱柜、床、飞机、电梯、书包

3. 以门为主体，增加新的附件，提出尽可能多的新设想。

9.2 省略替代法

引导案例

透明口罩

口罩虽然可以阻挡细菌的传播，但是与此同时，它也遮挡了佩戴者的表情。对于需要与客户交流的食品销售人员来说，"没表情"有时候并不是什么好事。如图9-9所示的这款新式的透明口罩，不仅具有传统口罩阻挡细菌的功能，还可以让佩戴者展露自己的微笑，甚至可以满足女性使用者化妆的需求，不会破坏妆容。它可以反复清洗使用，并有两种不同规格可供选择，佩戴时您还可以微调大小至最舒适的位置。①

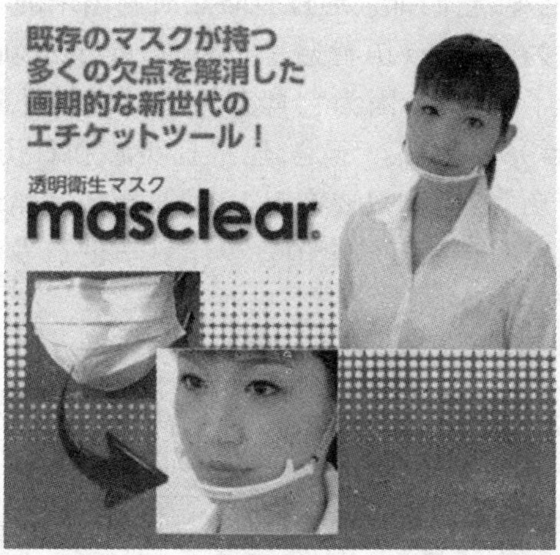

图9-9

9.2.1 省略法

"嚓"，我们常常划了根火柴，火柴梗燃不到1/2就扔了，这多可惜！广西的

① http://www.patent-cn.com/2011/08/19/55672.shtml#more-55672(2011-8-24).

钱峰同学建议:把火柴梗的长度缩短 1/3 至 1/2,再配一支能插进火柴梗的套管。用的时候,把火柴梗插进套管,这样既节约了木材,又增大了火柴盒的容量。他的着眼点就在于缩短与省略。

省略就是尽可能地省去一些材料、成分、结构和功能等,以此来诱发创造性设想的方法。如眼镜变得越来越薄、越来越小巧,再省去镜架就有了隐形眼镜。一封信函通常由信纸、信封和邮票组成,通过省略,就有了简易的明信片或其他简易信封。数码相机省略掉胶卷,免去了经常换冲胶卷的麻烦。气球爆竹用五彩气球取代各种火药鞭炮,省去了噪音、空气污染和火灾隐患。无线电话省略了电话线,再将电话小型化,可将其随身携带。无线话筒省略电源线,讲话或唱歌非常方便。

我们知道,世界上第一台电脑有一间房子那么大,重 30 吨。后来,科学家使用集成元件,使电脑的体积不断缩小,缩到电视机大小,而且功能增强了,从而使电脑迅速得到普及。现在,又相继出现了笔记本电脑、掌上电脑、可穿戴式电脑。电脑越来越精致、小巧的发展变化过程就是逐步缩小体积、省略部分元器件的结果。生活中,我们也经常使用一些袖珍物品,如随身听、袖珍小电筒、折叠雨伞、液晶小彩电等,它们都是通过省略法研制出来的。

山西的关雁龙认为,传统日历普遍呈长方形,样子不新颖,又浪费了纸张。他从众多图形中选择了三角形,因为它具有外观形状显得最大、能节约近 50% 的纸张、最易于加工等突出特点。于是,他将日历芯和日历挂牌均设计成三角形,发明了"三角形日历"。全国只要有 1/10 的日历按三角形设计生产,每天就可节约百万元。这项发明在第五届全国青少年科学创造发明比赛中获二等奖,并申请了专利(见图 9 - 10)。

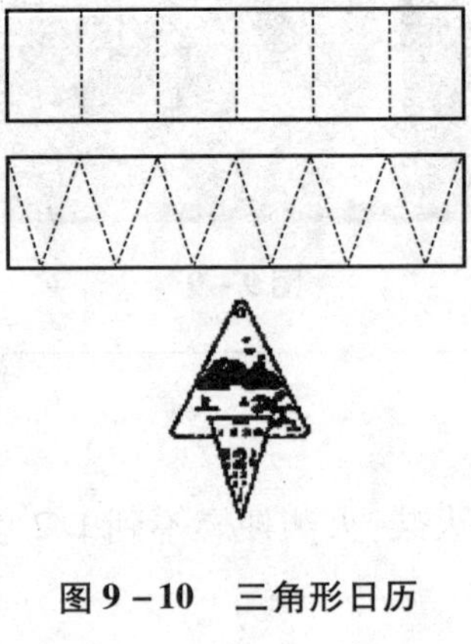

图 9 - 10　三角形日历

9.2.1.1 省略法的原理

发明创造应遵循事物的基本构成规律。任何事物都由成分和形式构成。成分是构成事物的物质或因素,形式则是各个构成物的形状、各种构成或构成因素的形态以及相互间的搭配和排列。不同的成分与不同的形式、不同的成分与相同的形式、相同的成分与不同的形式都构成了形态各异的事物。这就是事物的基本构成规律。

发明创造所要解决的核心问题就是用什么成分、以什么形式构成何种事物。我们把构成某一事物的每个成分及其形式叫做组成事物的环节。每个环节都有各自的功能。事物的环节越多,其构成就越复杂。一台机器有成千上万的螺栓、铆钉、卡环、开口销、键、焊缝等,这台机器的连接环节就是由这些不同的成分与形式构成的。同样服装的连接环节由线、纽扣、拉锁、尼龙搭扣等成分与相应的形式构成;楼梯、电梯是建筑物上下层之间的连接环节;公路、铁道、航线是城镇之间的连接环节。连接环节仅仅是组成某一事物环节之一。

事物由各种不同的环节组成,因而可以通过改变已有事物的环节进行发明创造。例如,从有跟丝袜到无跟丝袜,减少了一个结构环节;把手表壳和表带整体化,省去了手表和表带之间的连接环节;用冲压加工代替车、铣、钻加工,从而把三道加工环节合并成了一道加工环节。

9.2.1.2 省略法的运用步骤

第一步:认真剖析事物的各个环节。

第二步:寻找落后的环节、功能衰退的环节、意义或作用不大的环节和可有可无的环节。

第三步:把有待于解决的问题同每个环节联系起来思考。

第四步:确定哪个环节或哪些环节可以取消或省略。

【案例】

结束厕所耗水历史的“生态厕所”

一种既节能又节水的智能环保厕所已出现在一些城市的街头。与传统厕所相比,这种新型厕所不但拆装简易、没有臭味污染,而且还无须水源,每个蹲位年节水可达200吨。这种“生态厕所”采取的是一项收集小便冲洗大便的免水但可冲洗的新型技术,它用特殊的环保液将尿液经处理后转化为无异味、无污染的再循环水,可直接用于再次冲厕,粪便也将被降解成为无味的浆状物,既可避免散发异味,又达到了节省水耗的功能。同时,新型厕所无须上下水管道,易于拆装和流动,便于推广。

当然，生活中不是任何物品都可以缩小、省略的，这就要求我们在发明过程中，既要考虑节省、方便，又要注意某部件在整体中的特殊功能和实用价值，有时也可以用更轻便、更方便、更耐用的材料或部件来取代物品的某一部分。

9.2.2 替代法

9.2.2.1 替代法的原理

用一种成分代替另一种成分、用一种材料代替另一种材料、用一种方法代替另一种方法的创造，是从事发明创造的人经常思考的，寻找替代物的过程也就成了解决问题的过程。这是发明创造的思路之一。例如，制造塑料往往用石油做原料。有人考虑到淀粉是天然高分子化合物，其化学结构与聚乙烯等合成的高分子化合物的结构很相似，天然淀粉便成了代替石油制造塑料的好原料。

最常见的是材料的替代和技术的替代，使事物的功能、材质不断进步。替代法较广泛地应用于新产品的研制和新材料的开发中。例如，有人已成功研制出以纳米技术增强塑料和纳米结构超强钢板替代传统金属材料的技术，将使汽车重量大大减轻，从而节省了燃油。人类发明的第一代电视机是黑白电视机，后被第二代的彩色电视机取代。如今又出现了第三代电视机，即清晰度高、色彩还原度好、文字显示清晰的数字电视机。

当今社会，各行各业、各个领域、各个地区，也包括各个国家之间的竞争日益激烈，必须勇于创新，敢于用新事物代替旧事物，新材料取代旧材料，新方法取代旧方法，才能在竞争中取胜。为了企业和社会的快速发展，我们的企业要创新产品，工作要有新思路。只有大力推行新技术、新材料、新工艺、新方法、新手段等，我们的社会才能快速发展。

9.2.2.2 替代法的工作步骤

第一步：确定被代替的事物。

第二步：全面找出被代替事物的各种缺陷。

第三步：分析缺陷是由什么原因造成的。如果被代替物的缺陷从结构设计上和制造方法上都不好解决或者根本就不能解决，就考虑用别的材料来替代它。

第四步：分析如何才能找到替代的方法。

例如，设法改进一件家家户户必备的生活用品。

第一步：确定被代替物——切菜板。

第二步:以往的切菜板大都是木质的,其缺点是沉重、易磨损、常掉屑、不结实、难洗刷等。

第三步:造成以上这些缺点的根本原因是切菜板是木质的,因此这些缺点难以解决。

第四步:用一种新的材料替代木材。这种新材料就是聚乙烯塑料。近年来,这种新的强度高、韧性好、耐腐蚀、重量轻、洁白无毒、无味、易清洗,使用中不打滑、不起毛、不裂纹的切菜板已经被广泛使用了。

【练习】

研制新颖野战干粮

野战干粮有压缩饼干、罐头食品、方便面等,请研制新颖野战干粮。

◎明确课题。

◎列出旧事物的缺点。压缩饼干、方便面干吃时口感差,罐头食品不易携带。

◎分析它的缺点,并考虑用新的野战干粮来替代它。新食品应:便于携带,有一定的保质期,能平战结合,便于生产、流通、库存;营养丰富,口感好。

◎构思新颖的野战食品。软包装浓缩八宝粥;软包装浓汁扬州炒饭;软包装三鲜混沌;软包装各色馅心的包子;软包装酱汁无骨牛肉、羊肉、猪肉、鱼、鸡肉、兔肉等;软包装浓缩水果。最后可制定政策,鼓励食品厂生产平战结合的软包装食品,并严格进行质量评定,确定定点生产厂。

实际案例

无线应急呼叫系统

在2011年韩国老年人及残疾人用品博览会上,一家公司展出了这款一键式无线应急呼叫系统。它体积小巧,可以随身携带,并依托当地的追踪技术做基础,可以为使用者提供快捷服务。使用者在遇到各种突发事件时,只需按动按钮,即可发出求救信号。这一系统简单便捷,让行动不便、突发疾病或是交谈困难的用户也可以方便与外界联系,非常适合老年人和残疾人使用。①

① http://www.patent-cn.com/page/2(2011-8-24).

图9-11 无线应急呼叫系统

思考练习题

1. 把活动梯子作为一个省略的对象,你将减少什么环节来方便其使用?

2. 去大医院就医的环节比较复杂,而且人也相对较多,在就医的过程中可以减少哪些环节来节省病人的时间,提高医生的工作效率?

3. 对那些懒人来说,自己下厨做饭是件很费劲的事,用什么办法来减少做饭的环节,使它成为一件快乐的事情呢?

4. 纸的发明改变了人类的记事方式,并且被沿用至今。现在造纸的原料——树木越来越少了,那么,未来是否会有一种新物质来代替纸而被广泛应用呢?

5. 在地震多发区是否能用其他材料代替钢筋混凝土来建筑房屋,以减少自然灾害对人类造成的损害?

9.3 感官补偿法

引导案例

仿生眼成功让失明者复明

英国伦敦穆尔菲尔德眼科医院日前成功实行了一项先锋性的"仿

生眼”移植手术(见图9－12)。目前,两名接受手术的盲人患者已经恢复视力,可以大致看清物体轮廓,分辨物体移动的方向,并能感知光线强弱。据了解,在未来3年之内,“仿生眼”技术有望得到大范围推广,令数百万盲人通过这种方法重见光明。①

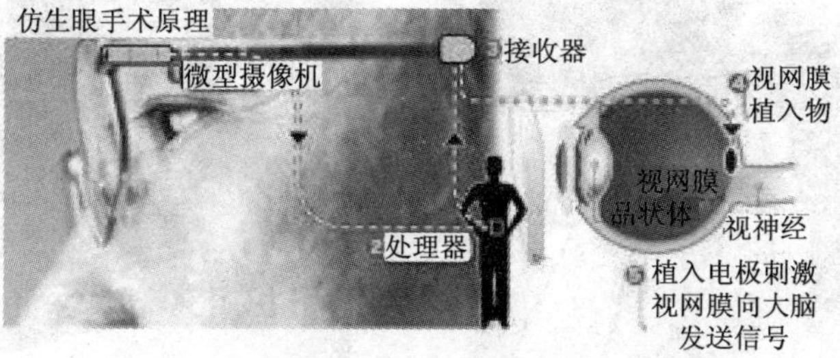

图9－12　仿生眼

9.3.1　感官补偿法的原理

有为数不多的人,由于种种原因而导致感官上的终生残疾。研究伤残虽然让人苦恼,但因此也常会发现一些常人不能发现的问题。例如,众所周知的眼残疾——色盲就是由一位本身就是色盲的大科学家道尔顿首先发现并对此种残疾进行了很有影响的研究。

我们绝大多数人都是健全人,没有残疾人的种种体验,但健全人也可以针对伤残人的某些残疾(聋、盲、哑、肢体残缺等)搞出许多发明来。如聋人电话、盲人手杖、盲人阅读机、哑语电话、人造假肢等。“无阻碍设计”就是考虑到人在行动能力丧失的情况下借助替代肢体所产生的各种不便,然后在建筑中给予最大限度的补偿以适应其代肢体的活动需要。同样,老年公寓、老年住宅也是假设人在感知觉部分丧失或全部丧失的基础上,通过建筑功能和尺寸的调整来对其活动的需求进行补偿。为社会上的弱势人群做设计,需要一种换位思考法,就是站在使用者的切身角度来思考问题,假设自己是各种不同的特殊使用者,有不同的需求需要在建筑中得到方便和满足。

东京地铁中专为盲人设置了地图,让盲人靠触觉感知地图信息,以此补偿视觉缺失,图9－13和图9－14就是专门为盲人设计的地图。日本某老人院的卫生间里没有设门槛,并用布帘代替门,以方便轮椅的出入;沿墙设有扶手,以

① http://discover.news.163.com/08/0423/09/4A71NV5F000125LI.htm(2008－7－20).

臂力辅助腿力,这都是补偿式的思考方法。

图9－13　设计盲道图

图9－14　为盲人设计的地图

9.3.2　感观补偿法的实施步骤

9.3.2.1　感官补偿法的具体步骤

第一步:假装残疾,体验伤残的滋味。

第二步:把注意力放到感官伤残而遇到的种种麻烦上。

第三步:利用难度体验,考虑补偿办法,摆脱所遇到的麻烦。

【案例1】

闹钟几乎家家都有,它是提醒我们时间的好伙伴,可它一旦“闹”起来就难以停止,让人听得心烦。如果你“瘫”在床上,该怎么办呢?

第一步:使自己的感官暂时“伤残”。让人把手、脚捆上,坚持一段时间体验一下这件难受的滋味。对残疾人来说,由于感官伤残伴随多年已经适应,往往没什么感觉,但对正常人而言却不是一件容易忍耐的事。

第二步:闹钟响起来了,最大的麻烦是手不能伸向近在眼前的闹钟。

第三步:想到用说话补偿手的功能,发明一种声控的“听话”闹钟。

【案例2】

护士手托托盘往污桶里扔东西,手“残”了怎么办?

根据假想感官补偿法,因为这两只手都在忙着(托托盘),假设它们不存在。没有手,人们往往想到利用脚来补偿,因而设计出了脚踩式开盖垃圾桶——脚踩开关使桶盖打开,既卫生又方便。

由此可见,感官补偿法不仅是为残疾人发明可补偿感官的工具,同时也可以发明一些为正常人所需要的东西。

9.3.2.2 感官补偿法的诀窍

感官补偿法的诀窍是向大自然学习。虽然我们大多数人的感官都是正常的,但在认识世界的过程中却不是万能的。如人的确没有老鹰视觉清、没有蝙蝠听力好、没有狗的嗅觉灵、没有野兽跑得快等。

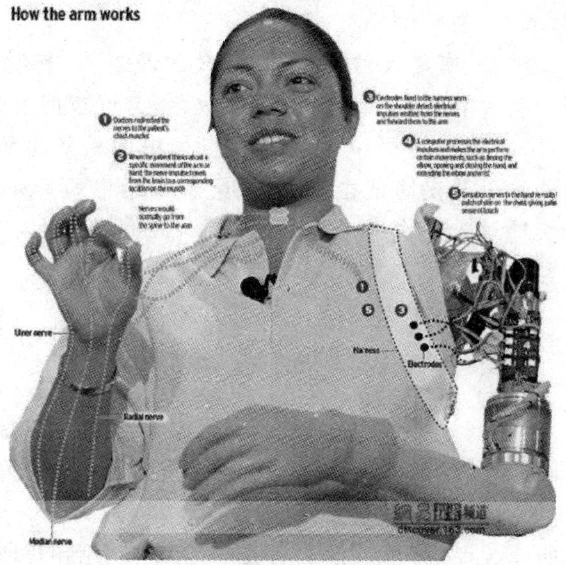

图9－15 仿生假肢

但是人类发明的望远镜、显微镜、辨声仪、汽车等却使我们的感官得以补偿,使人真正成为万物之灵。因此,对正常感官进行补偿也是一个大有潜力可挖的创造领域。如锤、铲、锄等生产工具;船、车等交通工具;电话、电视、计算机等各种传感器都是正常人功能补偿型发明创造的成果。

对伤残人士来说,老式假肢在很大程度上只是摆设而没有实际功能,现在美国科学家设计出了一种新型仿生手来使患者感受久违的触摸感觉,还能通过思维控制其动作。科学家们相信,像真手臂一样灵活、美观的仿生肢体的诞生已经为时不远(见图9－15)。①

① http://discover.163.com/07/1128/09/3UCJE53J000125LI.html.

实际案例

城市的“呼吸的网络”

地球越来越拥挤了。在城市里，空气污染十分严重，怎样通过建筑的创新给忙碌的城市增加一个“肺”呢？

针对城市空气污染，有建筑师设计了“呼吸的网络”。其创意是采用在城市铁路车厢的外部加装带有氧化钛涂层的皱纹板，作为城市的人工“肺”。列车运用现存的铁路网络，在行进过程中吸附城市空气中的氮氧化物和二氧化碳，并利用日光中的紫外线以及夜间设在隧道、桥梁及车站中的紫外线照射装置进行紫外线照射，同时，通过光合作用将吸附的有害物质分解，使处于呼吸困难状态下的地球恢复正常。

思考练习题

1. 乘公交车时，坐轮椅的残疾人怎么上车？请你用感官补偿法来解决这个问题。

2. 假定耳朵听不见了，你能用感官补偿原理发明不响的“闹钟”吗？

3. 开车时无法发短信，你能想到什么解决办法？

4. 认真观察身边的事物，特别是一些为人们所利用的工具，想想它们同人的什么哪个器官有关？

5. 请利用感官补偿法来发明一种能够随时监控家庭用水、用电等耗能情况的提示器。

Chapter 10

发明的措施

本章关键词

◇ 措施金字塔
◇ 成套措施——TRIZ 发明方法
◇ 发明课题的三层矛盾分析
◇ 发明的限制性原则

10.1 形形色色的措施

引导案例

悬挂大钟

北京的大钟寺内悬挂着一口驰名中外的大铜钟——永乐大钟。永乐大钟铸于明朝永乐年间,是传说中京城五大镇物之一,是明成祖为迁都北京、宣示其功绩和加强其统治而铸的,至今已有580多年的历史了。永乐大钟高6.75米,直径3.7米,重46.5吨。

在缺乏大型运输机械和起重机械的明代和清代,面对这么庞大和沉重的永乐大钟,工匠们是如何把它悬挂在二层钟楼上的呢?

聪明的工匠们在悬挂大钟的木梁架前事先堆起了一座土山,让长长的土坡从平地一直延伸到木梁架下方,并在木梁架下方设好钟座。将滚械(另一说是在冬季泼水成冰,利用冰面滑动)铺设在转移大钟的路面上,然后将载有大钟的木板置于其上,人力齐拉绳索,牵动木板在滚械上徐徐前进。然后把后面的滚杠不断抽出铺设在前面的土坡上,大钟便一步步向坡顶靠近。在坡顶上，将运抵后的大钟定位在钟座上，此时，大钟钟钮上的孔恰好与挂钟的U形部件上的孔对上，插上销钉，大钟就被顺利吊装在木梁架上。最后挖掉钟座下面的土，悬挂大钟的工作就即告完成。

整个过程历经：搭起钟架→堆起土山→推钟上山→定位大钟→挂好大钟→挖去土山→建好钟楼。这是一个令人拍案叫绝的方案。①

以土代起重机的过程利用了等势原理。所谓等势原理就是在重力场中利用其他方式来代替物体提升和下降的势能变化，这是一个典型的技术措施。

10.1.1 措施的多样性

人们在实践中总是针对不同问题和不同要求，根据自己的实力情况和环境条件，采取适当的解决问题的措施。科学追求真理，符合自然界规律的认识只能有一个。尽管如此，科学上也经常允许同时并存几种假说，以待时间的检验。有许多现象至今存在许多种科学的解释，这些解释各持一端，持之有故，言之成理，一时难以判明谁是谁非，人们只能让它们并存。例如，关于原子结构，物理学家们先后提出过台球模型、葡萄干面包模型、太阳系模型、玻尔模型、壳层模型、液滴模型、光学模型、集体模型等。后几种假说至今并存于世。在技术领域，采用不同的技术方案解决同一问题的做法更为普遍。例如，为了干燥物料，人们设计了各种结构的干燥器：厢式、洞道式、带式、搅拌式，滚洞式、气流式、喷雾式、转筒式等。

人们在技术领域不满足于对问题的现有解决方案，不断致力于改进和提出更优秀方案的努力，代表着生产力和科技进步的趋势。所以，发明革新活动本身就是力图对同一课题不断探索更新的解决办法，并不是满足于“一把钥匙一把锁”的。反之，人们解决问题所采取的技术措施也同样不是固定地用于解决某个或某类问题，而是在各种不同的课题中得到采用。例如，人们发明锅炉来燃烧燃料，获取热能之后，锅炉成为一种热工“措施”，不仅在火力发电厂中用于为汽轮发电机组提供蒸汽，还被用于供给企业蒸汽动力，进行加热、蒸发、干燥和推动气动工具；在火车上又作为动力源得到应用；在采暖通风中，锅炉以饱和蒸汽或热水作为工作介质发挥作用；在生活中又成为供热水装置。

---

① 赵敏，胡钰．创新的方法[M]．北京：当代中国出版社，2008：70－71.

10.1.2 措施金字塔

从方法论的角度来看，由措施到形成方法学体系是一个进化的、组织化的过程。按组织化程度来划分，简单措施处于最底层，各种复杂措施居于中部，方法学体系处于顶部，构成金字塔形状。宽大的塔基表明简单措施数量众多，狭小的塔顶表明高度组织起来的系统地解决问题的方法学体系是为数不多的；同时表明，各个方法学体系具有许多相似之处，并且向着统一为一个体系的方向发展。在图10－1所示的措施金字塔中，塔顶尖部的虚线表示方法学体系向着统一的方向发展的未来前景。塔中部阴影部分表示最常用的简单措施（基本措施）和通用的复杂措施。由塔基向塔尖，措施的组织化程度提高。

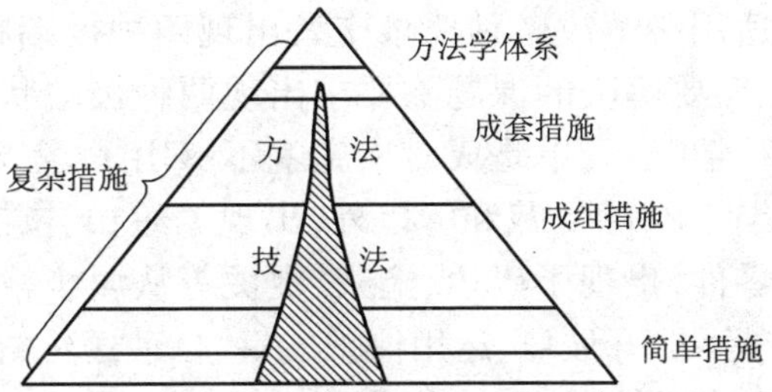

图10－1 措施金字塔

10.1.3 成对措施

一般说来，随着由简单措施组织成复杂措施，哪怕仅仅是组成成对措施，措施的有效性和适用性也能得到大幅度提高。进一步的组织化可以更有力地提高复杂措施的针对性或通用性，从而进一步提高运用的有效性和适用性。

科学上，微分与积分、加与减、开方与乘方、凝固和熔化、吸引与排斥、氧化和还原、天体的爆炸与收缩、生物的遗传与变异等，都是措施对的利用。哲学同样以成对措施（范畴）作为有效的工具，如分析与综合、归纳与演绎、抽象化和具体化等。至于技术上，几乎处处可见成对措施，例如，焊接与切割、除锈与涂膜、加热与冷却等，甚而形成了开关、升降机、启停按钮、裁缝、装卸工等常见专用名词。

例如，"剪开"作为一种简单的分离措施，其适用性不很高。有一些并不是单纯剪断的问题就不能用它解决。如果将"剪开"同它对应的措施"缝合"组成一个"措施对"，其适用性便大大扩展。各种仅用剪子无法完成的任务，例如，裁纸订本、裁布做袄、裁板制盒、裁板造船等，均须用这种成对措施来解决。而且，由于有了“缝合”这一对应措施，在裁剪时就可以更加大胆，不怕出错后无法补救；甚至可以设计大刀阔斧的“剪开”方式来提高“剪开”的效率，而用“缝合”来代替“绕过不应剪开的细部”。由于成对措施相对单独施用的简单措施而言，产生了“加合效应”和“拮抗效应”，成对措施已被人们广泛运用。所谓“拮抗效应”，是指两个措施相互牵制、相互补救、相互支持，防止了过分运用单个措施将产生的副作用。“加合效应”则是说，成对措施的效用比成对的简单措施单独用时的效果之和还要大得多，如果每个措施的施用效果为1，则成对措施的施用效果为 $1+1>2$。

10.1.4 成组措施

成对措施可以适用于解决各种要求交替出现两种极端状态的课题。然而在许多情况下，人们需要解决的课题除要求出现两种极端状态外，还要求出现各个中间状态。这种情况下，单是成对措施就不够用了，需要进一步组成成组措施。例如，在服装业中，除了裁和缝以外，出现了纽扣、拉链、搭襻、系带等既可分开又可结合的零件，出现了码边、上浆、熨烫等从属于裁或缝的辅助工序。在焊接中，也出现了除锈、开坡口、运用保护气氛、自动送丝、自动清渣等辅助工序，用于使焊接和切割能够更加有效和适用。

成对措施发展为成组措施是为了适应复杂的课题，往往是针对某一类问题而采取的，它的各项组成措施常常依先后次序组织起来，分别用于解决复杂问题的某一子问题。成组措施的运用效果比成对措施更好，更有针对性。当一个人患了阑尾炎需要摘除阑尾时，医院要对他采取一系列措施，从刮毛、消毒、上麻药，到做摘除手术和进行随后的护理等，这是一个典型的成组措施。

成组措施是一种特殊的成套措施，是将成套措施中适合于特定情况的最有效措施选出并组合起来，其目的是提高针对性和有效性。但一般的成套措施的目的却是追求适用性和通用性。也就是说，当课题（任务、目标）性质尚未明确，难以采取特定的成组措施时，人们需要探明课题性质，进而决定采取相应的措施。例如，一个病人胃痛请求医治。医生不会一下子就决定采取胃切除手术这样明确的（成组）治疗措施，而是给他量血压、测体温、听心肺、询病史，再验血验尿，做X光透视和胃镜检查。在这个过程中逐步排除病人患其他疾病的可能性，直到确诊是胃癌之后才能转用成组措施。在此之前，每一步后面的措施都要根据前一步措施探明的结果来选定。又如，彩电不出图像被送去修理时，修理者也是按照这种系统的检查程序，边探明边排除，最后才确定毛病出在何处，然后改用成组措施予以修复。人们在各种专业工作中，无论是分析某物件的化学成分（化学分析），确定某文物的制造年代（考古），侦查某案件的罪犯（刑事侦查），或查找某线路的故障，都有各自的成套措施可以采取，这些成套措施是在各专业中发展起来的，其具体知识和步骤不同，但都遵循边探查边排除，到确诊后改用有效的成组措施这样的原则。即使在企业管理中，这一原则也已得到贯彻，并且形成了以企业诊断、经营咨询、制度诊断为名称的成套措施。

实际案例

李宁物流善打"组合拳"

海尔物流的分拨时间是5天，国际著名品牌耐克在中国的物流分拨时间是7天，而李宁公司物流分拨时间只要4天半就够了，李宁公司物流绩效的优秀可见一斑。李宁的物流策略在物流运输服务上、仓储配送上和物流信息化上都擅长组合拳。

（1）科学选择。在挑选物流公司时，李宁公司在国内的很多货主企业总是相信大型物流公司的情况下，不找最大的物流公司，只找最适合的。

（2）整合储运。李宁公司在全国共有两个一级配送中心，一个位于北京五里店，总面积25 000平方米，负责长江以北地区；另一个在广东三水，面积总共12 000平方米，负责长江以南地区。全国共13个分公司，各自下辖的仓库是二、三级配送中心。集中起来，李宁公司的仓储面积共有50 000平方米左右。为了集中网络优势促销售，李宁公司一边把全国13个分公司的物流储运部整合起来，设物流中心进行统一管理，一边推行按销售地入仓的做法。产品出厂后直接送到相应销售地的配送中心，然后通过分拣分销出去，而不再走以前的通过生产地的仓库再入配送中心的路线。

（3）改造仓储。减少库存要在保证安全库存量的前提下，配送中心必须有一定的储存量。现阶段，门对门的配送还不能完全实现，不能要求经销商和专卖店担负起仓储责任。若是在中心城市一、二类街区设销售点，不允许再增设大面积仓储。此外，城市对交通运输的管制也使大型车辆在特定时间内不能直接配送到门店。

因此，李宁在可控范围内压缩时间和库存，以即时生产，没有原料库、成品库成为目标，在反思了整个物流过程的各个指标之后，李宁公司发现，货物捡配时间还比不上第三方物流公司。其原因主要是李宁牌产品在国内市场上推出新品频率很高,现在已有2万种不同款式、色码的服装、鞋、帽、便装、套服等。在货物捡配时,要首先分清产品大类,然后根据不同的款式、色码上架;而且配送中心既做批发又做零售,选配货物要不断拆箱,这些都给货物捡配带来了难度。因此,李宁投入巨资改造了仓库,并且非常注重细节。比如,为了选择合适的货架,相关人员几乎考察了所有的货架类型。他们先对货品进行了EIQ(属性分析),然后请来五家货架厂家,根据货品属性制定不同的方案,前后修改了一个月,不同的货架在仓库里按照不同的发货需求和货品属性依次排开。

为了加速物流运转,李宁公司继续上马新的信息系统,以实现3个目标:加快物流分拨和配送速度,降低成本;分拣准确性更高,从交订单到货物出库的时间将大幅度压缩;进一步节省仓储面积、增加库容,不再租更大的仓库,现有的改造基础已经可以满足需求;以后的运输控制也依靠信息系统电子化手段来完成。①

思考练习题

1. 措施金字塔中不同等级的措施之间有什么关系?为什么要将措施组织成高级措施?

2. 试列举一成对措施发展为成组措施的例子。

10.2 成套措施——TRIZ发明方法

引导案例

2003年,"非典型肺炎"肆虐中国及全球的许多国家。其中新加坡的TRIZ研究人员就利用40条发明创造原理,提出了防止"非典型肺炎"的一系列方法,其中许多措施被新加坡政府采纳,并用于实际工作中,收到了非常好的效果。

Rockwell Automovtive公司针对某型号汽车的刹车系统应用TRIZ

① http://www.witroad.com/html/info/0611/info_43438.html(2008-7-23).

理论进行了创新设计。通过TRIZ理论的应用，刹车系统发生了重要的变化，系统由原来的12个零件缩减为4个，成本减少50%，但刹车系统功能却没有变化。

Ford Motor公司遇到了推力轴承在大负荷时出现偏移的问题。通过应用研究TRIZ理论，产生28个新概念(问题的解决方案)，其中一个非常吸引人的新概念是：利用小热膨胀系数的材料制造这种轴承，克服上述问题，最后很好地解决了推力轴承在大负荷时出现偏移的问题。

Chrysler Motors公司，1999年应用TRIZ理论解决企业生产过程中遇到的技术冲突或矛盾，共获利1.5亿美元。20世纪90年代中期以来，美国供应商协会(ASI)一直致力于把TRIZ理论与QFD方法、Taguchi方法推荐给世界500强企业。在俄罗斯，TRIZ理论的培训已扩展到小学生、中学生和大学生。Kowalick博士在加利福尼亚北部教中学生TRIZ，其结果是不可思议的。中学生正在改变他们思考问题的方法。他们的创造力迅猛提高，他们能用相对容易的方法处理比较难的问题，一些小学生也受到了训练。美国的Leonardo da Vinci研究院正在研制应用在小学和中学的教学手册。①

10.2.1 什么是TRIZ发明方法

TRIZ② 是俄文"Терияешения Изобретателвских Эадач"的词头缩写，含义即发明问题解决理论，其英文缩写为TIPS(theory of inventive problem solving)。它是由前苏联发明家、发明家协会主席根里奇·阿奇舒勒(Genrich S. Altshuller)领导的数十家大学、研究所和企业组成的研究团体，于1946年开始，花费1500人·年，在研究了世界各国250万份高水平专利的基础上，提出的一套具有完整体系的发明问题解决理论和方法，具体的发明方法是指提炼出的40种基本措施。其后又归纳了53种较有效的成对措施和成组措施，称为标准做法。

发明的措施是措施与必要的知识、规定的组合。阿奇舒勒曾用建筑物来做比喻。他将简单措施比喻为最基本的建筑元件——砖瓦，把成对措施比喻为建筑构件，如预制板之类，成组措施相当于房屋，可以作为一个独立的建筑单位。

---

① http://www.cxffw.cn/Article/ShowInfo.asp InfoID=156[2008-2-29].

② 根里奇·阿奇舒勒著，创新算法-TRIZ、系统创新和技术创造力[M]. 谭培波、茹海燕、WenlingBabbitt译. 武汉：华中科技大学出版社，. 2008.

因此,各种技法、技能、思路作为某种成组措施会被独立提出并赋予名称。

但是成套措施就不像上述成对、成组措施那样,基本上是纯措施组合。成套措施中必定结合着各种专业知识和相应的判别问题、选择(成组)措施的标准和经验,已不再是纯措施组合,而是措施与规定、知识的结合。如果将知识比喻为空地,规定比喻为道路,成套措施可以看成街坊,那么,发明方法学体系由于涵盖和综合了许多成套措施,就应当用城市来比喻。城市中除了房屋、街道、空地,也许还会有桥梁、管线、花园和各种公共设施,这些设施为各街坊所共有,并将街坊组织和联系起来,形成城市的特质。至今,已由各国学者提出的 20 余种发明方法学体系中,确实有一部分内容起着沟通和连接各种专业方法和知识的作用,它们表现为各种知识重组的形式、各种方法比较选择的表格和各种汇总的数据库(如词典、物理效应表、材料性能表、关键参数表等)。

以上的类比告诉我们,掌握发明革新的措施固然重要,提高对措施进行组合运用的能力同样重要,而学习 TRIZ 发明方法有助于提高对措施组合和运用的能力。

这些措施主要是用来消除技术矛盾的,阿奇舒勒共概括了 40 个发明措施。

10.2.2 40 个发明措施

以下是解决技术矛盾的典型原理,以及一些案例。

10.2.2.1 分割原理

(1)原理内容。分割原理是指这样一种过程,其以虚拟方式或实物方式将一个系统分成若干部分,以便抽取或合并一种有益的或有害的系统属性。在多数情况下,对各部分进行重组(合并),以执行某些新的功能,并(或)消除某一问题。例如:

- 将物体分割成独立的部分。
- 使物体分成可组合的部件(易于拆卸和组装)。
- 增加物体被分割的程度。

(2)实际案例。

①挖掘机的铲斗有一个半圆形的切边。这个挖掘机的独创性在于,切边做成可移动的部件,这样维修起来更快、更容易。

②组合式家具、模块化计算机组件、可折叠木尺。

③花园里浇水的软管可以接起来以增加长度。

10.2.2.2 抽取(提取、找回、移走)原理

(1)原理内容。抽取原理是从整个系统中分离出系统的有用部分(或属

性)或有害部分(或属性)。抽取能以虚拟方式或实物方式来进行。例如:

- 将物体中"负面"的部分或特性抽取出来。
- 从物体中抽取必要的部分或属性。

(2)实际案例。

①用X射线做胸腔检查时,为了减少X射线对人体的伤害,采用一个特殊的铅保护屏,让射线只能照射到需要检查的部位。

②为了驱赶鸟儿远离机场区域,最好的发明是播放受惊鸟儿的叫声,即将这种声音与小鸟分离。

10.2.2.3 局部质量原理

(1)原理内容。局部质量原理即在某一特定区域内(局部地)改变某事物(气体、液体或固体)的特性,以便获得某种所需的功能特性。例如:

- 将物体或外部环境(动作)的同类结构转变成异类结构。
- 让物体的不同部分实现不同的功能。
- 让物体的各部分处于完成其功能的最佳状态。

(2)实际案例。

①为了在采煤中防止煤尘飞扬,在掘进机和储运机上喷水雾,水滴越小抑尘效果越好,但水滴小会影响机械工作,于是就在小水雾层外面裹上大水滴的水雾层。

②带橡皮擦的铅笔;带起钉器的榔头。

③超声波设备的中间层采用热传导率较好的材料,外层采用耐磨的材料,打孔时可以降低设备的温度。

10.2.2.4 增加不对称性原理

(1)原理内容。增加不对称性原理涉及从各向同性到各向异性的转换,或是与之相反的过程。各向同性的意思是与测量方向或对象的方位无关的对称。各向异性的意思是不对称,或是依目标的方位与(或)对其进行测量的方向的不同而不同。例如:

- 用非对称性代替对称性。
- 如果对象已经是非对称,增加其非对称的程度。

(2)实际案例。

①非对称容器或者对称容器中的非对称搅拌叶可以提高混合的效果(如水泥搅拌车等)。

②在通过对称漏斗排放湿喷砂时,喷砂会在开孔上方形成一道拱柱,造成不规则流,非对成形状的漏斗消除了这种拱柱效应。

③线拉直器由一个凸轮和凹轮组成，非对称的结构形式可以提高线的拉直速度和效率。

10.2.2.5 **组合原理**

(1)原理内容。组合原理是在一个系统的各功能、特性或部分之间建立一种联系，使其可产生一种新的、想要的或唯一的结果。通过对先前已有功能进行组合，可以生成新的功能。例如：

- 在空间上将共性部分或相关的操作加以组合。
- 在时间上将共性的部分或相关的操作进行组合。

(2)实际案例。

①网络中的个人计算机。并行处理计算机中的多个微处理器。可以设计一套新型的紧急医疗用"瑞士军刀"，如图10－2所示。只要将其部件一一打开，你就会发现这原来是一款微型医药箱——创可贴、急救药丸、消毒喷雾和哨子，小小的空间一点也不浪费，满满当当。

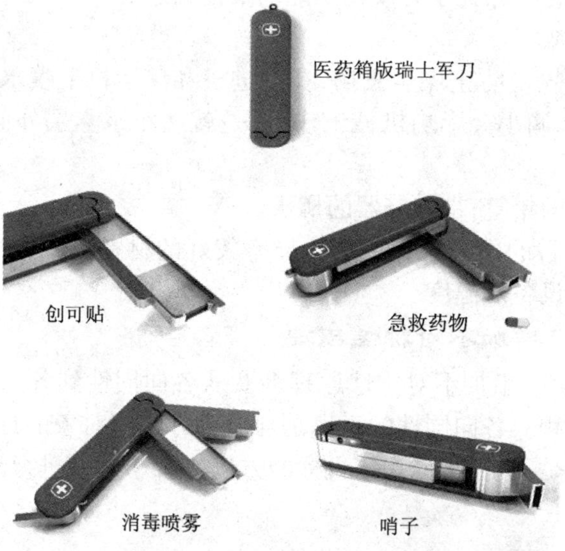

图10－2

②同时分析多项血液指标的医疗诊断仪器。挖掘机的挖掘齿轮上安装有可提供热蒸汽的喷管，用来溶化坚硬的冻土。

10.2.2.6 **多用性原理**

(1)原理内容。各用性质原理是使一个系统变得更为均质和综合，即使得物体或物体的一部分实现多种功能，以代替其他部分的功能。

(2)实际案例。

①在一艘帆船中空的船体内放置一块大电池，使帆船具有一定的重量，以提高其稳定性。当船帆展开，船在风力作用下形式时，螺旋桨推进器可以为电池充电；当船帆收起时，电池可以为螺旋桨提供动力。

②内部装有牙膏的牙刷柄。

③帽子可以当做手提袋来使用。

10.2.2.7 嵌套原理

(1)原理内容。嵌套原理是设法使彼此吻合、配合或放入。嵌套是彼此吻合、彼此组合、内部配合的性质。例如：

• 将一个物体嵌入另一个物体中，然后将这两个物体再嵌入第三个物体中，以此类推。

• 一个物体穿过另一个物体的空腔。

(2)实际案例。

①图 10－3 为日本某设计师设计的便携拖鞋。在组装之前，拖鞋与普通鞋垫没什么区别，可以很方便地塞进旅行箱，带上五六双也没有问题。在使用时，只要将两头微微翘起的环状边缘向内拉起并扣在一起，一双漂亮的拖鞋就瞬间现身了。

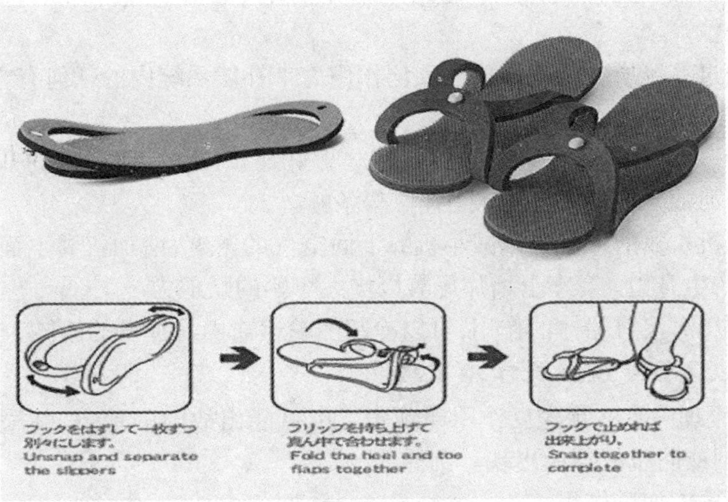

图 10－3

同样，可以设计出方便携带与存放的折叠嵌套桌，如图 10－4 所示。

②伸展天线。伸缩变焦镜头。滑行门、推拉门。

图 10 - 4

10.2.2.8 **重量补偿原理**

(1)原理内容。重量补偿原理即进行等效补偿并建立均匀分布,寻求对抗或平衡。例如:

- 将一个物体与另一个能提供升力的物体组合,以补偿其重量。
- 通过与环境(利用空气动力、流体动力或其他力等)的相互作用实现物体的重量补偿。
- 通过系统所在环境提供的反向作用力来补偿系统内的任何有害属性。

(2)实际案例。

①在一捆原木中加入泡沫材料,使之更好地飘浮。利用气球的升力可以临时提起跨河的光缆线。用气球悬挂广告条幅。

②飞机机翼的形状可以减小机翼上面空气的密度,增加机翼下面空气的密度,从而产生升力。赛车上增加尾翼以增大车辆的贴地力。

③利用海浪对船体的作用,可以冷却油轮运输中易挥发的液体。

10.2.2.9 **预先反作用原理**

(1)原理内容。预先反作用即预先了解可能出故障的地方,并采取行动来消除、控制或防止故障的出现。例如:

- 预先施加反作用。
- 如果物体处于受拉伸工作状态,则预先施加压力。

(2)实际案例。

①生产瓦楞纸板的过程中,瓦楞纸是向着纸面的相反方向来弯曲的,因为

当纸面上涂抹的胶干了以后,纸板会自动变平。可对平板拖车的平板预加应力(使之上拱),以便其实现更为高效的运输载荷。

②在浇铸混凝土之前对钢筋进行预压处理。

10.2.2.10 预先作用原理

(1)原理内容。预先作用即在另一事件发生前执行某种作用。例如:

- 预先对物体(全部或部分)施加必要的改变。
- 预先安置物体,使其在必要时能立即在最方便的位置发挥作用。

(2)实际案例。

①在一个开放的区域进行爆破作业时,使用水帘可以抑制扬起的灰尘。在中心爆破开始前先引爆周围水槽中的爆炸索以形成"水帘",阻挡中心爆炸引起的尘土的四处扩散。在给孩子穿衣服之前摆好他们的衣服,可加快给他们穿衣服的过程。

②信封设计是通过封装前于封盖下放置拆封线或拆封条来实现。该方案已申报美国专利(如图10-5所示)。

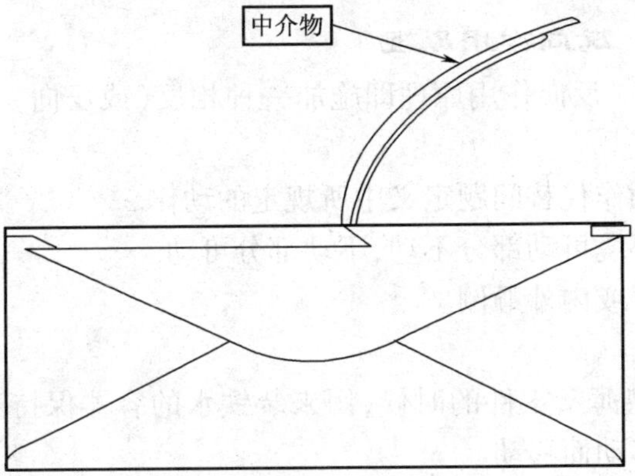

图10-5

10.2.2.11 预先应急措施原理

(1)原理内容。预先应急措施即事先做准备,并了解没有任何事物是完全可靠的。针对物体相对较低的可靠性,预先准备好相应的应急措施。

(2)实际案例。

①可以将婴儿褥垫及其他家具制成耐燃的,以在住宅火灾中最大限度地减少死伤。

②急转弯处用旧轮胎来做缓冲以降低事故发生的概率。

③商场在其出售物品上安装磁标签,未付款的商品在经过出口的时候会触发报警器,可有效防止盗窃。

④把一个刚性的金属盘放进轮胎里,没有气压时也能继续行驶。

10.2.2.12　**等势原理**

(1)原理内容。等势原理即改变工作状态,以减少物体提升或下降的需要。等势原理涉及3种可以单独使用或合并起来使用的概念:在一个系统或过程的所有点或方面建立均匀位势,以获得某种系统增益;在系统之内建立关联,以支持相等位势;建立连续及完全互连的关联及联系。

(2)实际案例。

①集装箱不直接装进货车,而是由液压缸稍加提升,放到一个制成平台上,这样不用起重机就能把很高的集装箱放到货车上。

②用来运输大型水泥管的卡车采用一个可滚动的机械手臂从水泥管中间穿过,将其轻轻吊起,即可运至目的地。

③更换汽车引擎机油时,工人只要把车开到维护窖道上进行维修即可,不必使用任何起重设备。

10.2.2.13　**反向作用原理**

(1)原理内容。反向作用原理即施加一种相反(或反向)作用:上下倒置或内外翻转。例如:

- 用相反的动作代替问题定义中所规定的动作。
- 让物体或环境可动部分不动,不动部分可动。
- 将物体上下或内外颠倒。

(2)实际案例。

①在铸造大型薄壁零件的时候,用来装铁水的容器保持不动,而让平台内的零件随平台的移动而移动。

②游泳练习池采用流动的水,这样练习者在游动的情况下仍保持其相对位置是不动的。

③在电烤炉的上下两边都安装发热的电阻丝,这样在烘焙的时候,饼干的上下两边就可以同时受热。

10.2.2.14　**曲面化原理**

(1)原理内容。曲面化原理即用曲线或球面属性取代线形属性。例如:

- 用曲线部件代替直线部件,用球面代替平面,用球体代替立方体。
- 采用滚筒、球体、螺旋体。
- 利用离心力,用旋转运动代替直线运动。

(2)实际案例。

①机场采用圆形跑道,可以使跑道的距离无限延长。

②圆珠笔的球状笔尖使得书写流利,而且提高了寿命。

③油井铁架塔有一个直径在80~90米的转轮。这个转轮可以直接取出长长的钻管而不需要拆卸,这样可以将作业速度提高6倍。

10.2.2.15 **动态特性原理**

(1)原理内容。动态特性原理即使一个系统、一种状态或一种属性成为短暂的、临时的、可动的、自适应的、柔性的或可变的。例如:

- 改变物体或外部环境的特性,以便在操作的每个阶段都能提供最佳性能。
- 将一物体分成能够改变相对位置的不同部分。
- 将非运动物体变为动态的,增加其运动性。

(2)实际案例。

①橡胶泳蹼。这个发明的不同之处在于,泳蹼沿纵向空间充满了不可压缩的惰性气体,必要时,其静态压力可以在海岸上或者水下调整。这就能控制泳蹼的硬度,适于不同类型的游泳:远程游泳或者快速游泳。

②车辆框架由用铰链连接的两部分组成,框架部分的相对位置可以用液压缸调整。这样的设计增加了车辆穿越岩石地带的能力。

③伸缩自如的插座。(如图10-6所示)

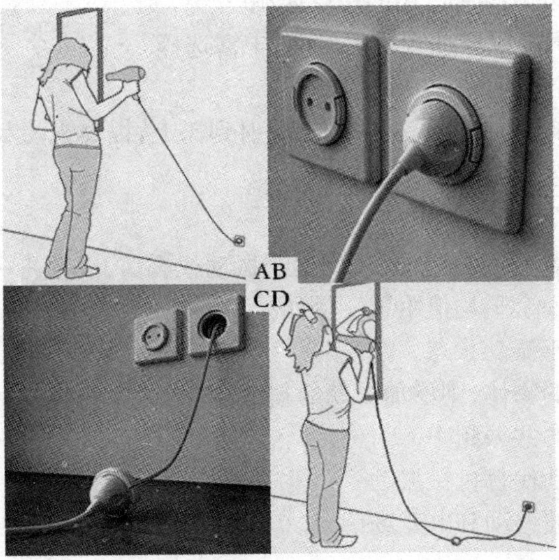

图10-6

10.2.2.16 未达到或过度作用原理

（1）原理内容。未达到或过度作用原理即运用“多余”所需的某种作用或物质，然后对结果进行处理；运用“少于”所需的作用或物质，然后对结果进行处理。

（2）实际案例。

①大型船只在制船厂的制造，往往先不安装船体上部的结构，以避免船只从船厂驶往港口的过程中受制于途中的桥梁高度，待船只到达港口后再安装上部的结构。

②要看清等离子切割过程是很困难的，为了保证切割完全，可让等离子弧发出过剩的离子火焰。

10.2.2.17 空间维数变化原理

（1）原理内容。空间维数变化原理即将一个线性系统的方位由垂直变为水平、由水平变为倾斜、由水平变为垂直等。例如：

- 将物体从一维变到二维或三维空间。
- 单层排列的物体变为多层排列。
- 将物体倾斜或竖直放置。
- 利用物体的反面。
- 利用照射到邻近区域或物体北面的光线。

（2）实际案例。

①螺旋梯可以减少所占用的房屋面积。

②多碟 CD 机可以增加音乐的时间，丰富选择。

③圆木直立排列存放。

④在树下放置反射镜面，把太阳光反射到树上，提高光的利用率。

⑤温室采用太阳能板聚集热量。

10.2.2.18 机械振动原理

（1）原理内容。机械振动原理即运用振动或震荡，以便将一种规则的、周期性的变化包含在一个平均值附近。例如：

- 使物体处于振动状态。
- 对有振动的物体，则增加振动的频率（甚至达到超声波）。
- 使用物体的共振频率。
- 用压电振动代替机械振动。
- 利用超声波振动和电磁场耦合。

（2）实际案例。

①利用电极的低频振动，采用振动弧焊来焊接助焊剂里面的部件。这个发明的特点是，在电极的低频振动上叠加一个高频的超声振动（例如 20kHz），这样能提高电镀层金属的质量。

②振动送料器。

③用超声波共振来粉碎胆结石或肾结石。

④石英晶体震荡驱动高精度的钟表。

⑤外科手术用超声波接骨法。

10.2.2.19 周期性作用原理

(1)原理内容。周期性作用原理即改变一种作用的执行方式，以获得某种所需的结果。例如：

- 用周期性作用或脉冲作用代替连续作用。
- 如果已经是周期性作用，则改变其运动频率。
- 在脉冲周期中利用间隙来执行另一有用作用。

(2)实际案例。

①在鼓风机上加装脉冲装置，使空气按脉冲方式喷出，就能有效地把积雪吹离跑道。还可以优化选用最佳的脉冲频率、空气压力和流量。工程实践证明，脉冲气流除雪效率是连续气流除雪的两倍。（如图 10－7 所示）

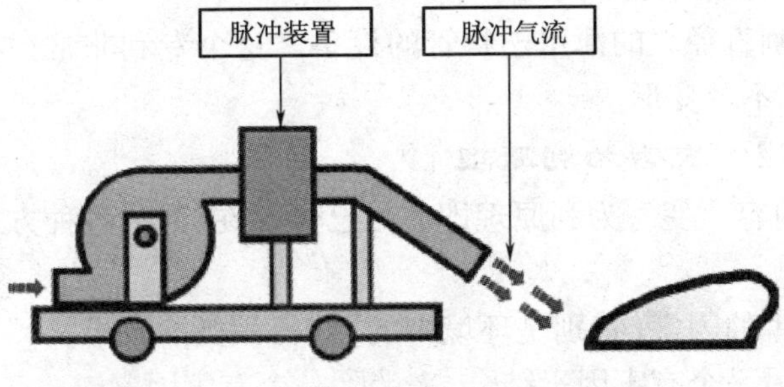

图 10－7

②在开矿的过程中，给挖煤机钻头充上并加上脉冲压力，以便更好、更容易地挖煤。

③热电偶的测试方法，包括两个步骤：加热热电偶和测试电动势是否出现。新方法的不同之处在于，用周期性的脉冲电流加热热电偶，而在脉冲之间的间隙测试电动势是否出现，这样能减少测试时间。

10.2.2.20 有效作用的连续性原理

(1)原理内容。有效作用的连续性原理即产生连续流与（或）消除所有空

闲及间歇性动作,以提高效率。例如:

- 连续实施动作不要中断,物体的所有部分应该一直处于满负荷工作状态。
- 清楚空闲和间歇性动作。
- 用循环的动作代替“来来回回”的动作。

(2)实际案例。

①把焊接机的焊头做成滚轮状,以便其持续作业。

②带有切削刃的钻头可以进行正反方向的连续切削。运油船在卸掉油的时候装运粗糖。

③可转动的实验室桌子。

10.2.2.21 减少有害作用的时间原理

(1)原理内容。减少有害作用的时间原理即若某事物在一个给定速度下出现问题,则使其速度加快。

(2)实际案例。

①卸原木时,使用一种特殊的船,运输原木的船能倾斜一个很小的角度。为了把全部原木都倒到水里,原木船必须倾斜一个很大的角度,这样很不安全。新方法是,使船以一定的频率振动,然后突然施加一个外力,使船倾斜一个较小的角度,就可以将所有原木倒入水中。

②一种切割直径大的薄壁塑料管的设备。这个专利非常独特的是,切割速度很快,管子来不及变形。

10.2.2.22 变害为利原理

(1)原理内容。变害为利原理即害处已经存在,寻找各种方式,用它来增加价值。例如:

- 利用有害的因素(特别是环境中的)获得积极的效果。
- 通过与另一个有害因素结合,来消除一个有害因素。
- 增加有害因素到一定程度,使之不再有害。

(2)实际案例。

①用废弃的热能来发电。

②在潜水中使用氦氧混合气,既消除氮气引起的昏迷,也消除空气或其他硝基混合物带来的氧中毒。

③用逆火烧掉一部分植物,形成隔离带,来防止森林大火的蔓延。

10.2.2.23 反馈原理

(1)原理内容。反馈原理即将一种系统的输出作为输入返回到系统中,以便增强对输出的控制。例如：

- 通过引入反馈来改善性能。
- 如果已经引入了反馈，则改变其大小和作用。

(2)实际案例。

①风在冷却塔中会产生涡旋区域，这些区域会降低水冷却的深度。为了提高塔中不同部分的冷却效率，安装了温度传感器，它能够自动发出信号并控制进出塔的水量。

②自动启动传送带的方法。其特点是，它测量传送带主马达在工作期间，与传送带承载重量相对应的功耗。在传送带关机时记录数据，当传送带重新开机时，就把与传送带承载材料重量成反比的信号，发送到启动马达上。

10.2.2.24 中介物原理

(1)原理内容。中介物原理即利用某种可轻松去除的中间载体、阻挡物或过程，在不相容的部分、功能、事件或情况之间经调解或协调而建立的一种临时链接。例如：

- 使用中介物来传递或者执行一个动作。
- 临时把原物体与另一个容易移走的物体相结合。

(2)实际案例。

①向液态金属供电的方法。这个发明的不同之处在于，它把冷却电极放到一种液态金属媒介中，提供电流。这种金属媒介与主金属相比，熔点更低，沸点、密度更高。这样能减少电能的损失。

②一种用抑制空气腐蚀的挥发性物质来覆盖被保护表面的方法。其特点是，它把充满了这种抑制剂的热空气，吹进内部形状复杂的物体中。这样，这些物体的内表面就能被均匀覆盖。

10.2.2.25 自服务原理

(1)原理内容。自服务原理即在执行主要功能(或操作)的同时，以协同或并行的方式执行相关功能(或操作)。例如

- 物体通过执行辅助或维护功能而服务于自身。
- 利用废弃的材料和能量。

(2)实际案例。

①水下呼吸罐子的压力大约是1380千帕，在到达潜水员肺部之前，这个压力必须减少到20~28千帕。让高压气体通过一个装置，这个装置可以推动潜水员后背上的一对鱼鳍，对潜水员产生推动作用，帮助潜水员在水下行走的距离提高了7倍。

②在发生地震的时候,锥形水泥水坝具有自我密封的功能,这个大坝会向下沉入沙子中。

10. 2. 2. 26　**复制原理**

(1)原理内容。制造原理即利用一个拷贝、复制品或模型来代替因成本过高而不能使用的事物。例如:

• 用经过简化的、廉价的复制品替代不易获得的、复杂的、昂贵的、不方便的或易碎的物体。

• 可见光仪器可由红外线或紫外线仪器替代。

• 用光学图像替代物体(或物体系统),然后缩小或放大它。

(2)实际案例。

①虚拟驾驶游戏机。

②用红外图像来检测热源,例如对农作物疾病,或者安保中系统中的入侵者监测。

③通过产生声谱图来评估胎儿的健康状况,而不冒险采用直接测试的方法。

10. 2. 2. 27　**一次性用品原理**

(1)原理内容。一次性用品原理即运用较廉价的、较简单的或较易处理的对象,以便降低成本、增强便利性、延长使用寿命等。

(2)实际案例。

①一次性针管。

②低成本的一次性打火机替代了容易丢失的高价打火机。

③纸做的衣服。

10. 2. 2. 28　**替代机械系统原理**

(1)原理内容。替代机械系统原理即利用物理场(TRIZ 创新原理最显而易见的运用)或其他的形式、作用和状态来代替机械的相互作用、装置、机构及系统。此原理实际上关系到改变或替代操作原理。例如:

• 用光学系统、声学系统、电磁学系统或影响人类感觉的系统来代替机械系统。

• 运用电场、磁场、电磁场和一物体进行相互作用。

• 用运动场替代静止场、时变场代替恒定长、结构化场代替非结构化场。

• 利用磁性物质的场作用。

(2)实际案例。

①通过声音控制抛光的过程。

②显微镜通过一个金属棒和一个电热元件观测物体的微观运动。

③早期通信中采用全方位的发射,现在使用有特定发射方式的天线。

④生产剖光波形玻璃片的方法:在金属溶液表面放入玻璃水(玻璃水与金属溶液不互溶),用电磁波产生可控的波浪作用于金属溶液,这样就能使表面玻璃水形成波纹,进而做成波形的薄玻璃片。

10.2.2.29　**气压和液压结构原理**

(1)原理内容。气压和液压结构原理即运用空气或液压技术来替代普通系统元件或功能。将物体的固定部分用气体或流体代替,如充气结构、充液结构、气垫、液体静力结构和流体动力结构等。

(2)实际案例。

①火车上用气垫来固定货物。

②卫星天线可采用充气式结构制造,这样能节省空间,通过充气能产生所需的几何形状。

10.2.2.30　**柔性壳体或薄膜原理**

(1)原理内容。柔性壳体或薄膜原理即将传统构造替换为薄膜或柔性、柔韧壳体构造。同样,可以利用一层薄膜或一个柔性、柔韧壳体使一个对象与其环境隔离。例如:

• 使用柔性壳体或薄膜代替通常结构。

• 使用柔性壳体或薄膜,将物体与环境隔离。

(2)实际案例。

①可以调解焦距的镜子,用薄膜制成。当向里面充入气体时,镜子的曲率就会发生改变。

②为了减少树叶的水分损失,美国研究人员往树叶上喷洒聚乙烯"雨",树叶上就形成一个非常薄的塑料膜。穿着塑料大衣的植物能够正常生长,因为聚乙烯能让氧气和二氧化碳更好地通过,而水分却不容易蒸发。

10.2.2.31　**多孔材料原理**

(1)原理内容。多孔材料原理即通过增强其多孔性(产生孔穴)而改变一种气体、液体或固体的状况。例如:

• 让物体变成多孔的,或者使用辅助的多孔部件(如插入、覆盖等)。

• 如果一个物体已经是多孔的,那么事先往孔里填充某种物质。

(2)实际案例。

①气凝胶通常是重量很轻的材料,这是因为其体积内几乎全部是空气,而只有不到百分之几是实际材料。气凝胶是通过在材料中产生显微缩孔而形成

的,并且用做轻型高能电容器中的绝缘材料。

②烧结青铜轴承是多孔的,这些小孔可用来容纳润滑剂,这些润滑剂可以在运行过程中起润滑作用。

10.2.2.32 改变颜色原理

(1)原理内容。改变颜色原理即改变对象或系统的颜色,以便提升系统价值或解决检测问题。例如:

• 改变物体或其环境的颜色。

• 改变物体或其环境的透明度。

• 对于难以看到的物体或过程,使用颜色添加剂来观测。

• 如果已经添加了颜色,则考虑增强发光追踪或原子标记。

(2)实际案例。

①把钥匙的前部(插到锁眼里的那部分)做成彩色的,或在钥匙上系一些染有颜色的带子,以迅速选取某把特定锁需要的钥匙。

②用透明材料制成的绷带可以更好地观察伤口。

③当有过多湿气存在时,湿度检测卡的颜色由白色变为粉红色。

④轧钢作业时用水幕来阻止高温对工人的伤害,但同时它也阻挡了可见光,为了让工人既能看到轧钢情况又不受高温伤害,于是就在水中加入颜料让它过滤红外线,而保持可见光的透光性。

10.2.2.33 同质性原理

(1)原理内容。同质性原理即与主体相互作用的物体,应该由主物体的同种材料(或具有相似属性的材料)制成。

(2)实际案例。

①在融化的钢水中,传递超声波的振动杆会使一些成分脱落到钢水中。为防止污染钢水,振动杆选用和钢水一样的材料。

②使用与容纳物相同的材料来制造容器,以减少发生化学反应的机会。

10.2.2.34 抛弃和再生部件原理

(1)原理内容。抛弃和再生原理事实上是两条原理合二为一的。抛弃是从系统中去除某事物;再生是将某事物恢复到系统中以进行再利用。例如:

• 物体的部件在完成其功能,或者变得没用之后,就被扔掉(丢弃、溶解、挥发等),或者在工作过程中已经改变。

• 物体已经用掉的部件,应该在工作期间恢复。

(2)实际案例。

①紧急着陆时,飞机燃油变成泡沫,这种泡沫中含有特殊的化学物质,可阻

止燃油燃烧。一家瑞典公司已开始生产对环境安全的、可生物降解的瓶子。

②人们将一些化学物质放入电灯泡，从而使得灯丝在老化的同时得到恢复（再生）。在相同的电灯泡中，由一个称为吸气器的器件来吸收氧气（一种环境废物），以防止灯丝损坏。

10.2.2.35　改变特性原理

（1）原理内容。改变特性原理即改变一个对象或系统的属性，以提供一种有用的益处。例如：

- 改变系统的物理状态。
- 改变浓度或密度。
- 改变柔韧程度。
- 改变温度或体积。

（2）实际案例。

①在制作甜心糖果的过程中，先将液态的夹心冰冻，然后浸入融化的巧克力中，这样避免处理杂乱、胶黏的热液体。

②将氧气、氮气或石油气从气态转换成液态，以减小体积。

③使橡胶硫化（硬化）来改变其柔韧性和耐久性。

④用金属制成电加热套，通电加热到某温度，传感器工作切断电流。人工把塑料管子和弯头插入加热套两端1～2秒，管件受热面塑料熔化成厚糊状，拔出管件，立即把管子与弯头相互插入对接成整体。（如图10－8所示）

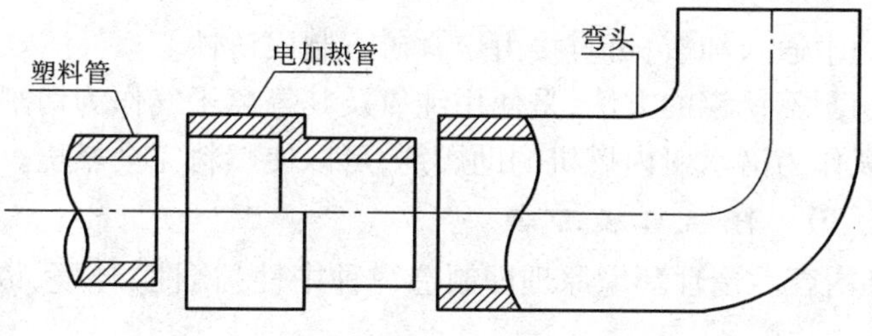

图10－8

10.2.2.36　相变原理

（1）原理内容。相变原理即利用一种材料或情况的相变，来实现某种效应或产生某种系统改变。

（2）实际案例。

①热盐在白天温度高时吸收并贮存热量，在夜间温度低时放出热量。

②在汽车节温器中，蜡受热膨胀时，阀门打开，开始向散热器输送冷却液。

当冷却液的温度降低时，蜡收缩并关闭阀门，循环结束。

10.2.2.37 热膨胀原理

(1)原理内容。热膨胀原理即将热能转换为机械能或机械作用。例如：

- 改变材料的温度，利用其膨胀或收缩效应。
- 组合利用具有不同热膨胀系数的多种材料。

(2)实际案例。

①紧配合装配中，冷却内部件使之收缩，加热外部件使之膨胀，装配完成后恢复到常温，内、外件就实现了紧配合装配。

②双金属片传感器，使用两种不同膨胀系数的金属材料并连接在一起，当温度变化时双金属片会发生弯曲。

10.2.2.38 逐级氧化原理

(1)原理内容。逐级氧化原理即加速氧化过程(增加氧化作用的强度)，以改善系统的作用或功能。其主要目的是强化加工工艺。例如：

- 从空气到富氧空气。
- 从富氧空气到纯氧。
- 从纯氧到离子态氧。
- 从离子态氧到臭氧化氧。
- 从臭氧化氧到臭氧。
- 从臭氧到单态氧。

(2)实际案例。

①在熔炉中通入纯氧，可直接由熔融矿石制成铸铁。

②一种切割不锈钢的方法，是使用纯氧及其等离子气作为切割气体。

③用臭氧作为潜水艇内燃机的助燃剂，可以使燃料完全燃烧。

10.2.2.39 惰性环境原理

(1)原理内容。惰性环境原理即制造一种中性(惰性)环境，以便支持所需功能。例如：

- 用惰性环境代替通常环境。
- 往物体中增加中性物质或添加剂。
- 在真空中完成某种操作。

(2)实际案例。

①在铸铁车间，在装满铁水的容器的上方，用氩气代替空气，形成惰性环境。

②用氩气等惰性气体填充灯泡，防止发热的金属灯丝氧化。

③真空包装。

10.2.2.40 **复合材料原理**

(1)原理内容。复合材料原理即用复合材料代替同性质的材料。

(2)实际案例。

①熔点高、重量轻、强度大的部件及其铝基,用覆盖着碳纤维的钽来加固。它们有很高的弹性系数,可用于制造飞机和轮船。

②由燃料和铁磁粉复合而成的磁性墨水可以通过磁场显影。

③汽车轮胎是由橡胶和钢丝形成的复合结构——改善了抓地性能,提高了耐久性和可靠性。

实际案例

菲利普灯泡的改进

绿色家电是当今家电产业的发展趋势之一。菲利普(Philips)公司开发的小型荧光灯(CFL:Compact Fluorescent Lamp)是白炽灯良好的替代产品。它具有省电、使用寿命长、易回收再利用和环保的优点。光灯具有省电、节能的优点,有很高的经济效益和社会效益。但其系统存在技术矛盾:为了保证荧光灯亮度的稳定性,就不得不增加水银蒸气的量;减少水银蒸气的量,有利于环境保护,但降低了荧光灯工作的可靠性,并增加了能量的耗费。本例可以使用矛盾矩阵和原理来分析、解决问题。

使其系统性能提高的技术特性是:物质的量及作用于物体的坏的因素。

使其系统性能降低的技术特性是:可靠性、能量的浪费、静止物体使用的能量。

这样,得到了3组技术矛盾:

(1)减少水银蒸气的量(物质的量),但荧光灯工作的可靠性降低(可靠性)。

(2)减少水银蒸气的量(物质的量),但需要耗费更多的电能(能量的浪费)。

(3)有利于环境保护(作用于物体的坏的因素),但荧光灯使用的能量增加了(静止物体使用的能量)。

对这3组技术矛盾分别运用技术矛盾解决矩阵的方法得到3个创新原理

提示以开拓思路：

(1)减少水银蒸气的量(物质的量)，但荧光灯工作的可靠性降低(可靠性)。

由技术矛盾矩阵[物质的量/可靠性]得到28#创新原理提示：机械系统的替代。

(2)减少水银蒸气的量(物质的量)，但需要耗费更多的电能(能量的浪费)。

由技术矛盾矩阵[物质的量/能量的浪费]得到7#创新原理提示：嵌套。

(3)有利于环境保护(作用于物体的坏的因素)，但荧光灯使用的能量增加了(静止物体使用的能量)。

由技术矛盾矩阵[作用于物体的坏的因素/静止物体使用的能量]得到37#创新原理提示：热膨胀。

最终结果：在创新过程中应用了7#，28#和37#创新原理。

A 应用7#创新原理

解决方案：在真空管的里面内嵌一个玻璃囊。

B 应用28#创新原理

解决方案：用高频的电磁场来打破这个玻璃囊。

C 应用37#创新原理

解决方案：利用金属线和玻璃囊的热膨胀系数的不同释放水银蒸气。经过计算，满足性能要求的最小剂量的水银蒸气被密封在玻璃囊中。在玻璃囊的内壁上嵌着金属线圈。该玻璃囊被内嵌在真空管的一端。荧光灯被制造出来后，通过一个高频的电磁场来加热玻璃囊。由于玻璃囊和金属线圈的热膨胀系数不一样，使金属线圈能够切断玻璃囊，释放出水银蒸气。同一般的荧光管相比，用这种新的制造技术至少可以减少75%的水银含量，减少了对环境的污染。[①]

思考练习题

1. 试述掌握措施组织方式的必要性？
2. 措施的组织方式有哪几种？试分别加以论述。

① http://hi.baidu.com/joyfull/blog/item/897d55dabb9c68dfb7fd4870.html(2008－1－22).

10.3 发明课题的三层矛盾分析

引导案例

物质—场分析

金属热轧加工时，变形区域需要润滑剂。液体润滑剂通常用特殊的刷子或喷雾装置供给（见图10-9），润滑剂供给不均匀、洒落浪费等问题需要一种高效率且能均匀供给润滑的方法。

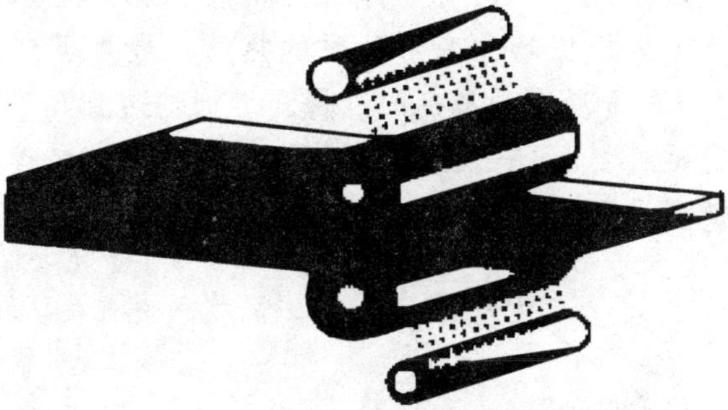

图10-9 热轧喷雾润滑

图10-9为热轧喷雾润滑方式[TS]的方法，此问题的解决如下：

(1)指定物体S_1。此问题的主要目的是向变形区域提供润滑剂，所以将润滑剂作为物体S_1。

(2)确定场F。在原系统中，润滑剂是由喷雾器产生的机械场（液压）作用于物体S_1，但是这个机械场并不能完全满足要求，需要重新选定一个场F来满足要求。

(3)物质—场的初期模型。通过上述分析，原有系统的物质—场模型见图10-3指向物体S_1的实线箭头为有用的相互作用。

(4)指定作用体S_2。此问题的产生是由于没有适当的作用体将润滑剂准确、均匀地提供到变形区域而引起。因此，为了解决该问题，有必要引入作用体S_2来完成物质—场模型。

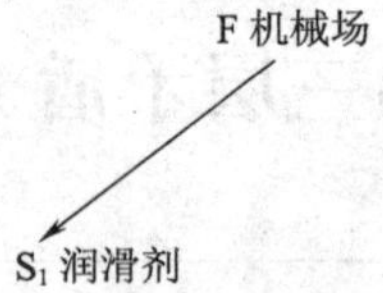

图 10－10　原系统物质—场模型

(5)生成所希望的物质—场模型。所希望的物质—场模型见图 10－11,能够准确、均匀地提供润滑剂,但对热轧工艺过程不产生影响。最理想的 S_2 是:准确、均匀地提供润滑剂后就在系统中消失。而理想的场最好是由系统中已有物体产生。该系统中理想的场应该是由回转轧辊产生的机械场和变形区域的热场。最终得到的问题解决对策见图 10－12,用浸满润滑剂的纸将润滑剂均匀且几乎没有浪费地送入轧辊和压延材之间,变形区域产生的高温将纸燃烧掉。系统的最终物质—场模型见图 10－13。①

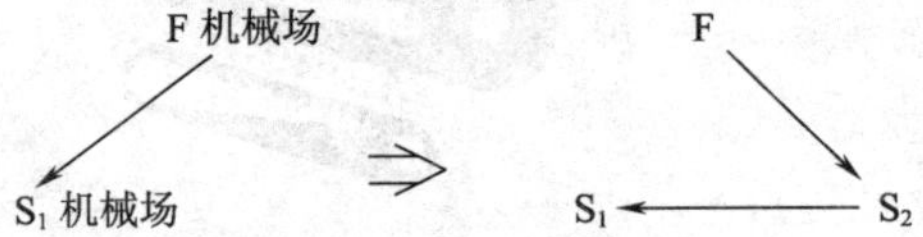

图 10－11　质—场模型

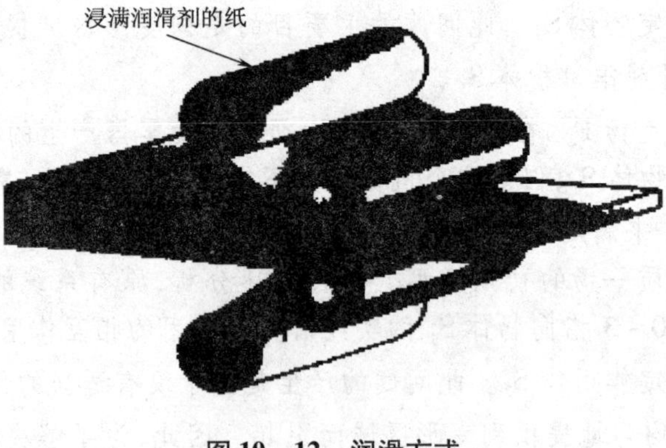

图 10－12　润滑方式

① 牛占文. 发明创造的科学方法论—TRIZ[J]. 中国机械工程,1999,19(1).

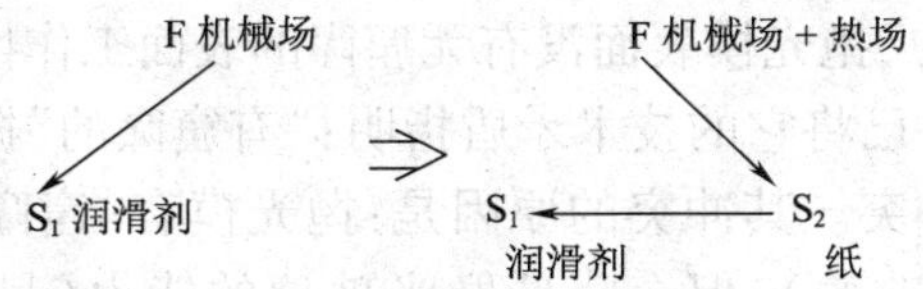

图 10－13 质一场模型

10.3.1 课题的三层矛盾

措施的有效性取决于恰当地运用这一特点，使我们必须对提高活用措施的能力寄予重视。仅仅了解措施的类型、特点、用法还不能使人活用，只有进一步了解课题的性质、要求、限制条件等因素，才有可能根据后者从众多措施中选用恰当的措施。

课题的性质是指课题属于何类问题。发明课题通常与实际的工程技术问题、管理问题、工作问题混杂在一起。表面看来，导致发明课题的问题只是一个工作问题，同改进外观、节约材料的设计问题，计算强度、分析应力的技术问题和依图施工的工程问题，控制成本、保证质量的管理问题，没有显著的差别，因而难以区分。但实际上，上述设计、技术、工程、管理等工作问题中，有相当大部分是无须发明仅仅利用现有的知识按常规就可以解决的。只有那些直接按常规用已有知识难以解决的问题，才存在发明创造的必要，因而才包含发明课题。由各类工作问题中提炼出发明课题可以有三个层次。首先，由工作问题（不满）中找到管理矛盾，即用现有知识按常规无法解决的管理问题，此时必须将上述用现有知识按常规能够处理的设计、技术、工程问题同这一管理问题相区分。其次，进一步找出造成该管理问题的技术矛盾，即当采用已有技术来改善某一技术指标时，会导致另一技术指标下降的矛盾。最后，寻找引起技术矛盾的物理原因，即物理矛盾。一般说来，由于提出和解决发明课题时所涉及的课题本质深度不同，因而会导致不同等级的课题水平和具有不同独创性水平的成果，这个问题与发明战略有关。

比管理矛盾深一层的是技术问题和技术矛盾。而物理矛盾是课题最深层的本质，因此，虽然在克服技术矛盾时能够完成技术上的发明革新，却未最终解决这个课题。只有消除了课题的物理矛盾，才能得到最合理的技术方案。如果在选择措施前，通过对课题的深入分析揭示了潜藏在管理矛盾背后的技术矛盾和物理矛盾，我们就有可能由技术矛盾或物理矛盾的性质、范围获得提示，从而有目的地寻找适当的措施。例如，在抛光光学玻璃时，必须向抛光模供给冷却液(假如抛光模是树脂制成的)。人们曾经尝试在抛光模上打些眼孔,以使冷却液通过,但“有窟窿的”抛光模表面没有无窟窿的表面工作性能好,应该怎么办?

这个课题的条件已将它的技术矛盾指明:“有窟窿的”抛光模的冷却能力与抛光玻璃的能力相冲突。其冲突的原因是:抛光模有“窟窿”,虽可使冷却液很好地通过(一个因素改善),但会降低磨光玻璃的能力(另一个因素变坏);相反,抛光模的硬的部分能磨光玻璃,却不能使冷却液通过。因此,为了磨光玻璃,抛光模的表面应当是硬的,为了通过冷却液,它又应当是空的。由于这种物理原因造成了物理矛盾:对一同抛光模提出了两个相互对立的要求。正是这种相互对立的要求:“要使抛光模的全部表面都是连片的窟窿,同时又是连片的固体”,这就造成一种假象,似乎这种矛盾是根本不能解决的,但它的提示也正是在于矛盾已尖锐到了极端。比如,假如抛光模是由冰和冻在那里的磨料所组成,冰在抛光时由于摩擦生热而会融化,这样不就保证了所要求的相结合的性质了吗?显然,抛光模的表面仍然是硬的,同时,它又仿佛到处都能让冷却水通过。由此看来,提高活用措施的能力,必须首先对课题的深层本质加以揭示。

10.3.2 限制性原则

课题的限制条件实际上是选择解题措施的一些限制性原则,是由社会需求、用户要求、使用环境条件、生产安装贮运条件等客观因素构成的。

限制性原则通常是指决定发明目标(因而也是评选的标准)时应考虑的因素,如发明物应达到的性能、成本、需要量、系统系列、完成期限等,在这里,非技术因素——特别是指来自用户与市场的要求。因素是最基本的限制,多专利保护、竞争情况、投产投销的成功可能性等也是重要的限制因素。从技术角度来看,有如下一些主要的限制性原则:

(1)性能目标、系统系列、完成期限。

(2)交界面状态的限制,即体系的输入、输出的状态和性能的定性定量数据的限制,如电源功率、转数、连接方式、接头数等。

(3)体积、重量、使用环境条件的限制。

(4)操作条件与使用维护条件的限制。

(5)可靠性要求,安装运输与贮存条件。

(6)人类工程学与技术美学限制。

(7)安全条件与排放条件的限制。

(8)附属装置、特殊结构、组合件系统等方面的限制等。

显然,限制性原则要根据具体发明情境和发明任务来确定,在多数情况下要求有定量的数值。

以上限制性条件因限制性质与程度不同,在发明过程中所起的作用也有所不同,其合理结果是形成一种优先次序,即根据限制性条件的重要性来逐步明确发明的目标要求。其步骤为:

第一,选定、明确用户,判断市场与要求。

第二,据(1)明确用户要求的性质、种类和范围。

第三,据(2)确定发明物应有的功能与界面条件。

第四,据(3)确定发明物的设计规格与材质,同时,可按发明物功能判断其售价、销售量、竞争力和销售额。

第五,在做出原理性发明之后,据(4)确定制造方法、加工技术和工艺工装。

第六,由制造工艺与原材料估算成本与利润。

其中前4步是与发明有关的步骤,后两步则与革新、推广有关。

实际案例

宝马(BMW)车外形设计

目前市场上无甚特色的小型汽车,在某种意义上还不能成为有钱人身份、地位的象征。以生产大型豪华私人轿车为主的德国宝马和奔驰公司准备联合开发出一种名牌智能化的小型汽车(如图10-14所示),使其在汽车市场上独领风骚。开发出的系列新款迷你型汽车在城市中使用非常方便:可以增加道路的使用空间,减轻空气污染,缓解交通拥挤,容易停车,而且可以为人们提供价格更为经济、性能更为有效的新型汽车。

图10-14

问题描述：车身较长，在碰撞中有一个大的变形空间，可以吸收能量，缓解交通事故对人的冲击力，减轻对乘车者的人身伤害。但此种汽车体积较大，比较笨拙，而且在一定程度上容易造成交通拥挤。而迷你型汽车因为车身较短，不具备这种变形缓冲功能。此系统存在的技术矛盾：迷你型汽车车身短与在交通事故中防撞性能降低的矛盾。

根据本实例的技术特性矛盾对——运动物体尺寸、物体的线性尺寸（此例中为长度变短）、能量的消耗——得出以下相应的创新原理：

15# Dynamicity 动态性

17# Shift to a new dimension 一维变多维

应用15#创新原理可以得到如下解决方案：

15# 创新原理为“动态性”，提高运动目标的面积参数（improve the “area of moving object” parameter）。

迷你型汽车（如图10－15所示）的引擎被设计在位于车身下面，以增加引擎和乘客分隔空间的大小。与客车相比，提升了位于碰撞影响区域上面的乘客空间。其动力装置是一台600cc涡轮控制的3汽缸发动机——完全电控的发动机系统，没有机械连杆与油门或变速杆连接。这种装置激活6速自动变速箱，变速箱可以在若干模式下运作，从完全自动向手工触摸转移，不必使用离合器。

应用17#创新原理可以得到如下解决方案：

17#创新原理为“一维变多维”，将物体一维直线运动变为二维平面运动。迷你型汽车的动力机车安装在滑翔架上，碰撞时车身沿斜面运动，减轻碰撞时的冲击力，并增强了其抵抗外力变形的能力。与Mercedes最近揭开的一种概念车F300 Life Jet作比较发现，虽然微小，但这种智能型汽车似乎极其宽敞。乘车者坐在在前后纵向排列的两个座位里，前面两个车轮由铰链连接，车身坐落在此悬浮臂上，像摩托车一样，经由一种倾角控制系统控制转向端活动，并且车身前部可以斜靠进入边角。

图10－15　迷你车

结论:迷你型汽车本身并没有使用特殊材料来吸收能量,仅仅做了结构上的创新,其抵抗外力变形的能力便可堪与一辆普通轿车相媲美。本实例遵循TRIZ理论的基本原则:没有增加新的材料而实现了其预定功能。[1]

思考练习题

1. 发明课题有哪几种矛盾,其中,哪种矛盾是本质的?为什么?
2. 什么是限制性原则?限制性原则又包括哪几类?

① http://biz.newmaker.com/art_27052.html(2008-2-24).

Chapter 11

团体创造方法

本章关键词

◇ 头脑风暴法
◇ 德尔菲法
◇ 水平思考法和六顶思考帽法
◇ 拓展训练法

团体创造性思维是非常重要的,因为集体的智慧大于个人的智慧。随着科学的发展、技术的进步和生产力水平的提高,人们面临的情景和问题越来越复杂,充分发挥集体的智慧则越发重要了。

当一个人苦思冥想不得其解的时候,大家聚集在一起讨论,相互激励、相互补充,会引起思维的"共振",有助于打破思维障碍,激发不同凡响的新创意或新方案诞生。一个人提出一种想法和思路,其他人受到刺激,做出反应,提出更多的创意,这就是团体创造方法,而提出想法、做出反应的方式不同,就有了不同的团体创造方法,如头脑风暴法、德尔菲法、六顶思考帽法等。

11.1 头脑风暴法

引导案例

专用扫雪直升机

有一年,美国北方格外严寒,大雪纷飞,电线上积满冰雪,大跨度的电线常被积雪压断,严重影响通信。过去,许多人试图解决这一问题,但都未能如愿以偿。后来,电信公司经理应用奥斯本发明的头脑风暴法尝试解决这一难题。他召开了一种能让头脑卷起风暴的座谈会,参加会议的是不同专业的技术人员,要求他们必须遵守以下原则:

第一,自由思考。即要求与会者尽可能解放思想,无拘无束地思考问题并畅所欲言,不必顾虑自己的想法或说法是否“离经叛道”、“荒唐可笑”。

第二,延迟评判。即要求与会者在会上不要对他人的设想评头论足,不要发表“这主意好极了!”“这种想法太离谱了!”之类的“捧杀句”或“扼杀句”。至于对设想的评判,留在会后组织专人考虑。

第三,以量求质。即鼓励与会者尽可能多而广地提出设想,以大量的设想来保证质量较高的设想的存在。

第四,结合改善。即鼓励与会者积极地进行智力互补,在增加自己提出的设想的同时,注意思考如何把两个或更多的设想结合成另一个更完善的设想。

按照这种会议规则,大家七嘴八舌地议论开来。有人提出设计一种专用的电线清雪机;有人想到用电热来化解冰雪;也有人建议用振荡技术来清除积雪;还有人提出能否带上几把大扫帚,乘坐直升机去扫电线上的积雪。对于这种“坐飞机扫雪”的设想,大家心里尽管觉得滑稽可笑,但在会上也无人提出批评。相反,有一工程师在百思不得其解时,听到用飞机扫雪的想法后,大脑突然受到冲击,一种简单可行且高效率的清雪方法冒了出来。他想,每当大雪过后,出动直升机沿积雪严重的电线飞行,依靠高速旋转的螺旋桨即可将电线上的积雪迅速扇落。他马上提出“用直升机扇雪”的新设想,顿时又引起其他与会者的联想,有关用飞机除雪的主意一下子又多了七八条。不到一小时,与会的10名技术人员共提出了90多条新设想。

会后,公司组织专家对设想进行分类论证。专家们认为,设计专用清雪机,采用电热或电磁振荡等方法清除电线上的积雪,在技术上虽然可行,但研制费用大,周期长,一时难以见效。那种因“坐飞机扫雪”激发出来的几种设想倒是一种大胆的新方案,如果可行,将是一种既简单又高效的好办法。经过现场试验,发现用直升机扇雪真能奏效,一个久悬未决的难题终于在头脑风暴会中得到了巧妙的解决。[①]

① http://zhidao.baidu.com/question/14446196.html? fr=qrl(2008-7-21).

11.1.1 头脑风暴法简介

头脑风暴法(Brain Storm)是最负盛名、最具有实用性的团体创造方法,它是指以小组讨论会的形式,群策群力,互相启发,互相激励,使人们的大脑产生连锁反应,以引出更多的创意,获得更多的创造性解决问题的答案。精神病学中 形容精神病人不合逻辑的胡思乱想、胡说八道的状态,叫“头脑风暴”。头脑风暴法就是借鉴了这个词,强调思维不受拘束,创意才能破壳而出。

头脑风暴法是由美国人奥斯本创立的。1938 年,只有高中文化、年仅 25 岁的奥斯本失业了,他决定去一家报社应聘做记者。报社主编问他有没有办报的经验,他实事求是地回答没有。但他给主编一篇他写的文章,主编看后,发现尽管文中有许多语法、修辞错误,但却见解独到、很有创造性,于是决定录用他。从此也使奥斯本意识到,创意是最重要的。在几年的工作中,他自己获得了众多专利,后来成为美国 BBDO 广告公司的副董事长。

奥斯本认为,社会压力对个体自由表达思想观点具有抑制作用。为了克服这种现象,应设置一些新型会议形式,在这样的会议上,每个人自由发表意见,不对任何人的观点作出评价,评价是各种想法表达完之后的事情。在头脑风暴会上,一是大家思维开放、无拘无束。会上,每个人都可以自由发表自己的任何想法,即使是看起来荒诞可笑的想法,也不当场评判。这种气氛可以激发大家寻求异常设想的强烈兴趣,刺激新思路的开拓,特别是使人们易于接受和发展违反常规的新设想,最大限度地发挥创造力。二是信息激励、集思广益。我们知道,当一个人独自思考一个问题时,其思路容易局限在一个方向上,而几个人对同一个问题进行思考,就会从各自的经验、知识角度出发去思考问题。这样,在头脑风暴会议上,由于形成了无拘无束的气氛,大家可以相互启发,相互刺激,引起联想反应,就可以诱发更多新颖独特的设想了。

头脑风暴法之所以有效,是归功于在集体活动情景下彼此促进和互动的群体动力学基础。每个人提出一个新观点,不仅仅激发自己的想象力和创造性思维,在这个过程中,与会的其他人的想象力也受到激荡和刺激,产生一系列的连锁反应,进而产生众多的创意。

11.1.2 头脑风暴法的原则

头脑风暴法是针对要解决的问题召开 6~12 人的小型会议,与会者按照一定的步骤和要求,在轻松的氛围中展开想象,敞开思想,各抒己见,相互激励和启发,使创造性的思想产生大量的新创意。为了达到这个目的,在头脑风暴法操作过程中还必须遵循 4 条基本原则:

第一，自由畅想，鼓励新奇。要敞开思想，不受传统逻辑和任何其他思想框框的束缚，使思想保持自由驰骋的状态；还要尽力求新、求奇、求异，充分发挥联想和想象力，从广阔的思维空间寻求新颖的解决问题方案。

第二，禁止批判，延迟判断。这是为克服"评判"对创造性思维的抑制作用，保证自由思考和良好的激励气氛。一个新设想看起来好像很荒诞，但它有可能是另一个好设想的"垫脚石"。贯彻这一原则，既要防止出现那些束缚人思考的扼杀句。如"这不可能"、"这根本行不通"、"真是异想天开"等，也要禁止赞扬溢美之词的出现。如"挺好"、"不错"等，它们都会不同程度地起到扼杀设想的作用。

第三，谋求数量，以量求质。在有限的时间里，所提设想的数量越多越好。因为，越是增加设想的数量，就越有可能获得有价值的创造性设想。通常，最初的设想往往不是最佳的，而一批设想的后半部分的价值要比前半部分高 78%。此外，在追求数量，并且活跃、积极的氛围中，与会者为了尽可能地提出新设想，也就不会去作严格的自我评价了。

第四，互相启发，综合改善。创造在于综合。尽量在别人所提设想的基础上加以改进发展，然后提出新设想，或者提出综合改善的思路。因为创造往往就在于综合，在于头脑中已有思想之间、已有设想和新获得的外来信息及设想之间形成新的组合，产生新的思路。此外，会上提出的设想大都未经深思熟虑，很不完善，必须加工整理，并对其综合改善，从而收到事半功倍的效果。

在实际应用中，这 4 条原则非常重要，特别是前两条，他们可以保证产生足够数量的创意，只有与会人员严格遵守原则，不作批判，会议才能成为名副其实的头脑风暴会议。

11.1.3 头脑风暴法的应用

11.1.3.1 头脑风暴法应用的主要问题类型

头脑风暴法适用于开放性问题。问题的类型可以包括如下几种：

(1)关于产品和市场的创意：新的消费观念、未来市场方案的观念。

(2)管理问题：拓展业务面、改善职业结构。

(3)规划问题：对可能增加的困难性的预期。

(4)新技术的商业化：开发一项可以获得专利权的新技术。

(5)改善流程：对生产流程进行价值分析。

(6)故障检修：追寻不可预期的机器故障的潜在原因。

11.1.3.2 头脑风暴法适用的范围

头脑风暴法是用来产生各种各样的创意和设想的，可以是问题、目标、方法、解答和标准等，但并不只限于寻求解答。要使头脑风暴法发挥最大功效，要清楚它的适用范围。即头脑风暴法要解决的问题必须是开放性的。凡是各种认知型、单纯技艺型、汇总型、评价性的问题，均不需要用头脑风暴法来解决。只有转化角度、改变问题，才可以使用头脑风暴法。如：

(1)列举陈述统一问题的目标或目标的方法。

(2)列举与同一问题或目标有关的问题。

(3)列举可能发生的问题。

(4)列举解决某一问题的方法。

(5)列举应用某一原理、原则的主意。

(6)列举评价某一物品的标准。

11.1.4 头脑风暴法的实施步骤

11.1.4.1 头脑风暴法的使用程序

(1)准备。选择主持人。理想的主持人要熟悉头脑风暴法并了解所要解决的问题，能在必要时恰当地启发和引导大家。

会议人员的遴选。参加头脑风暴法会议的人数以5～10人为宜，可根据待解决问题的性质确定人员。指定一人负责作会议记录，或主持人自己承担记录工作。

此外，还应选择安静的开会地点，做好事先通知。

(2)热身。为使参加会议的人员进入“角色”，减少僵局或冷场的局面，需要制造轻松的氛围。例如，可以播放音乐、放些糖果或倒杯茶水等，待与会人员的心情放松之后，主持人便可以提出一个与讨论课题对象无关的简单而有趣的问题，以激活大脑的思维。可采取“动物游戏”、“互相介绍”、“讲幽默故事”等形式，使气氛活跃起来。待大家全都积极地投入进来，主持人便可调转话题，切入正题。

(3)明确问题。首先，主持人向与会者简明扼要地介绍所要解决的问题之后，可让与会者简单讨论一下，以取得对问题的一致理解。其次是重新叙述问题，对问题进行分析，也可将问题分成几个小问题。同时，主持人应启发大家的多种解题思路，为提出设想做准备。

(4)自由畅谈。这是头脑风暴法的核心步骤，要求大家突破种种思维羁绊，克服种种心理障碍，任思维自由驰骋。自由畅谈时应借助人们之间的知识互补，信息刺激和热情感染，并通过联想和想象等思维形式提出大量创造性设想。

(5)加工整理。会议提出的解题设想大都未经仔细斟酌，也未作出认真评价，还应该加工整理，使它更完善才有实用价值。

会议的第二天，主持人应及时收集大家在会后产生的新设想。因为通过会后的休息,思路往往会有新的转换或发展,又能提出一些有价值的设想。曾有一次会议,与会者在会上提出了百余条设想,第二天又增补了20余条,其中有4条设想比头一天提出的所有设想都更有实用价值。

还要对方案进行评价筛选。看其是否具有新颖性和可行性。

最后,形成最佳方案。将被筛选出来的少数方案逐一进行推敲斟酌,发展完善,分析比较,选出最佳方案,或将几个方案的优点进行恰当组合,形成最佳方案。

11.1.4.2 头脑风暴法掌握的几个关键点

(1)给参与人员一个平和的心理环境,期间不要有责怪、否定等影响参与者积极性的负面消极的举动,应该给予他们充分的肯定和信任,并相信他们有能力解决目前的问题。

(2)需要主持人思路明确,善于引导,把大家引导到正确的方向。引导本身也是一项技术,既不能直接把自己的想法说出来,还要引导大家按照你的思路去进行。所以,主持人应该提前考虑好会议中将会出现的种种可能,并想办法控制住场面。

(3)尊重每一条意见,并把目前不能用的方法向大家解释,之所以目前不能实行这些方法的原因是什么,这样才不会给那些意见没有被采纳的参与者情绪上的打击,造成在工作上有消极情绪。重视每个人的表现,给予肯定和赞扬,这也是激励的一种方式。希望主持人不要吝啬自己的赞美之词,要本着没有坏的,只有好的,或者更好的原则。①

例如,华立集团中高层"头脑风暴"培训:

①时间:1月7日下午。

②地点:华立集团总部14楼会议室。

③人物:中高层管理人员、咨询公司。

④讨论命题:华立以往成功的关键因素。

⑤人员准备及工作职责。协调员:保证整个讨论顺利进行;记录员:真实、精练地记录所有的观点;记时员:准确地把握每个人的发言时间;监事长:监管以上人员认真履行工作。

⑥道具:黑板、每人一张被切成四块的不干胶。

⑦会议过程:

第一,发表观点阶段。每人畅所欲言地围绕主题发表自己的观点,并陈述自己的理由和证据。每个人的发言时间不得超过3分钟,不许在别人发言的时

---

① http://bbs.hrsalon.org/redirect.php? tid=106428&goto=lastpost(2007-7-20).

候随意插话。如果认为他人的观点在规定时间内未能表达清楚和完整,可等大家都讲完后再补充发言。每个人的观点都将记录在黑板上。

第二,自由评议阶段。就黑板中写出的观点尽情地予以评论,每个人的发言时间限制在2分钟之内。请大家只就观点进行评述,不要针对个人,更不应进行人身攻击,这是一个非重要的准则。

第三,决策阶段。在讨论之前,每人会得到一张被分为4个小块的不干胶片。在表决阶段,请大家按照顺序走上来,在你所认可的观点上贴上不干胶。可以把这4个不干胶全部一次性地贴在一个观点上,也可以把这4个不干胶分开贴,然后进行总结,从而形成有价值的基本排序。

⑧会议成果。经过大家的集体表决,运用群体决策法从中选出5个关键的成功要素,它们的顺序是:第一,出色的企业领导人;第二,善于把握机会和政策的能力;第三,以市场为中心的经营方针;第四,不断追求进步的精神;第五,面对困境及时反省,果断调整。

通过这次讨论,与会的中高级管理人员对华立集团成功的核心因素到底是什么达成识。通过这项头脑风暴培训,提高了中高级管理人员对企业发展的信心,增强了企业的认同感与凝聚力。

实际案例

福娃的诞生

2008年奥运会在北京成功举办。大家知道可爱的奥运会吉祥物"福娃"(见图11-1)是怎么产生的吗?大家或许没想到吧,他并不是由一个专家设计完成的,而是在博采众长后由一些专家们组成的创作团体集体设计完成的。

图11-1 奥运会吉祥物"福娃"

思考练习题

1. 头脑风暴法应用范围和适用的问题类型是什么？

2. 头脑风暴法操作的步骤是什么？

3. 使用头脑风暴法来讨论一个难题：纸张的消耗越来越多，这就意味着我们将砍掉更多的树林，影响生态环境，你们能想出更多的、更新颖的主意来降低纸张消耗吗？

11.2 德尔菲法

引导案例

专著销售量预测

某书刊经销商采用德尔菲法对某一专著销售量进行预测。该经销商首先选择若干书店经理、书评家、读者、编审、销售代表和海外公司经理组成专家小组，将该专著和一些相应的背景材料发给各位专家，要求大家给出该专著最低销售量、最可能销售量和最高销售量3个数字，同时说明自己作出判断的主要理由。他将专家们的意见收集起来，归纳整理后返回给各位专家，然后要求专家们参考他人的意见对自己的预测重新考虑。专家们完成第一次预测并得到第一次预测的汇总结果以后，除书店经理B外，其他专家在第二次预测中都作了不同程度的修正。重复进行，在第三次预测中，大多数专家又一次修改了自己的看法。第四次预测时，所有专家都不再修改自己的意见。因此，专家意见收集过程在第四次以后停止。最终预测结果为最低销售量26万册，最高销售量60万册，最可能销售量46万册。①

11.2.1 德尔菲法的简介

德尔菲法（Delphi Method）又称专家调查法，是根据经过调查得到的情况，

① http://wiki.mbalib.com/wiki(2008－1－20).

凭借专家的知识和经验，直接或经过简单的推算，对研究对象进行综合分析研究，寻求其特性和发展规律，并进行预测的一种方法。德尔菲是古希腊传说中的一座城堡，城堡中有一座阿波罗神殿，传说众神每年都要来这里聚会，以占卜未来。德尔菲法由此得名。

德尔菲法是美国兰德公司于1964年发明并首先将其应用于技术预测，20世纪60年代以后，被世界各国广泛用于评价政策、协调计划、预测经济和技术、组织决策等活动中。这种方法比较简单，节省费用，能把有理论知识和实践经验的各方面专家对同一问题的意见集中起来。它适用于研究资料少、未知因素多、主要靠主观判断和粗略估计来确定的问题，是较多地用于长期预测和动态预测的一种重要的预测方法。

德尔菲法是在专家个人判断和专家会议调查的基础上发展起来的。专家个人判断法仅依靠专家个人的分析和判断进行预测，容易受到专家个人的经历、知识面、时间和所占有资料的限制，因此片面性和误差较大。专家会议调查法在某种程度上弥补了专家个人判断的不足，但仍存在如下缺陷：召集的会议代表缺乏代表性；专家发表个人意见时易受心理因素的影响（如屈服于"权威"、受会议"气氛"和"潮流"的影响）；由于自尊心的影响而不愿公开修正已发表的意见；缺乏足够的时间和资料来考虑和佐证自己的发言；等等。德尔菲法针对这些缺陷作了重大改进，它是一种按规定程序向专家进行调查的方法，能够比较精确地反映出专家的主观判断能力。

11.2.2　德尔菲法的特点

德尔菲法（即专家调查法）的特点是：

（1）函询。用通信方式反复征求专家意见，调查人与调查对象之间的联系是通过书信来实现的。

（2）多向性。调查对象分布于不同的专业领域，在同一个问题上能了解到各方面专家的意见。

（3）匿名性。为了消除专家会议调查法中专家易受权威、会议气氛和潮流等因素影响的缺陷，德尔菲法采用匿名征询的方式征求专家意见。受邀参加预测的专家之间互不见面和联系，可以不受任何干扰独立地对调查表所提问题发表自己的意见，或者参考前一轮的预测结果修改自己的意见。由于采取匿名的方式，专家们根本不必担心这会有损于自己的威望。

（4）反馈性。由于采用匿名的方式，受邀专家之间互不见面和联系，因此，仅靠一轮调查，专家意见往往比较分散，且不能相互启发，共同提高。为了克服这一缺陷，经典的德尔菲法要进行4轮的征询专家意见。组织者对每一轮的专家意见（包括有关专家提供的论证依据和资料）进行汇总整理和统计分析，并在下一轮征询中将这些材料匿名反馈给每位受邀专家，以便专家们在预测时参考。由于除第一轮外，专家们都能在每一轮预测过程中了解到上一轮征询的汇总情况以及其他专家的意见，因此，可进行比较分析，相互启迪，使预测结果的准确度大大提高。

(5)统计性。为了科学地综合专家们的预测意见和定量地表示预测的结果，德尔菲法采用统计方法对专家意见进行处理，其结果往往以概率的形式出现。这些结果既可反映专家意见的集中程度，又可反映专家意见的离散程度。为了便于对专家意见进行统计处理，调查表设计时一般采用表格化、符号化、数字化的设计方法。

从上述特点可知，专家调查法是比较科学的，有广泛的用途，但是，由于专家评价的最后结果是建立在统计分析的基础上，所以具有一定的不稳定性。不同专家总体，其直观评价意见和协调情况不可能完全一样，而且交换信件费时间，不能面对面讨论，所提问题很难提得很明确而不需要进一步解释，最后得出的一致意见具有一定程度的强制性，这是德尔菲法的主要不足之处。若与其他调查方法配合使用，就能取得更好的效果。①

11.2.3 德尔菲法的应用

11.2.3.1 德尔菲法的应用条件

德尔菲法的应用条件主要有以下几项：

(1)咨询主题应明确，使熟悉该专题的专家能清晰地理解问题的性质、内容和范围。

(2)要找到一批经验丰富而又熟悉该专题的专家，特别是这些专家中具有代表性的人物。

11.2.3.2 德尔菲法的应用领域

德尔菲法在科技、经济和社会发展各领域中有广泛的应用。

德尔菲方法本质上是建立在诸多专家的专业知识、经验和主观判断能力的基础上的，因而特别适用于缺少信息资料和历史数据，而又较多地受到社会、政治、人为因素影响的信息分析与预测课题。这类方法简便直观，无须建立烦琐的数学模型，在缺乏足够统计数据和没有类似历史事件可借鉴的情况下，也能对研究对象的未知或未来的状态作出有效的预测。

实践证明，采用德尔菲法进行信息分析与预测，可以较好地揭示出研究对象本身所固有的规律，并可据以对研究对象的未来发展作出概率估计。德尔菲法主要有以下的用途：

---

① http://www.hoodong.com/wiki(2008-7-12).

其一，对达到某一目标的条件、途径、手段以及它们的相对重要程度作出估计。

其二，对未来事件实现的时间作出概率估计。

其三，对某一方案（技术、产品等）在总体方案（技术、产品等）中所占的最佳比重做出概率估计。

其四，对研究对象的动向和在未来某个时间所能达到的状况、性能等作出估计。

其五，对某一方案（技术、产品等）作出评价，或对若干个备选方案（技术、产品等）评价出相对名次，选出最优者。

11.2.3.3 德尔菲法应用于评价指标体系的建立

德尔菲法作为一种主观定性的方法，不仅可用于预测领域，而且可以广泛应用于各种评价指标体系的建立和具体指标的确定过程。

例如，我们在考虑一项投资项目时，需要对该项目的市场吸引力作出评价。我们可以列出同市场吸引力有关的若干因素，包括整体市场规模、年市场增长率、历史毛利率、竞争强度、对技术的要求、对能源的要求、对环境的影响等。市场吸引力的这一综合指标就等于上述因素加权求和。每一个因素在构成市场吸引力时的重要性（即权重和该因素的得分）需要由管理人员的主观判断来确定。这时，我们同样可以采用德尔菲法。

11.2.4 德尔菲法的工作步骤

德尔菲法的工作步骤具体如下：

第一，确定主持人，组织专门小组。

第二，拟定调查提纲。所提问题要明确具体，选择得当，数量不宜过多，并提供必要的背景材料。

第三，选择调查对象。所选的专家要有广泛的代表性，他们要熟悉业务，有特长，有一定的声望和较强的判断洞察能力。选定的专家人数不宜太少也不宜太多，一般以10～50人为宜。

第四，轮番征询意见。征询意见通常要经过3轮：第一轮是提出问题，要求专家们在规定的时间内把调查表格填完寄回；第二轮是修改问题，请专家们根据整理的不同意见修改自己所提的问题，即让调查对象了解其他见解后，再一次征求他本人的意见；第三轮是最后判定。把专家们最后重新考虑的意见收集上来，加以整理。有时根据实际需要，还可进行更多几轮的征询活动。

第五，整理调查结果，提出调查报告。对征询所得的意见进行统计处理，一般可采用中位数法，把处于中位数的专家意见作为调查结论，并进行文字归纳，写成报告。从上述工作程序可以看出，专家调查法能否取得理想的结果，关键在于调查对象的人选及其对所调查问题掌握的资料和熟悉的程度,调查主持人的水平和经验也是一个很重要的因素。

实际案例

美林公司(Merrill Lynch)

在2004年公布的世界500强企业排名中,美国的美林位于第163位,它主营证券。作为一种重要的预测方法,德尔菲法受到世界各地企业的推崇,美林是其中的代表性企业,该公司经常组织专家咨询,用这一工具来获取对未来信息的把握。

思考练习题

1. 德尔菲法基本的运用步骤是什么?
2. 收集一个使用德尔菲法的例子,并详细说明整个流程。

11.3 水平思考法和六顶思考帽

引导案例

六顶思考帽和水平思维的价值

1984年,"六顶思考帽"和"水平思维"为洛杉矶奥运会创造了1.5亿美元的赢利,随即风靡全球,它是多位诺贝尔奖得主极力推崇的创新思维训练课程。在日本,平均每10个商务人士中有4个曾阅读过六顶思考帽。IBM用六顶思考帽给4万名员工做核心训练教材。西门子公司在欧洲的全部37万员工都接受了德·博诺思维课程训练。在杜邦公司的创新中心,设立了专门的课题探讨用博诺的思维工具改变公司文化,并在公司内广泛运用"六顶思考帽"。在中国,"六顶思考帽"曾被北京2008奥运组委会和中央电视台成功引进。①

① http://www.mbahome.com/subject/sixhats/(2008-7-2).

11.3.1 水平思考法

11.3.1.1 什么是水平思考法

水平思考法是英国剑桥大学思维基金会主席爱德华·德·博诺(Edward De Bono)提出的。德·博诺认为,在过去的时间里,人们一直沿用由苏格拉底、柏拉图和亚里士多德所创设的传统思维系统,这个思维系统以分析、判断和争论为基础。使用传统思维系统,社会确实获得了巨大的进步。但是,时至今日,信息技术的发展引发了一系列的变革。对于这个快速变化的世界,传统的思维方法和习惯已经变得愈加狭隘而陈旧,不能充分适应这个变化的世界,因为这个世界除了分析和判断之外,还迫切需要独具匠心的思维设计理念,需要人们具备建设性和创造性的思维能力。传统思维方式的核心是"是什么",而未来思维方式需要的是"能够是什么"。

德·博诺给出了描述水平思维最简单的方法:"你将一个洞挖得再深,也不可能在另一个地方挖出洞来。"这一点强调了寻找看待事物的不同方式和方法。

在垂直思维中,你选择了某个立场,然后你试图建立在这个基础上。你的下一步将取决于你当前所在的位置,并且下一步必须和当前位置有关,且在逻辑上是源自当前位置。这表明是建立于一个基础之上或将同样的洞挖得更深,而在水平思维中,我们水平移动,尝试不同的认知、概念和切入点。

在水平思维中,我们努力提出一些不同的观点,所有观点都是正确的,可以共存。不同的观点不是从彼此中衍生出来,而是独立产生的。你绕着一幢大楼行走,从不同的角度摄像,每个角度都同样真实。常规逻辑关心的是"事实"和"是什么",而水平思维关心的是"可能性"和"可能是什么"。我们建立起可能是什么的不同图层,最终得到一幅有用的图像。

德·博诺在反思传统思维模式的基础上,为弥补垂直思考的缺点,寻求从僵硬的成规中逃脱出来。创设水平思考法,其目的在于产生一个有效用的、简单及理想的新方案。

11.3.1.2 水平思考法的特色

水平思考法不仅是一种技巧和知识,也是一种心智的运作方式,而心智是一种能让信息自行组织成模式的特殊环境。

水平思考和顿悟能力、幽默间的关系十分密切,这几种历程都有相同的基础。通过学习,水平思考在我们的能力范围之内。

有创意,敢于旁敲侧击,出奇制胜。水平思考法因其求解的思路是从各个问题本身向四周发散,各指向不同的答案,这些发散式的思路彼此间谈不上特别相关,每种答案也无所谓对错,但往往独具创意、别具匠心,令人拍案叫绝,回味无穷。由于其思想过程受意志控制,故并非胡思乱想,同时由于水平思考从不把思想限定在一个固定方向上,因此,往往为了解决问题而暂时远离问题,另觅他途。原则上水平思考是为了针对那些垂直思考无法化解的难题而产生。

但如果我们只在垂直思考行不通时才动用水平思考,则往往会因为懒得多动脑筋,而使水平式的解决之道被忽略。水平思考的技巧之一就是刻意地运用这种把事情合理化的禀赋,不再遵循惯常垂直思考按部就班的步骤,首先选好一个新颖而大胆的观点来考虑问题。然后,回过头去,再试着发掘这个新观点与问题起点之间是否存在合理的途径,可以彼此相通。

11.3.1.3 水平思考的原则

对控制性观念的认识:

(1)寻找观察事物的不同角度。由不同观点解释问题的好处,可以在数学里找到最明显的例子。一个数学方程式的等号两边无非是两种表现相等数值的不同形式,以两种形式表达一种观念的等式非常有用,因而成为数学计算的基础。

(2)跳脱垂直式思考的严密控制。不急于去解释、分类、组织什么,我们的意识才能自由开放、从容不迫地接纳一切的可能性,也就是在这种情形下,才能产生新概念。

尽可能多地利用机会。人类文明史上许多重大的贡献都是偶发事件促成的,原先根本未经设计。同时,有许多重要的概念都是由各种条件偶然的凑合发展出来的。

11.3.2 六顶思考帽法

六顶思考帽法是爱德华·德·博诺博士开发的一种思维训练模式,它提供了“平行思维”的工具,避免将时间浪费在互相争执上。六顶思考帽法强调的是“能够成为什么”,而非“本身是什么”,是寻求一条向前发展的路,而不是争论谁对谁错。运用博诺的六顶思考帽法将会使混乱的思考变得更清晰,使团体中无意义的争论变成集思广益的创造,使每个人变得富有创造性。

在多数团队中,团队成员被迫接受团队既定的思维模式,限制了个人和团队的配合度,不能有效解决某些问题。运用六顶思考帽模型,团队成员不再局限于某单一思维模式,而且思考帽代表的是角色分类,是一种思考要求,而不是代表扮演者本人。六顶思考帽代表的6种思维角色几乎涵盖了思维的整个过程,既可以有效地支持个人的行为,也可以支持团体讨论中的互相激发。如图 11－2 所示。

蓝色是天空的颜色,笼罩四野,控制着事物的整个过程。思维中的思维,一顶控制思维过程的帽子,就像是乐队中的指挥一样来组织思维。

白色是中立而客观的,代表着事实和资讯。收集已知的或者是需要的信息,仅仅是中立和客观的事实和数据。

黄色是顶乐观的帽子,代表与逻辑相符合的正面观点,代表的是乐观、探究价值和利益,帮助人们发现机会。

黑色象征冷静、反思或谨慎,以探索事物的真实性、适应性、合法性为焦点,运用负面的分析,帮助人们控制风险。

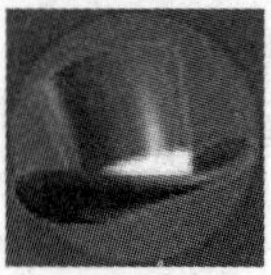

绿色是春天的色彩,是创意的颜色。象征创新和改变,寻找更多的可选方案和可能性,从而获得具有创造力的构想。

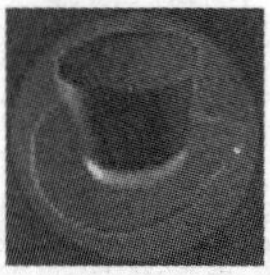

红色是情感的色彩,代表感觉、直觉和预感。为情绪和感情的表白提供机会,这是一个直觉和预感的判断。

图 11－2

11.3.3 六顶思考帽法的应用步骤

“六顶思考的帽子”是一种简单、有效的平行思考程序。它帮助人们做事更有效率,更专注, 更加运用智慧的力量。一旦学会,立即可以投入应用。

11.3.3.1 六顶思考帽法如何使用

第一，你与工作伙伴将思考过程分为六个重要的环节和角色。每一个角色与一顶特别颜色的“思考帽子”相对应。在脑海中，您将想象把帽子戴上，然后一顶顶换上，您会很轻易就能做到集中注意力，并对想法、对话、会议讨论进行重新定向。

一个典型的六顶思考帽团队在实际中的应用步骤如下：

第一步，陈述问题事实（白帽）。

第二步，提出如何解决问题的建议（绿帽）。

第三步，评估建议的优缺点：列举优点（黄帽），列举缺点（黑帽）。

第四步，对各项选择方案进行直觉判断（红帽）。

第五步，总结陈述，得出方案（蓝帽）。

11.3.3.2 使用六顶思考帽法应注意的几个问题

（1）控制与应用。掌握独立和系统地使用帽子工具以及帽子的序列与组织方法。

（2）使用的时机。理解何时使用帽子，从个人使用开始，分别在会议、报告、备忘录、谈话与演讲发言中有效地应用六顶思考帽。

（3）时间的管理。掌握在规定的时间内高效地运用六顶思考帽的思维方法，从而整合一个团队所有参与者的潜能。[1]

实际案例

六顶思考帽在跨国公司的实践

1996年，欧洲最大的牛肉生产公司ABM公司由于疯牛病引起的恐慌，一夜之间丧失了80%的收入。借助六顶思考帽，12个人用60分钟想出了30个降低成本的方法和35个营销创意，将它们用黄色帽子和黑色帽子归类，筛选掉无用的后还剩下25个创意。靠着这25个创意，ABM公司度过了6星期没有收入的艰苦卓绝的日子。[2]

全球最大的保险公司保德信（Prudential）长期运用六顶思考帽法，其总部的

---

① http://www.mbahome.com/subject/sixhats/siwei/siwei1-1.htm.

② http://training.cyol.com/content/2005-01/21/content_1012475.htm(2008-7-2).

地毯就是用彩色的“六顶思考帽”图案编织而成的。Prudential 保险公司运用博诺的思维方法，把传统的人寿保险投保人死亡后支付保险金改革为投保人被确诊为绝症时即可拿到保险金。这种方法目前已经被许多国家的保险公司效仿，被认为是人寿保险业 120 年来最重要的发明。

德国西门子公司有 37 万人学习博诺的思维课程，随之产品开发时间减少了 30%。

麦当劳日本公司让员工参加“六顶思考帽”思维训练，取得了显著成效——员工更有激情，坦诚交流减少了“黑色思考帽”的消极作用。

在杜邦公司的创新中心，设立了专门的课题探讨用博诺的思维工具改变公司文化，并在公司内广泛运用“六顶思考帽”。①

挪威著名的石油集团(Statoil)曾经遇到一个石油装配问题，每天都要耗费 10 万美元，引进六顶思考帽法以后，这个问题在 12 分钟内就得到了解决，每天 10 万美元的耗费降为零。

J. P. 摩根国际投资银行用“六顶思考帽”思维方式减少了 80% 的会议时间，并且改变了整个欧洲的企业文化。

波音公司将“六顶思考帽”引入罢工谈判，成功避免了两次工人罢工，第三次罢工谈判中，工会对公司管理层讲，除非用“六顶思考帽”，否则不愿谈判。

南非凯瑞白金矿每月有 210 次斗殴，这些从未上过学的矿工在上了一天博诺思维培训课后，冲突骤减为每月 4 次。

英国 Channel 4 电视台说，通过接受培训，他们在两天内创造出的新点子比过去 6 个月里想出的还要多。

英国政府为一些失业的年轻人进行了 6 个小时的博诺思维培训，结果就业率增加了 5 倍。

ABB(芬兰最大的跨国集团)讨论一个国际项目往往要花费 30 天，但运用了六顶思考帽以后，讨论时间缩短为仅仅两天。

思考练习题

1. 简述水平思考法如何突破传统思维模式？
2. 尝试在一次会议中使用六顶思考帽法，并考察其实际效果。

① http://www.ceconline.com/ART_8800046312_150000_MT_01.HTM(2008-7-2).

11.4 拓展训练

引导案例

接绳游戏竞难倒应聘者

在苏州图书馆的大厅里，有近100名求职者参与了这场由欧莱雅独创的“现场游戏”招聘会。

他们是从全国各地4 300名应聘者中筛选出来的幸运儿。在现场，他们被随机抽取组成不同的团队，合作完成自己进入欧莱雅集团之前的最重要的一步“面试”，最终角逐包括环保工程师、包装开发经理、化学分析师、项目引进工程师、采购工程师、供应链管理员和生产主管在内的40个中高层技术和管理职位。

上午10点10分，12个队员又被蒙上眼罩随机站成一排，进入下一个项目环节：在30分钟内用3根绳子围成一个最大的正方形。这个问题着实难倒了大家。一时间，12个队员又七嘴八舌地议论了起来。到底是先列队、组阵形，然后再接绳子；还是一边接绳子一边列阵形，始终拿不出一套方案。讨论了近10分钟后，8号队员终于自告奋勇地报名做临时指挥，同时，他又拉上了自己身旁的5号队员。而9号队员虽然没有站出来做领导，却始终嚷嚷着自己的意见，并行动着。30分钟很快就要过去了，他们想到了一套正确的方案：将绳子对折再对折，找出正方形的4个点，然后拉直。但在拉直的过程中，由于每个人都蒙着眼睛坚持着不肯放开手中的绳索，所以最终导致绳索打结，项目失败。

在整个游戏过程中，欧莱雅公司的高层管理人员和特邀的人力资源专家都没有闲着，他们正在一对一地盯着自己负责的那个竞聘者，仔细观察他们在各环节中的表现，考察、评估他们的沟通能力、团队合作能力及创新能力，根据公司一贯选取人才的标准评分。①

① www.sipac.gov.cn/xwzx/wxjj/t20041203_9177.htm(2008-7-2).

11.4.1 拓展训练的起源和意义

拓展训练(Outward Development)意为一艘小船驶离平静的港湾,义无反顾地投向未知的旅程,去迎接一次次挑战,去战胜一个个困难。

拓展训练起源于第二次世界大战。当时,盟军在大西洋的船队屡遭德国纳粹潜艇的袭击。在船只被击沉后,大部分水手葬身海底,只有极少数人得以生还。英国的救生专家对生还者进行了统计和分析研究,他们惊奇地发现,这些生还者并不是他们想象中的那些年轻力壮的水手,而是意志坚定、懂得互相支持的中年人。经过一段时间的调查研究和了解情况,专家们终于找到了这个问题的答案:这些人之所以能活下来,关键在于这些人有良好的心理素质。于是提出:"成功并非依靠充沛的体能,而是强大的意志力"这一理念。

当时德国人库尔特·汉恩提议,利用一些自然条件和人工设施,让那些年轻的海员做一些具有心理挑战的活动和项目,以训练和提高他们的心理素质。后其好友劳伦斯在1942年成立了一所阿德伯威海上训练学校,以年轻海员为训练对象,这是拓展训练最早的一个雏形。第二次世界大战以后,在英国出现了一种叫做拓展(Outward - Bound)的管理培训,这种训练利用户外活动的形式(见图11-3)模拟真实管理情境,对管理者和企业家进行心理和管理两方面的培训。

图11-3 户外训练

现代社会是一个高度人际互动的社会,是一个团队英雄主义的时代。如何实现团队的整体优势和优势互补?在这个生活节奏越来越快、工作分工越来越细、工作压力越来越大、人与人的情感交流越来越困难的竞争环境中,企业、组织和个人更需要团队。通过拓展训练,整合团队,发掘每个人的最大潜力,这就是拓展训练的真正意义。

拓展训练糅合了高挑战及低挑战的元素，学员从中在个人和团队的层面都可透过危机感、领导、沟通、面对逆境和辅导的培训而得到提升。拓展训练强调学员去“感受”学习，而不仅仅在课堂上听讲。我们都知道，当我们不了解其他人的感受时，即使我们有很好的见解，我们也很难说服他人。研究资料表明，传统课堂式学习的吸收程度大约为25%，而要求学员参与实际操作的体验式学习吸收程度高达75%，能更加有效地将资讯传授给学员。拓展训练正是一种典型的户外体验式培训。

11.4.2 拓展训练课程

拓展训练课程主要由水上、野外和场地3类课程组成。水上课程包括：游泳、跳水、扎筏、划艇等；野外课程包括：远足露营、登山攀岩、野外定向、户外生存技能等；场地课程是在专门的训练场地，利用各种训练设施，如高架绳网等，开展各种团队组合课程及攀岩、跳越等心理训练活动。

拓展训练通常有以下4个环节：

第一，团队热身。在培训开始时，团队热身活动将有助于加深学员之间的相互了解，消除紧张，建立团队，以便轻松愉悦地投入到各项培训活动中去。

第二，个人项目。本着心理挑战最大、体能冒险最小的原则设计，每项活动对受训者的心理承受力都是一次极大的考验。

第三，团队项目。团队项目以改善受训者的合作意识和受训集体的团队精神为目标，通过精心设计的活动项目，促进学员之间的相互信任、理解、默契和配合。

第四，回顾总结。回顾将帮助学员消化、整理、提升训练中的体验，达到活动的具体目的。总结使学员能将培训的收获迁移到工作中去，以实现整体培训目标。

11.4.3 拓展训练的特点

拓展训练是体验式的学习过程，但并非体育加娱乐，它是对正统教育的一次全面提炼和综合补充。大多数人认为，提高素质的手段就是通过各种课堂式的培训来掌握新的知识和技能。其实，知识和技能作为可衡量的资本固然重要，而人的意志和精神作为一种无形的力量，往往更能起到决定性作用。在何种情况下能使有限的知识和技能释放出最大的能量？如何开发出那些一直潜伏在你身上而你自己却从未真正了解的力量？

第一，体验式培训。拓展训练的所有项目都以亲身体验为基础，要求学员全身心的投入，通过体验，引发出认知活动、情感活动、意志活动和交往活动，有明确的操作过程。

第二,挑战极限。拓展训练的项目都具有一定的难度,表现在心理考验上,需要学员向自己的能力极限挑战,超越自我,跨越"极限"。

第三,集体中的个性。拓展训练实行分组活动,强调集体合作。力图使每一名学员竭尽全力为集体争取荣誉,同时,从集体中吸取巨大的力量和信心,在集体中显示个性。

第四,高峰体验。在克服困难、顺利完成课程要求以后,学员能够体会到发自内心的胜利感和自豪感,获得人生难得的高峰体验。

第五,自我教育。教员只是在课前把课程的内容、目的、要求以及必要的安全注意事项向学员讲清楚,活动中一般不进行讲述,也不参与讨论,充分尊重学员的主体地位和主观能动性。即使在课后的总结中,教员只是点到为止,主要让学员自己来讲,进而达到自我教育的目的。

通过拓展训练,参训者在以下方面有所提高:认识自身潜能,增强自信心,改善自身形象;克服心理惰性,磨炼战胜困难的毅力;启发想象力与创造力,提高解决问题的能力;认识集体的作用,增进对集体的参与意识和责任心;改善人际关系,学会关心,从而更为融洽地与集体内的其他人合作;学习欣赏、关注和爱护大自然。

实际案例

海康人寿保险有限公司

主题团队活动 :一家海康 拥抱梦想(见图11-4)

2005年11月杭州生态园

人数:300人

海康人寿保险有限公司由荷兰AEGON保险集团与中国海洋石油总公司于2002年5月各出资50%共同组建,于2003年5月正式获得营业执照,在中国开展寿险业务。海康保险的双方股东中国海洋石油总公司和荷兰AEGON保险集团都有很强大的实力,双方不仅在资金和技术方面为海康保险提供了强大的支持,使管理团队有了广阔的发展空间,同时也在不断交流,积极寻求更大的合作机会。

随着海康公司的日益壮大,在上海、北京、南京等全国各大城市都建立了专业管理与代理人团队。至我们培训之际,海康全国的员工人数已经达到400人之多，并正在以前所未有的速度实现一次又一次飞跃。因此，全国性的员工聚会对未来的海康而言已经越来越难以实现，此次杭州生态园之行堪称海康“前无古人，后无来者”的员工大聚会。

我们特别选择了杭州生态园（见图 11－5）作为此次海康员工团聚的地点，以 4 大主题体验区域来实现每位海康人的激情参与。娱乐体验、教育体验、逃避体验与审美体验，海康人一一经历不同的体验关（见图 11－6、图 11－7），闯过道道刺激而有趣的挑战线，在绿水青山之间留下永久的欢声笑语。①

图 11－4　一家海康　拥抱梦想

图 11－5　杭州生态园全景

图 11－6　荆棘排雷

图 11－7　激情越障

① http://www.jbltz.com/shownews.asp? id=254(2008－7－22).

拓展训练游戏：

例一：三个进球

时间：5～10 分钟

人数：不限

道具：1 个大垃圾桶（用来接球）；40 个网球（放在袋子或盒子里）。

概述：这个游戏说明了指令明确在协同工作中的作用。

目的：向队员们展示良好的沟通对提升工作成绩的作用。

步骤：

（1）邀请一个志愿者，让他和你一起站在前面。

（2）让志愿者面向某一个方向站好，目视前方，不可以左顾右盼，更不能回头。然后，把装有 40 个网球的袋子交给他。

（3）把垃圾桶放在志愿者的身后，垃圾桶与志愿者间的距离约为 10 米。注意不要把垃圾桶放在志愿者的正后方，要让它略微向旁边偏出一些。

（4）告诉志愿者其任务是向身后的垃圾桶里扔球，要至少扔进 3 个球才算成功。告诫志愿者不许回头看自己的球进了没有，落在了哪里。

（5）让其他队员指挥志愿者，告诉他如何调整投掷的力量和方向才能进球。注意，这里只允许通过语言传达指令。

（6）等志愿者扔进了 3 个球后（这可能会颇费周折），问他"是什么帮助他实现了目标"，问其他队员是否也觉得很有成就感。

（7）引导队员就如何在工作中加强沟通展开讨论。

讨论问题示例：

- 哪些因素帮助你实现了目标？
- 哪些因素增加了实现目标的难度？
- 负责指挥的队员是否感觉好像自己进了球一样？
- 如何才能更快、更好地实现目标？
- 这个游戏揭示了什么道理？
- 如何将这个游戏和我们的实际工作联系起来？

安全：注意不要被乱飞的球砸到。

变通：可以蒙上志愿者的眼睛，而且不让他正好背对着垃圾桶，这样，其他队员必须先指挥志愿者调整方向，直到基本上背对着垃圾桶，然后志愿者才能开始投球。这种做法可以增加游戏的难度和趣味性。

例二：战俘

时间：2～3 分钟的游戏开场白加上找出答案所需的时间。不同的小组找出答案所需时间可能会有非常大的差别。

人数:不限,人数较多时,需要将队员划分成若干个由4个人组成的小组。

道具:两顶红帽子,分别装在两个不透明的厚纸袋子里;两顶蓝帽子,分别装在两个不透明的厚纸袋子里;一堵砖墙或是一棵大树(用来把一名队员和其他三名队员隔开)。

概述:这是一个能让所有队员都开动脑筋的游戏,可以用它来培养团队精神和沟通能力。单纯以娱乐为目的来玩也未尝不可。

目的:

(1)展示以小组为单位解决问题的好处,展示集体智慧的力量。

(2)可以作为课外思考题。

准备:把4顶帽子分别放入4个纸袋子里,注意放的过程不要让队员们看见。在袋子上做好标记,以保证在发帽子时,给1号战俘一顶红帽子,2号战俘一顶蓝帽子,3号战俘一顶红帽子,4号战俘一顶蓝帽子。

步骤:

(1)告诉队员他们需要一起来解决一道难题。

(2)邀请4个志愿者充当战俘。给每个志愿者一个装有帽子的纸袋子,告诉他们得到命令之后才能打开纸袋子,不得擅自开启。

(3)让4个志愿者排队站好。1号战俘站在砖墙或大树的后面,将被戴上一顶红帽子;2号战俘站在砖墙或大树的另一侧,将被戴上一顶蓝帽子;3号战俘站在2号战俘的后面,将被戴上一顶红帽子;4号战俘站在3号战俘的后面,将被戴上一顶蓝帽子。4个志愿者站好后,告诉他们在任何情况下都不许说话和回头。

(4)让其他队员每4个人组成一个小组,并告诉他们保持沉默,仔细听。

(5)所有小组组建完毕、就位之后,给站好的4个"战俘"作游戏开场白,开场白如下:

请你们把自己想象成战俘集中营里的战俘。集中营的司令让你们4个人站成一排,并给每人戴一顶帽子。他不许你们移动、回头和说话。如果有人胆敢回头或说话,就会立刻被枪决。现在。请你们闭上眼睛,把帽子从袋子里拿出来,戴在头上。在这个过程中,任何人都不许看自己的帽子。司令让你们猜出自己所戴帽子的颜色,如果你们4个人中有人能说对自己所戴帽子的颜色,你们4个人都会被释放。但是,如果第一个答案是错误的,你们都会被枪决。显然,第一个答案将决定你们的命运。一个重要的已知条件是4项帽子中两顶是红的。两顶是蓝的。别忘了。不可以说话、走动和回头。

(6)有必要的话,重述一遍游戏开场白,以确保4个人都明确了问题和游戏规则。然后,对他们说:"从现在开始,你们说出的第一句话将会决定你们的生死。祝你们好运!”

(7)把其他小组带到这4个人听力所及的范围之外,问他们哪个战俘可能猜出自己帽子的颜色?为什么?

(8)游戏小组找到答案之后,引导队员就解决问题、团队合作和沟通等方面展开讨论。

讨论问题示例:

- 你们在游戏过程中碰到什么问题?怎样分析问题的答案?每个人都做了什么?
- 这个游戏揭示了什么道理?
- 如何将这个游戏和我们的实际工作联系起来?

变通:可以让多个小组同时做这个游戏;每个小组都遵循上面的步骤,这样来做需要较长的游戏时间和更多的帽子;这个游戏也可以作为课外作业,让学员们自己去思考。

只有第三个战俘可以猜出自己所戴帽子的颜色。因为他可以看到自己前面的人(也就是2号战俘)戴着蓝帽子,他可以据此这样推理:如果他自己也戴着一顶蓝帽子的话,4号战俘就会看到两顶蓝帽子,那么4号战俘就可以知道自己戴的是红帽子;但是4号战俘没有说话,这说明4号战俘一定是看到了一顶蓝帽子和一顶红帽子。而自己已经看到了一顶蓝帽子,那么,自己的帽子一定是红色的。

思考练习题

1. 横看成岭侧成峰,远近高低各不同。不识庐山真面目,只缘身在此山中。——[宋] 苏轼

请根据苏轼的诗句谈谈为什么要“超越自己”?

2. 拓展训练已经越来越多地被企业培训所采用,你认为通过拓展训练对大学生进行培训是否有必要?其原因何在?

第4篇

创意设计实践篇

Chapter 12

提高观察技能　选择创意主题

本章关键词

◇ 观察和体验
◇ 科学观察
◇ 感知敏感性

创意设计产生于观察、想象和创意表达三者之间的相互作用之中。观察是想象得以驰骋和创意最终得以表达的前提和基础。本章内容主要围绕观察及观察能力提升等内容展开。先是通过对观察概念的辨析和全身心的观察来理解观察和体验的重要性。然后,通过科学观察、感知敏感性训练和全新观察训练来提高观察的技巧。

12.1　观察和体验

引导案例

奶花躺椅

网上有一组流传很广的图片,对牛奶滴入咖啡的一瞬间进行连续抓拍得到清晰的奶花图像,从而让我们欣赏到最平凡的生活中蕴藏的美丽(见图 12－1)。这款躺椅就是以此为灵感设计的(见图 12－2)。造型取自纯白的奶滴溅起的一瞬间。在炎热的夏日里,躺在这样的躺椅上一定能够享受到一份额外的清凉。①

① http://www.patent－cn.com/2008/05/22/10473.shtml#more－10473(2008－7－22).

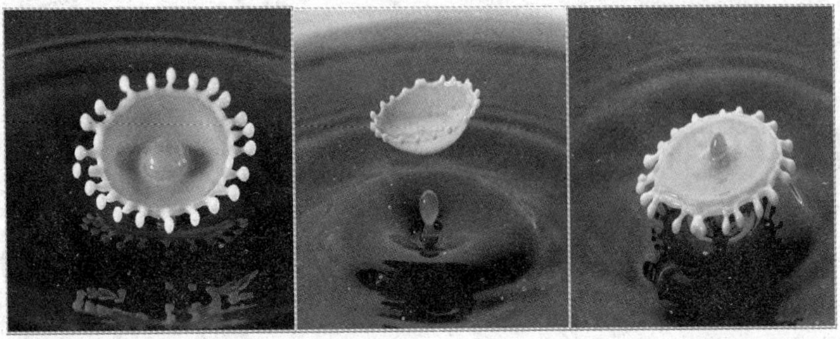

图 12－1　抓拍照片

图 12－2　奶花躺椅

点评：体验和观察就是亲身到现实中去感受。仅靠看书和看电视不能得到亲身体验的东西，因为前者是平面的、间接的；后者是立体的、有血有肉的。

12.1.1　什么是观察

“如果让你闭上眼睛，想象一下门是什么样的？你能想出多少种呢？”

“就是一个长方形的门，顶多上面镶嵌一块玻璃，有门把手，有碰锁。”

“还能想到什么样的门呢？”

“没有了。”

这就是美国斯坦福大学的麦金教授让学生练习时,大多数学生的回答。学生头脑中视觉形象的贫乏限制了学生的想象力和设计能力的发展。设计需要在头脑中储藏丰富形象的基础上进行再加工。俗语说"巧妇难为无米之炊"就是这个道理。许多优秀的设计都体现了设计者创造性地运用生活中的经验积累,储存着丰厚的心理素材供想象驰骋。

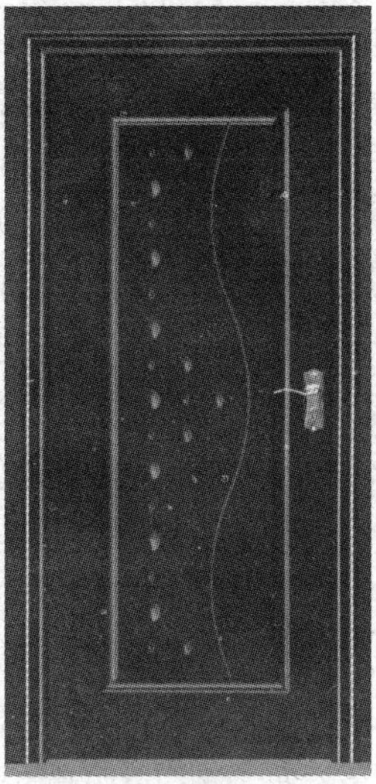
图 12-3 门

12.1.1.1 观察的含义

看就是观察吗?是啊,"观"等于"看",但是,观察不等同于看见。一辆汽车从你身边急驰而过,你看到了,这是观察吗?家里的电话盘,可能每次打电话时你都盯着它看,但是如果让你把它画下来,很多同学会画不下来。这是为什么呢?因为平时我们的眼睛会看见大量的事物,但是由于不具有目的性,只是随意地看,所以不能算做是观察。那么什么是观察呢?从科学的意义上说,观察就是人们通过眼睛、耳朵、鼻子、舌头、手等感觉器官或者工具,对外界事物进行有目的、有计划的感知和描述。

通过观察活动,获得全面、深入、正确地认识事物的能力,这就是观察力。观察力是一个人做好一切事情的最根本的基础。观察能力低,会影响和制约一个人的发展。苏联科学家赞科夫研究发现:学习成绩差的学生,普遍特点就是观察能力差,不会发现知识间的特殊点和联系。学习能力与观察力有直接的联系。所以,培养观察力,对开发智力、提高认识能力以及创造力都有非常重要的作用。

大科学家达尔文说过,"我没有突出的理解能力,也没有过人的机智,只是在发觉那些稍瞬即逝的事物并对它的细心观察的能力上,可能在众人之上"①。表面看起来,观察是件很容易的事情,很多人会以为大家观察得一样好,其实人们之间观察能力的差别非常大。只要各种感觉器官正常,每一个人都会看,可是要做到会观察和观察得好,就必须训练自己的观察力。你们知道吗,科学家、艺术家的观察能力高出一般人,是因为他们训练有素。所以,要提高和加强自己的观察能力,就要进行一定的培养和训练。

① 石光明.实用创造学入门讲座——第八讲常用创造技法(4)[J],中国质量,2005,(3).

是什么影响和制约了观察呢？原因很多，比如当我们没有目的地用眼睛看的时候，就会眼中无物，这是因为缺乏由“看”升华到“观察”的动机。在一般的情况下，我们的“看”会受目的的引导，例如你去商店的目的是想买一双鞋的话，那么你会专注于鞋，对于琳琅满目的其他商品可能视而不见，只有从来没有见过的、特别好看的、特别美丽的、非常奇特的东西才会吸引我们的眼球，会喊“哇！太漂亮啦！”“太奇怪啦！”并立刻留下深刻的印象。

另外，我们平时一般的“看”往往没有注意细节。观察应该是仔细看、认真看。可是很多时候我们没有做到，而是走马观花、浮皮潦草，没有注意到细枝末节、微小差异。不少同学都有过考试时看错题的经历，把0看做6，把加号看做减号等等，都属于这种情况。

还有的时候对熟悉的环境或熟知的事物我们会自以为看过了，已经很熟悉了，往往自作主张不去观察、认真看了，而以过去的经验代替当下应该进行的观察，这是非常普遍的现象。比如，大家经常会因为马虎大意犯一些错，而找原因时常常把“我以为……”挂在嘴边，就足以说明这种现象是多么的常见。

12.1.1.2 观察的作用

观察是人们认识世界的基本手段，人类的一切经验都依赖于观察所获得的信息，其改造世界的方法和活动也必须在观察所获得的事实基础上进行。苏联生理学家巴甫洛夫告诫人们说：“不管鸟翼是多么完美，但如果不借助空气，它是永远不会飞翔高空的。事实就是科学家的空气。你们如果不凭借事实，就永远不能飞腾起来。”①他领导的生理研究所一进大门的墙上就写着：“观察、观察、再观察”。美国电话发明家贝尔有一句名言：“有时需要离开常走的大道，潜入森林，你就肯定会发现前所未见的东西。”②这句话也充分说明了观察和适时改变观察方法的重要意义。事实上，很多著名的科学家都对观察有过深刻的论述。可见，观察不但在日常生活、学习、个人发展等众多方面有不可忽视的作用，而且观察在创造发明、科学研究、艺术创作中也有重要作用。

首先，观察可以揭示事物的本质和规律。在科学研究中往往通过观察获得认识对象的真实情况和可靠材料，然后去揭示事物的本质和规律。昆虫学家法布尔一生都在观察昆虫，据说法布尔一次走在路上，忽然看见许多蚂蚁正在齐心协力搬运几只死苍蝇，他马上停下来观察。为了看得清楚，索性趴在潮湿肮脏的地上，用放大镜观察。路上的行人都停住脚步看，围上来许多人，以为发生了什么事，过了4个多小时，法布尔起来时，竟不知道这些人在干什么。就是凭

① 巴甫洛夫选集[M]. 北京：科学出版社，1955：32.

② 宋晓利. 捕捉观察和实验中的机遇[J]. 北京印刷学院学报，2003(2)：27.

着这样长年累月、耗费一生的观察，法布尔完成了十卷集的科学巨著《昆虫记》。

其次，观察可以发现和解决实际问题。生产中和生活中的许多问题都是通过观察获得的。我国南方出产一种水果叫香榧子，非常好吃，但是产量很低。怎么能提高产量呢？有两个种香榧子的农民通过观察发现，有蜜蜂授粉的花就结果，其余的花不结果，蜜蜂不太爱给香榧子授粉，他们就自己用棉花授粉，收获的时候香榧子产量大增，解决了香榧子的产量问题。所以，观察有助于发现问题、提出问题，还可以解决问题。

再有，观察是艺术创作的源泉。事事皆可为我所用。一位著名的设计师这样写道："电视、工程、涂鸦和街头斗殴——只要你用心观察，就能从有异于你原先的角度看待事物。"有一个设计小组，始终找不到啤酒广告所需要的创意，于是他们便来到一个当地的酒馆去放松一下。但是酒馆中人声鼎沸，每次有人开口说话时，声音总被淹没在一片嘈杂声中。现场的观察给了他们灵感，这次经历被用在了广告设计中：当啤酒广告中演员张口要说话时，酒馆中的喧嚣声就出来了。这是一个非常精彩的广告，得了设计奖。

12.1.2 全身心的体验

你尝试过用耳朵观察吗？似乎听来可笑，可是你知道吗，耳朵、鼻子、舌头、手等感觉器官都是我们观察的重要工具。由于眼睛是人的心灵之窗，大脑获得的信息绝大部分是从视觉得到的，占85%左右。视觉信息传递给大脑的信号是听觉的900倍，因此，在通常情况下人们比较习惯于只用眼睛去观察，而忽视了调动其他感官。为了丰富、完善我们的感知，在观察时，我们可以充分利用其他的感觉，如听觉、触觉、嗅觉、运动觉等来加深对事物的理解。大家都曾有过这样的体验：当你在现场看一场足球赛或歌星的演唱会时，印象会特别深刻，这是为什么呢？因为当时是身临其境，所有的感官都被积极地调动起来了。所以要使感觉强烈、体验深刻、了解全面，就要用到所有的感官——即五官并用。

中国古代的哲人非常强调体悟的重要性。要想达到对事物的全面了解，仅仅用眼是不够的，需要全身心的体验，即"心"也加入。用现在科学的术语来说，就是思维也应介入观察当中。只有这样，才能将一般意义上的看和想象真正融合，获得心灵的感悟。

12.1.2.1 用手观察

实验：可让你的同学选择一些小东西，不让你看见，藏在一只纸口袋里。然后，你仅凭手的触觉去猜你摸到的每一件物品是什么，可以先画在纸上。都猜完后，把东西拿出来对照一下，看看你的触觉是否比视觉差了很多。

因为手可以帮助我们观察,触觉和视觉反馈给大脑的信息是不一样的。触觉的感知更具有立体感,更能加深大脑对物体的认知程度。在触觉的帮助下,通过想象,我们的思维可以在更大程度上得以延伸。

如果你能找到一项宽沿的、质地柔软的帽子,那么可以把它当做原料,通过折、弯、扭等操作造成不同于原来的造型,尽可能多地造成各不相同的造型,然后再看看它们分别像什么。在随意摆弄帽子的过程中,放松心理,大胆想象,你会发现过去熟悉的帽子竟变得这么神奇!

12.1.2.2 运用想象力观察

看过《西游记》的人都会对二郎神有深刻的印象。他能很容易地识破孙悟空的72变,因为他的额头上与众不同地长着第三只眼睛。这只眼睛的本事可大了,能洞察一切。同学们一定会想,假如我有只这样的眼睛多好啊!事实上,在观察的时候我们大都会借助想象,大脑的这种想象其实就是隐形的第三只眼睛。它使我们在观察的时候能获得意想不到的收获。因为用眼睛能观察到的现象往往一闪而过,没有丰富和科学的想象力,面对稍纵即逝的现象,人们只能束手无策,而有了丰富的想象力,即使缺乏观察工具,也会像那些杰出的科学家、发明家一样,提出一些给他人无限启迪的假设和猜想。有了这个猜想和想象,就可以反向改善设计观察的方法和角度,进而推进科学的进展。这一点在艺术创作中显得尤为重要。可见,有创造性的观察还必须充分发掘你的想象力。

请看想象在观察中的神奇作用:

甘肃省天水师范附小李亚奇看到毛毛虫掉到了蚂蚁洞旁,毛毛虫浑身有毛,所以成群结队的蚂蚁无从下口,大量的蚂蚁爬在了它的身上,却怎么也吃不上肉。李亚奇以敏锐的观察发现了一只聪明的蚂蚁。他在《毛毛虫奇遇记》中写道:“不知哪位聪明的蚂蚁看见毛毛虫脸上没有毛,便往它鼻子上咬了一口。‘好疼呀,好讨厌的感觉!’毛毛虫飞快地跑起来,每分钟可达六米。有的蚂蚁还爬在它的身上,作了一次免费的快速短途旅行。”多么丰富的想象啊!他想到了蚂蚁的聪明,想到了毛毛虫被咬后的语言,非常生动有趣。好像小作者给我们展现了一场激烈的战斗。没有丰富的想象哪能有这样出神入化的描写!

我国科学家王梓坤在《科学发现纵横谈》中说:“在分析观察资料时,从实际出发的创造性的想象起着重要的作用。客观实际是空气,想象力是翅膀,只有两方面紧密结合,才能飞得高,飞得快,飞得远。”不去想象,观察便不会穿透原有的境界;只会观察不去想象的设计者便不能称为设计师,充其量只能是素描或者克隆。

请看图 12－4 和图 12－5，你看到的是什么呢？

对图 12－4 有的同学会说是一张人的脸，有的人会说是一个爱斯基摩人的背影。对图 12－5 有的认为是一位乐器演奏家，有的认为是美貌的姑娘。观察同一幅画，获得的信息却大相径庭。这也与观察中人们的想象不同有一定的关系。

图 12－4 人头还是因纽特人

图 12－5 演奏家还是美女的脸

另外，同学们都有这样的经历，老师在课堂上让大家看同一件东西或同一幅图片，大家会众说纷纭，40 名同学会有 40 种想法或者更多，这样的情况比比皆是，为什么呢？在观察的过程中，针对同一个事物，不同的人会得出不同的结论。甚至同一个人在不同的时间，也会有不同的感受。相同的体验之所以会有不同的感悟，除了人的目的性、个性因素、人的经验、人的生存环境外，与人的思维习惯、能力、深度都有关系。因为观察并非只是眼睛的功能，人的思考也同时进行，任何观察都是与思维相伴的。眼睛的观察通过神经系统传递到大脑，经过大脑的思维加工，才形成我们的认识或感悟。所以，同一种观察材料经过不同的大脑加工，必然得出不同的结果，这就像同是面粉，经过不同的加工，有的成了馒头、有的成了面条、有的成了面包、有的成了饺子、有的成了馅饼等数不胜数的食品是同一道理。所以，观察是伴随着思维的全身心的感悟式的观察。提高观察能力，需要提高这种全身心的感悟力。

【实验案例】

制作一个伽利略望远镜模型

找两个直径差不多的凸透镜，但一个是长焦距的，一个是短焦距的。分别将它们对着窗外远处的景物，用一张白纸在镜的后面找出最清晰的像，然后记下它们各自的焦距近似值。

望远镜做法如下：

用硬纸板卷两个圆筒，在每个筒的一端固定一个透镜。两筒的长度分别比各自所装透镜的焦距长2～3厘米。先将硬纸板卷成能围住透镜的圆筒，在筒外用线或皮筋勒住，并用白胶布将里缝和外缝都粘好；再用一个窄条硬纸板围成一圈粘到距筒一端0.5～1厘米的内壁上，使透镜放入筒后能被它挡住。用同样的方法再粘一个硬纸筒从外面也挡住透镜。被两个纸圈卡在中间的透镜必须是牢固的，必要时可加厚纸圈。现在，分别在两个圆筒的另一端筒壁上，沿两个相对的母线（即恰过横截圆直径两个端点的母线），割出两个小窗口，窗口的宽度小于或等于3毫米，长度约1～2厘米。注意，一定要使透镜的焦平面落在两个窗口之间的一个轴截面上。（见图12－6）

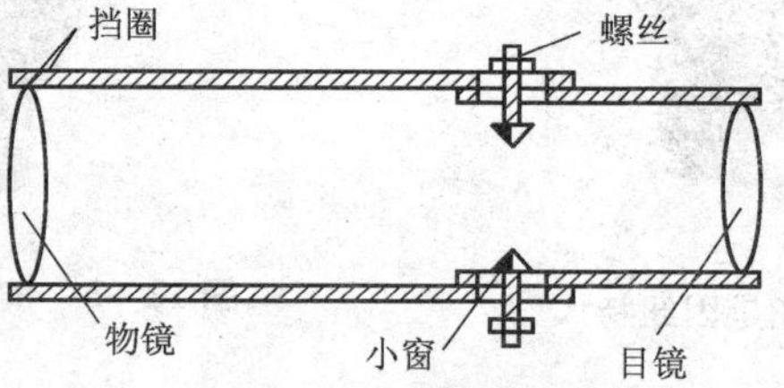

图12－6　望远镜剖图

将两个做好的圆筒开窗的一端相对，将较细的筒伸进较粗的筒，并旋转两个筒，直至它们的窗口相对正。用两个长为10～15毫米的M3的螺丝分别从筒内壁穿出到筒壁外，用螺母松松地固定。

用长焦距的透镜作物镜，用短焦距的透镜作目镜。将物镜对着远物，缓缓地推拉套筒，当两个透镜的焦平面重合时，能看到远物的清晰的像。此时，远物在物镜的焦平面上成一个缩小的倒立实像。由于两焦面重合，实像又在目镜的无穷远处成一放大的虚像。物镜与目镜的焦距比即为所制放大镜的放大率。如果你能用废弃物做更好。

实际案例

达·芬奇的发明模型

提到达·芬奇的职业，同学们会马上脱口而出——“画家”。其实他更是一个超越时代的科学家、发明家。在存世的笔记中，达·芬奇留下了不计其数的工程草图,另外他还制作过很多发明模型,利用这些结构模型寻找创造的灵感。其实不仅达·芬奇喜欢这样做,其他的科学家、发明家都喜欢这样做,为什么呢?

图 12－7 和图 12－8 两个手绘草图是达·芬奇手稿中画的弹簧制造机器和弹簧时钟驱动装置。模型是后人根据达·芬奇的手稿制作的板簧时钟。图 12－8 是达·芬奇设计的飞行器草图,后人根据达·芬奇的图,用榉木、铁、黄花铜、木板、皮革和牛脂复制作飞行器的模型。

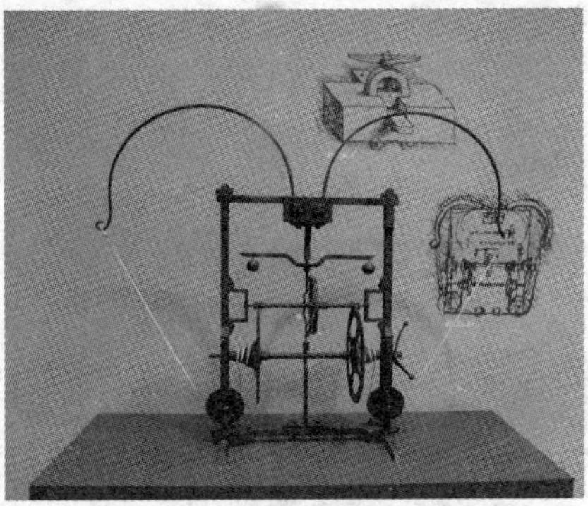
图 12－7　板簧时钟驱动装置

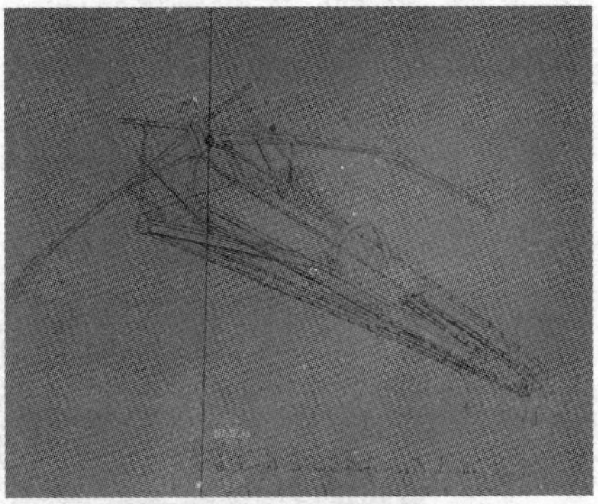
图 12－8　飞行器草图

思考练习题

1. 请带着目的观察后,给图 12－9 漫画填标题。

图 12－9　填写标题

2. 猜一猜(见图 12－10)。

这是美国智力趣题专家奇尔出的一道观察力测试题,公共汽车是从 A 到

图 12－10　猜猜看

B,还是从 B 到 A?

3.练眼力——你能找到图 12－11 中的狗吗?

图 12－11　你看到了什么?

4.请你查阅资料后,讲一讲古代善于观察的科学家的事迹。你从中得到哪些启示?

……………………………………………………………

12.2　提高观察力的技巧

引导案例

一次心理实验

在德国戈廷根的一次心理学会议上，突然从门外闯进一人，后面有一个手里拿枪的人在追他。两人在屋子中央混战时突然响了一枪，两人又一起冲了出去。从进来到出去总共只有20秒钟。主席立刻请所有的与会者写下他们目击的经过。

这件事是事先安排的，经过排演并全部照了相。这种情况与会者当时并不知道。在交上的40篇报告中，只有一篇在主要事实上错误少于20%，有14篇有20%～40%的错误，有25篇有40%以上的错误。特别值得一提的是：在半数以上报告中10%或更多的细节纯属臆造。这次观察尽管效果很差，但条件是有利的，因为整个过程十分短暂，并非常惊人足以引起人们的注意，细节又是事后立刻记下的，记录者都惯于作科学观察，与事件都无个人牵连。心理学家常做这样的实验，其结果大体相同。这说明观察的主观性是多么有力地影响着我们客观地得到事实真相。

12.2.1　科学探索的前提：科学观察

为了不让"心灵上的微生物"蒙住我们的眼睛，在观察时我们必须坚持的最根本原则是擦亮心灵，即实事求是不带主观成见，尊重观察的客观性，使观察的结果一定要和真实情况相符合。

12.2.1.1　坚持观察的客观性和系统性

"横看成岭侧成峰，远近高低各不同。"万事万物都是多个层面的综合体，有着复杂的内部结构和外在表象。同一事物在不同的时间、地点都会有不同的表现。因此，要做到完整地把握事物，客观、真实地观察、反映它，我们必须全面考量，从事件的开始一直观察到结束，做到观察的完整性。观察一般首先从整体把握，然后再由点到线、由线到面、由面到体、由比例到尺度、由轴线到对称、由实体到空间。注意观察的全面性和完整性就是坚持了观察的系统性。这是指不要遗漏有关观察对象的任何情况，无论它多么微小、多么微不足道。如果不能做到这样，会造成观察不全面，从而不能全面把握事物的真相。

法国昆虫学家法布尔在进行观察时为了解决某一问题,常常几年或者十几年不间断地观察同一对象,从而保证了观察的客观、全面、系统性。如,法布尔在观察槲蚕蛾时,想弄清雄蚕蛾怎样向雌蚕蛾求偶,整整用了三年的时间进行观察,就在观察要取得最后结果的时候,不幸的雌蚕蛾却被一只可恨的螳螂给吃了。法布尔为了取得真实的观察结果,从头再来,又用了接近三年的时间终于取得真实完整的观察资料。可见,法布尔对“昆虫记”内容的客观性、全面性要求是多么严格。

12.2.1.2 **利用工具观察**

有一句俗语叫“眼见为实”,真的是这样吗?图 12－12 用眼睛看图中圆里的线条怎么看都是弧线,用尺量一下,怎么样?直线!再看图 12－13,这些水平线都是水平的吗?或是彼此之间是有角度的呢?

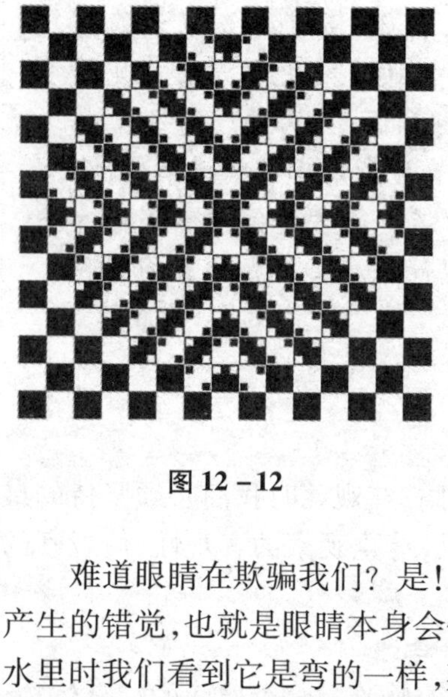

图 12－12

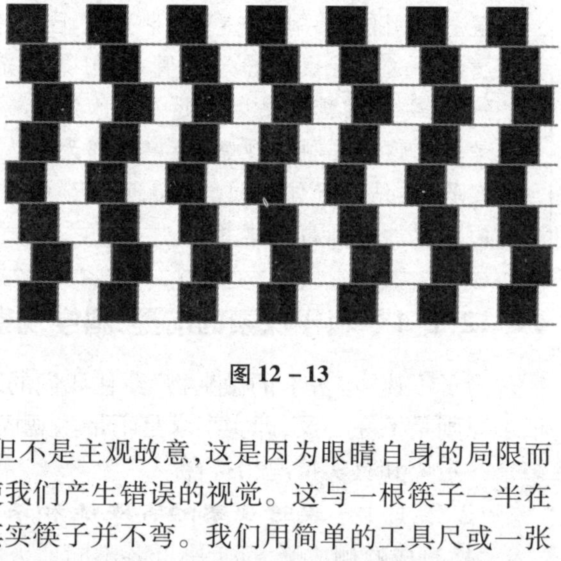

图 12－13

难道眼睛在欺骗我们?是!但不是主观故意,这是因为眼睛自身的局限而产生的错觉,也就是眼睛本身会使我们产生错误的视觉。这与一根筷子一半在水里时我们看到它是弯的一样,其实筷子并不弯。我们用简单的工具尺或一张纸就能纠错。在进行观察时利用合适的工具帮助观察,能使我们的观察在最大程度上克服生理局限而更加正确。在人类历史上也发明制造了很多可供观察用的工具。

我们的感官都有局限性,无论是看、听、闻、尝都很有限,这使我们在用自身的感觉器官进行观察时受到限制,人们为了打破限制发明了很多观察工具,帮助我们更深更广地探索自然的奥秘。所以利用各种工具进行观察会更精确、真实,这也是古人说的“工欲善其事,必先利其器”。

科学家为了探索微观世界,经过坚持不懈的努力,于16世纪末17世纪初发明了显微镜,在显微镜下他们看到了肉眼看不到的世界。1674年,列文虎克用他自己新磨制的显微镜看到刺破手指滴下的血滴中有红色的像车轮一样滚动的球——红细胞。1717年,他又发现红细胞不是圆球形而是中凹的扁平型,从而揭开了微观世界的一角。经过一个又一个科学家不断的努力,利用显微镜的观察,在19世纪人类终于建立了细胞学说,这是发明的观察工具送给我们的丰厚礼物,没有显微镜就没有细胞学。

再如现代物理学中的高能物理,研究的对象是寿命极其短暂的基本粒子,像强力衰变是10^{-23}秒,即一千万亿亿分之一秒,这样的神奇瞬间大大超过了人类感官的感知能力,于是科学家们发明制造了高能加速器(见图12－14),通过把时间的长度和空间的长度相对照,用粒子在加速器中运动的距离来计算它存在的时间。接着科学家又发明了气泡室,把液态的氦、氢、丙烷、戊烷等装在耐高压的容器里,当突然减压时液体会处于热状态,当带电的基本粒子通过时,能产生大量沸腾气泡,就留住了粒子的径迹,根据径迹的长短、浓淡,就能较容易地知道粒子的种类、性质及产生裂变、相互作用等。另外,还有云雾室、真空室等一些留住瞬间的设施和方法。

图12－14　高能加速器

可以说,利用工具进行观察不仅可以使我们的观察避免错误,保证观察的正确性、科学性,而且更是发明发现活动不可缺少的必要条件。所以要摈弃“一看了之”的观察,要用心去观察,并积极应用合适的工具。

12.2.2　感知敏感性训练:发现问题

12.2.2.1　保持新鲜感受训练

请你观察观察鲤鱼。很多同学可能都会不屑一顾,这还用观察吗?闭着眼睛都能把它画出来。古希腊时有个青年向亚里士多德请教，亚里士多德随手给他一条鱼，让他观察，青年觉得一条鱼有什么可看的，随意地看了看，什么也没看出来。亚里士多德启发他用从来没有见过鱼的眼光去看，结果他竟发现鱼没有眼皮。科学研究、发明创造离不开科学的发现，科学发现需要有一双明亮的眼睛，能进行缜密的观察，敏锐地发现问题。在我们周围有许多人之所以不能做出创造，就是因为他们不再有惊奇的感觉，好像人为地把自己的眼睛、鼻子、耳朵、嘴等器官封闭起来，什么问题都发现不了。如果看什么都习以为常、熟视无睹，如此何谈创造！切记：唯有发现，才能进行创造发明。

怎样才能让自己对问题敏感，加强对事物的关注程度，有所发现呢？

回忆新鲜感受，即回忆第一次看到某件东西时的感受。如，第一次看见汽车时是什么感觉？第一次吃辣椒是什么感觉？回忆得越详细越好。一般来说，人们接触从没有见过的事物时，由于新鲜奇特，所以印象非常深刻。可是一旦与事物频繁接触，就会使好奇心淡漠，感官也会因重复而变得迟钝、麻木。所以经常回忆新感受，可以增强对问题的敏感性和解决问题的灵活性。发明家也需要新鲜感受来克服主观、抽象、僵化的观念对新鲜事物感知的束缚。

50 年前纽约市民曾看到一则标语——“唯一能够去水下书写的笔”。这样的广告引起了大家强烈的好奇心。你能猜到是什么笔吗？圆珠笔！在这里我们是不是对圆珠笔又有了新的认识呢？从这个新的认识出发，可能我们头脑中又多了一条发明思路，有笔就有纸——发明能在水中书写的纸，有了这样的纸，野外工作人员就不怕笔记本被淋湿了。

12.2.2.2 回到童稚状态训练

人们第一次见到的事情都会感到特别新鲜。儿童之所以对事物敏感，就是因为儿童见到的很多事都是第一次。但随着年龄阅历的增加，对事物的新鲜感开始逐渐丧失。凡成功的大画家都是既具有高超的技巧，又保持儿童般感受的人。所以画家常为自己缺少新鲜感受而请教儿童。想象自己是一个二三岁的小孩，对第一次看见的事物是如何看待的。例如，在改进电话的发明中，先想象二三岁的孩子会如何想、如何提问题，就会得到许多疑问：“电话里有个小人吗？”“电话会饿吗？”“它怎么有个尾巴？”“它利用这个小孔呼吸吗？”等等。由此想到假如电话里真的有个“小人”，他能帮你听电话、记电话会怎样呢？于是发明了录音电话，发明了具有语音记录功能的电话。

在国外某企业举办的经理人员创造力开发学习班上，学员们进课堂的第一次活动是学猫叫、学狗爬。不理解的人会发出疑问：“为什么这样折磨这些大经理呢？”培训专家的一番话道出了其中的道理。创造性解决问题始于敏感地发现问题。成人不如孩子敏感，是由于成人端着架子，不肯像儿童那样好奇。只有通过儿童游戏，让成人回到童稚状态，才能打掉成人的架子，才可能让他们像儿童那样敏感地发现问题。

12.2.2.3　寻找不习惯的感觉

德国采矿工程师怀亚特在制作风箱时，发现用扭曲的钉子钉木头钉得特别牢，想拔出木材里的扭曲的钉子也很困难。扭钉难拔是搞建筑的人常遇到的现象，多数人遇见了也并不在意。怀亚特与众不同，他主动观察这个现象，认真进行了研究。后来他有意识地将钉子挫出凸凹，并将头部磨尖，另一头开上槽，就成了新式的钉子——螺丝钉。

习惯是发明的大忌，因为习惯养成惰性，对问题见怪不怪。什么是习惯，什么是不习惯的感觉呢？只要做一个十指交叉游戏就清楚了。自然地把十指交叉握在一起，没有任何不得劲。这就是习惯的感觉。观察自己的手指交叉时是右手大拇指在上，压住了左手的，还是左手大拇指在上，压住了右手的大拇指。然后，用不同以往的方式，把十指交叉在一起，这时你会感觉到好像大拇指处多了一点东西，小拇指处又少了一点东西，很不舒服，这就是不习惯的感觉。

主动地尝试各种破除习惯的做法，从中获得新鲜的感觉和对问题的敏感性。比如，你一开始使用剪刀时，觉得很不舒服，别人常常告诉你，用用就习惯了。果真，你用习惯了，也对剪刀的缺点麻木了。因此，寻找不习惯的感觉，不是与自己过不去，而是在发现事物的缺陷，找到发明的课题。

一只静静地摆在桌上的鸡蛋，你会发现什么呢？静态下的鸡蛋，很难让你悟出有关蛋的发明创意，倘若化静为动去观察，或许有出人意料的发现和发明呢！不久前，有个叫林力凡的研究者，在对司空见惯的鸡蛋沉思良久之后，想到了将蛋逐步加压的动态实验，企望在实验中能碰上好运。他将蛋放在一个封闭的铁筒中，然后逐步加压，分步观察。开始，他并没有发现在常规压力下蛋有什么变化，直到他将筒内压力升高到 6 000 个大气压后，他才发现了“新大陆”。经过高压处理的鸡蛋，蛋壳完好无缺且是冷的，但是将蛋壳打开后，发现蛋已凝固。这种被“压熟”了的鸡蛋蛋黄呈鲜黄色且富有弹性，一尝觉得味道特别鲜美可口，再进行化验，其营养价值毫不破坏。林力凡大喜过望，马上想到了“压力烹煮法”和“超高压食品”的发明。

压力为什么可以将食品“煮”熟呢？这是因为它和温度一样，都是自然界中能够改变物质状态的物理要素。通常，我们是在压力不变下改变温度来进行烹煮，而现在则是在温度不变的情况下增加压力来弄熟食品。

用加压的办法来处理食品有什么优点呢？据林力凡研究，加压不会影响食品中的维生素、香味和色素等低分子化合物的结构和性能,因此不会像加热那样使食品变色。此外,加压也有助于保持食品的新鲜风味。[①]

12.2.3 创意设计主题的捕捉:全新观察

沙发居然可以这样(见图 12－15),你想象过吗?

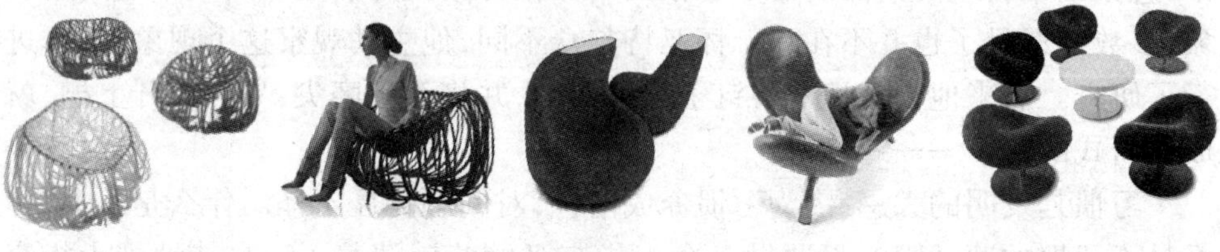

图 12－15 创意设计——沙发

我们慢慢长大的过程就是自身社会化的过程,头脑会越来越多地贮存经验、概念,并且运用这些经验、概念去观察周围的事物和世界,这就形成成见。成见是以固定的模式或眼光进行观察,这样可以使我们的眼睛只集中在我们需要的东西上,如当我们想坐下时,不管在什么环境中都会很快地找到能坐的东西,至于坐的东西什么样子可能根本就没有"看"到,或者只是大概地"看"到,这就好比我们在进行观察前就已经戴上了一副滤色镜,一方面它有利于我们尽快地达到目的,但是另一方面会使我们的视觉产生成见,不能以最原始不带先见的眼睛去进行观察,或者不能以多种不同的观点去观察,从而形成一种固定的眼光,对其他的会视而不见。

为了破除成见,使我们的视觉全新化,让它更具开放性,充满活力,获得创造性观察成果,我们必须树立全新的观察也就是变熟悉为陌生的过程,从而捕捉到创意设计的目标。如图 12－16 所示,楼可以这样盖。

我们在日常生活、工作、学习中都会很熟练地运用变陌生为熟悉的方法,即遇到一个陌生的事物时,先去分析它,然后用过去掌握的问题类型的性质赋予它,使它从一个陌生的事物变成熟悉的事物,如过去内蒙古通辽市的牧民以驴代步,自然而然地把自行车叫做洋驴子。变熟悉为陌生与此正好相反。许多事物也许并不是新事物,是我们每天都司空见惯的东西,当以一种新的方式、新的角度去观察它时,往往会使我们欣喜地发现"新大陆"。以下是几种变熟悉为陌生的方法:

---

① http://www.795.com.cn/dz/dzxt/900_2.html.

图 12－16 楼可以这样盖

12.2.3.1 转变观察角度

北京一名中学生看见姥姥打电话由于眼睛花很费劲，不是看错号就是拨错号，来来回回好多次才能把电话打出去。他又发现大多数人都会拨错号，于是他专门给姥姥制作了全世界唯一一台能自动拨号的电话，只要把带条码的名片插入电话中的读码口，电话就自动拨号。

人们在进行观察时，由于角色的不同而带来的需求差异，使观察到的内容会有很大的不同，转变观察者的角色也会增加对问题的敏感性和解决问题的灵活性。平时我们对盲道没有什么感觉，有一些同学在调查时听说盲道设施不完备，他们就像盲人那样体验了一下，发现了盲道设置确实有很多问题，如连不上，时有时无，有的前边是墙，有的是坑，盲道的突起太高，鞋底太厚脚没感觉，鞋底薄了，走一会儿就硌得脚疼。我们有时是行人，有时是坐在汽车里的乘客。

现在,请你变换视角,从司机的角度来观察一下行人或乘客,然后比较一下你的感觉有什么不同,是不是会发现一些以前没有发现的问题。

颠倒是一种最激烈的转变,角度一百八十度变换,给麻木的感觉以强烈的刺激。

倒着看:倒立看你熟悉的房间;在反光的建筑物圆柱上看街道上的事物;看哈哈镜。

颜色颠倒:天是黄色的,地是蓝色的;衣服是黑色的,鞋是花的;天花板是地板颜色,地板是家具的颜色,家具是天花板的颜色。

功能颠倒:头上扣着饭碗,从帽子里拿出东西吃,鱼儿在天上飞,鸟儿在水中游,书是新式武器,坦克是新型交通工具。

角色颠倒:到熟悉的大商厦以不同角色去转转,如你是一个警察,你是王海,你是学龄前儿童,你是一只可爱的小狗……

通过以上违反常规的颠倒,你一定会有新的想法,产生新的感觉,会发现你以前从来没有发现的问题。

12.2.3.2 **重新分类**

科学家发现,让到自然博物馆参观动物标本的孩子们说出他们正在看的一只标本鸟有什么特征时,孩子们能很快地说出他们已经了解的特征,头、羽毛、嘴、尾巴等等,再让孩子们看上一天,他们也分辨不出脚爪、鳞羽、鼻孔内等部位的特征。这种现象是很普遍的,因为我们大脑早已把事物进行分类,并且把那些最好的事物都作为类别的标记储存在记忆中了,如果没有这些记忆类别,那么世界在人脑海里将是混乱不堪、无法辨认的,但是这种分类标记会使我们在观察事物时变得很懒惰,有时会一眼望去而一带而过,就把一个事物放在某一类别里,不去探究它的不同,误以为是已经熟悉的东西。全新观察的另一个方法是放弃原有的分类,进行重新分类标记。

房间里的家具先按颜色分组,同一颜色分为一组,会使我们产生一种感觉;然后按形状分组,正方形的、长方形的、圆形的,看看是什么感觉;再按功能分组,摆放东西用的、存放东西用的、休息用的,又会有什么感觉。还可以有更多的分组方法,每变换一次都体会一下产生的感觉。

用灵活的方式重新标记事物:一枝玫瑰可以用一支手电筒、一个软木塞、一支笔来标记。

仔细观察一个特例,在观察时注意自己由它联想起了什么。观察蜡烛燃烧时跳动的烛光火焰,要使想象具有跳跃性,不是从水联想到湖、江、河等等,而是想到电动玩具、哈哈镜、电视等等。

多做这样的练习，可以使我们能像诗人那样只看一眼而超出习惯分类，自由地进行创造性的转换。

图 12－17 所示是一款用花标记的电风扇，名字是“可爱造型声波遥控电风扇”，全机身用强化塑料材质制成，风扇也使用软质海绵设计，转速快，除了原有的电源开关外，还增加了“无线遥控”开关，并附赠金鱼造型遥控器。这简直就是打遍天下无敌手的顶级凉夏商品。图 12－18 是来自日本的设计，向来规矩的书架上加上一点凌乱的元素，既实用又美观。

图 12－17 电风扇

图 12－18 书架

实际案例

伽利略与望远镜

同学们可能都知道，就是因为有了射电望远镜，人类的眼睛才能穿过遥远的空间，看到 100 亿光年远的宇宙。伽利略是意大利物理学家和天文学家，也是一个发明家。他在帕多瓦自己的家中开办了一个仪器作坊，成批生产多种科学仪器与工具，并利用它们亲自进行实验。1609 年 7 月，他听说荷兰有人发明了供人玩赏的望远镜后，8 月，就根据传闻及折射现象，找到铅管和平凸及平凹透镜，制成第一台 3 倍望远镜，20 天后改进为 9 倍，并在威尼斯的圣马克广场最高塔楼顶层展出数日，轰动一时。11 月，他又制成 20 倍望远镜并用来观察天象，看到“月明如镜”的月球上竟是凸凹不平、山峦迭起。他还系统观察木星的四颗卫星。1610 年他将望远镜放大倍数提高到 33 倍，同年 3 月发表《星空信使》一书，通过望远镜测得太阳黑子的周期性变化与金星的盈亏变化，总结了他的观察成果，并用来有力地驳斥地心说。伽利略发明望远镜可属偶然，但他不断改进设计，成批制造，逐步提高放大倍数，可以算是一个名副其实的发明家。

创意实践

承重跨江桥设计制作大赛

材料准备：4 人一组，课前准备好：

1. 两个半只的鸡蛋壳、装过果冻的小塑料盒一个、削好的铅笔一枝。（实验 1）

2. 长 28cm、宽 22cm 硬纸条若干条。胶水、剪刀、A4 纸一张、书若干本（摞起来两个 10cm 高左右）（实验 2）

3. 25 根塑料吸管、8 张粘标纸、20 根牙签、一只信封。（实验 3）

4. 废报纸一斤。（实验 4）

5. 粉笔 1 ~ 3 盒。

实验一：鸡蛋壳承受外力实验

把半个蛋壳放在桌子上，凸面向上，然后拿一枚笔尖不要太尖的铅笔，从距离蛋壳 5 ~ 10 厘米的高处，让铅笔自由落下。看！蛋壳怎么啦？

再把蛋壳翻过来，让它凹面向上，下边垫一个果冻杯，再用同样的办法实验。看！蛋壳又怎么啦？

感悟：我们身边的薄壳形物品还有哪些呢？

实验二：结构实验

1. 不同形状折纸承重力的比较：

- 将纸折成不同的形状，放置在桥墩上。
- 先预测后测试。
- 写出预测和观察到的实际支撑书的数量。

思考：什么形状的纸条承重力大？想想为什么？

2. 同形状纸承重力的比较：

- 将一张纸卷成直径不同的纸筒，粘好竖起来，用不同重物来测试各纸筒的承重能力。
- 设法用一张 A4 纸来支撑 500 克的重量（离地至少 20 厘米）。

思考：为什么同样一张纸做成的不同直径的纸筒，承重有大小之分呢？

3. 纸筒组成不同结构的承重力的比较：

● 用报纸卷成筷子粗的20cm长的纸筒若干。

● 设法把纸筒连在一起成为一个结构，测试各种结构的承重能力。

思考：为什么不同结构，承重差异这么大呢？

实验三：吸管桥承重试验

1. 材料：用25根塑料吸管、8张粘标纸、20根牙签、一只信封做成一个吸管桥的桥面。

2. 两摞书桥墩相距30cm。

3. 试验比赛要求：

● 吸管桥只能架在统一的桥墩上，不能另做，桥面不能碰到河面（桌面）。

● 在架在桥墩的吸管桥上放粉笔，直到桥面断了或碰到桌面，承重要能维持2秒钟。

● 成绩以吸管桥承重的粉笔数定。

实验四：承重跨江桥比赛

1. 材料：废报纸数量不限、胶水、透明胶。

2. 在认真查阅有关桥梁设计的资料，充分了解桥梁结构力学知识的基础上，每4人一组，自行设计一座单孔桥梁。

3. 要求：该桥架在38米宽的河面上，由于桥下需要通过船舶，桥面最高点距离水面不得小于15米；桥面宽度不得大于10米；按缩小1/100的比例制作。材料只能使用报纸，桥的重量是最后评价的因素之一。除了可以用胶水、透明胶带粘接外，不许使用任何其他东西加固，如书钉、木头棍等。

4. 每组要求提交整个设计、制作、试验过程的原始记录和最后整理的设计报告。设计报告的文字部分（不少于300字）包括设计原理、设计思路、查阅的资料；图形部分包括设计图和说明。

5. 纸桥经过当场的承重实验进行评价。评价标准如表12－1所示。

表12－1

分类	评价项目	评价标准
得分	承重	每承重一本半公斤重的书本，加10分
	外观、风格	根据桥梁的美观、制作精细和风格的独特打分，满分20分
扣分	桥自身重量	以全班最轻的桥为基准，每超过20克，扣10分
	桥长、宽、高等	每一项超过要求扣10分。如果桥长度和高度比标准小20%，或使用其他制作材料取消资格

思考练习题

1. 观察图 12－19：不需测量仪，哪一个角度看起来最大？那一个角看起来最小？如果你可以的话，试试按从大到小的顺序排列一下这些角。观察图 12－20：所有的角都是同样大小吗？这两个图中，尽管难以令人置信，但所有的角度都是 90 度直角！一个角度在视网膜上的形象是非常模糊的，有时我们必须精确测量才能得到真实的结果。

图 12－19

图 12－20

2. 在图 12－21 中，你能找到多少张面孔呢？

图 12－21

3. 见图 12－22，这是谁的眼睛里的商场？通过这幅画你能发现什么问题吗？

图 12－22　眼中的世界

4. 你注意了吗？北屋一般采光效果不佳，到冬天更显得阴冷。但同样是北屋，有的同学家的北屋却显得温暖明亮。请你仔细观察一下他是怎么做的，并调查一下室内装修设计师，看看能找到多少种办法来改善自己家的居室环境，让爸爸、妈妈惊喜一下。

5. 体育用的标枪可以用绣花针标记，下列的物品可以用钢针来标记吗？

火箭、刺猬、鞋、云彩、灯泡、衣服、自行车

6. 用不同的动物标记鞋子，请至少设计出 10 种新型的鞋。

Chapter 13

捕捉创造灵感　构思设计创意

本章关键词

◇ 表象控制

◇ 情感与想象

◇ 幻想

◇ 立意与构思

13.1　展开想象——构思与设计的基础

引导案例

一名高尔夫球手的奇迹

想象可以调动人们的思维和身体,使之投入到具体的行为中。事实上,在想象力的调动下,思维甚至可以通过神经系统使人的身体具备某种特定的功能,即使人们从未在现实中实践过。

英国的一位研究人员发现,单独通过思维训练的办法,肌肉能力可以提高16%。这意味着人们坐在椅子上,用自己的大脑做某件事情,将会直接影响到自己的肌肉组织。在这一研究中,研究者把研究对象聚焦于小指上的肌肉,但无论怎样,肌肉的工作原理是相同的,这一方式同样可以运用于身体的其他部分。

一名高尔夫球手身上发生过的事情可算是这方面的典型事例。他的成绩过去常常徘徊在90多杆。由于环境的影响,他有7年时间没有再碰过球。而当他重回高尔夫球场时,他打出了74杆的好成绩。

在这没碰球的7年间，他没有上过一次高尔夫球课程，而且身体状况在不断恶化——他是战俘，被关在狭窄阴暗的牢房中。其中，有5年半的时间他被单独关押，与世隔绝。在头7个月里，他天天祈祷以求获释，当一切已然绝望后，他决定找一个办法让自己生存下去。在那狭小的牢笼，他决定用想象打高尔夫球。7年间，他每天都在脑海中打一次18洞的高尔夫，而且想象每一具体细节——赛程、天气、服饰、树木、发球区、旗杆的位置。同时，他进一步想象击球的每一细节，用眼睛盯着球，背部摆动挥杆，于是球在空中飞翔，跃上果岭。他就这样用思维去打这18洞球，用与实际打球所花时间相同的4小时想象完成整个过程。

在没有摸过球的7年时间里，在那些令人发指的可怕情形下，他增进了高尔夫球技艺。这就是想象的力量，在没有压力的情况下不断练习，可以使人在身处压力时取得更好成绩。

一个人不仅可以在头脑中呈现出过去感知过和思维过的事物，而且可以在头脑中出现某些自己不曾经历过的以及现实中不存在的或尚未出现的事物形象。例如，现代人可以根据获得的考古信息，在头脑中呈现几十万年前原始社会那种刀耕火种、茹毛饮血的生活情景，也可以根据已掌握的科学技术知识和发展趋势描绘出未来的世界模型。这种心理现象就是想象。即想象是人们头脑中通过形象化的概括作用而改造和重组旧有的意象，产生出新的形象的一种特殊的思维活动。想象是创造性思维最主要的形式，它几乎表现在一切科学、艺术的创造活动之中，以致我们可以说，没有想象就没有科学和艺术，就没有创造和发明。

想象力有着无可估量的价值，人们经常会用到它，以达成各自的愿望。许多优秀的运动员都善于运用自己的想象力，比如花样滑冰运动员布莱恩·博伊塔诺(Brian Boitano)在1988年的冬季奥运会上之所以取得冠军，以及杰克·尼克劳斯(Jack Nicklaus)在大师赛中之所以6次折桂，都与此有关。人们可以用想象力来想象自己会受到怎样的赞扬，也可以用想象力来构思一场演讲，还可以用想象力来寻找解决问题的答案。医学专家卡尔·西蒙顿(Carl Simenton)在治疗癌症病人时就大量使用了想象力。因此，如果人们坚信自己的梦境或者目标，那么人们的潜意识就会被重构，思维就会发生变化，行为也会相应作出改变。

一个典型的例子发生在篮球运动员身上。球队的成员被分成3组：第一组每天练习罚篮，共计21天；第二组也用相同的时间练习罚篮，但他们是用想象在脑海中练习；第三组则什么都不做。开始时每组队员的罚篮水平彼此相当，到练习结束时再来测量他们的水平如何。结果显示，每天都在练习罚篮的第一组运动员21天后成绩提高了24%，而只在思维中练习，从未真正练过的第二组运动员成绩提高了23%。为什么如此？事实是，当人们在想象某一动作时，人们的思维会把电子脉冲送到相应的肌肉群，使它们产生真实发生动作时的同样反应。

13.1.1 表象控制

13.1.1.1 表象的含义

你去过天坛吗？看过祈年殿吗？现在你头脑中还能回想起如海的松林、势接天地的大殿吗？我们看过的形象、听过的声音、摸过的东西、所产生的印象都会在大脑中留下痕迹，当该事物不在面前时，经历过的事物的形象在意识中浮现出来，叫表象。创造性想象是指记忆表象在人的头脑中经过加工重组之后产生的新的表象。这些新表象或者代表人们从未感知过的事物的形象，或者代表世界上根本不存在的事物形象。

依据表象产生的感觉通道，可分为：视觉表象、听觉表象、触觉表象、嗅觉表象、味觉表象、运动表象等。在创造中各种感觉表象的调动都具有重要作用，不但画面、颜色会刺激想象，一个声音、一种味道同样也会激发想象。想象力丰富的人不仅在大脑中存储了较多的记忆表象，还能够不受阻碍地调动起来。

13.1.1.2 表象的控制

当你想象的时候，脑海中出现的那些形象会旋转吗？它们可以产生身体运动的感觉吗？它们可以在头脑中消失吗？它们可以重新组合吗？这些就属于对表象的控制和变化，许多作出杰出创造的人，都一再提到想象过程中视觉形象的重新组合和再生，这就是内在意象的控制和变化。

有一个科学家叫N.特斯勒，是一位著名的科学家，他发明了交流电动机、荧光灯，并发现电流滞后现象。特斯勒是这样描述自己的创造性活动的：他能在头脑中极其精细地再现他所设计的电动机，并且随意地在头脑中摆弄所有的零件，组合它们。头脑中的这些形象似乎比任何蓝图都要生动，一旦机器出了毛病，他不用拆卸机器，也不用看图纸，就在脑子里找到蓝图，精确地诊断什么部位出了问题。特斯勒就是一个对表象控制能力极强的人。优秀的建筑师不仅需要借助画出来的图进行思维，也需要具有在头脑中加工形象的能力，随心所欲地控制大脑里表象的变化。

有意识地进行控制形象变化的训练，会大大提高人的想象能力。

13.1.2 情感与想象

【案例】

汽车安全自救装置①

安徽省利辛县纪王场乡青年农民纪国大，用了六年多时间，投资近20万元，试验数百次，终于研制发明出汽车安全自救装置，从而填补了世界机动车安全自救装置的空白，荣获了中华人民共和国国家知识产权局颁发的专利证书。纪国大今年38岁，勤劳、朴实、智慧，思路敏捷，从事商业经营已十多个年头，有了经济的积累。他是个“汽车迷”，平时好钻研一些稀奇古怪的东西，好想新点子。他研制发明机动车安全自救装置，还是被发生在从利辛双桥上一小汽车掉到河里，淹死祖孙三代的悲剧所刺激，他想：“人的生命最可贵，小小的孩子坐车一下子淹死了，太可惜，如果能发明出一种汽车安全自救装置，汽车掉到河里，车门窗能自动打开，那该多好啊。”从此，他下决心要研制发明这一产品。发明，谈何容易！凭空想象，那不现实，他绞尽脑汁，联想到一些科研人员的发明都是从动物身上找到的答案。于是，他留心观察了许多动物在旱地和水中的表现和功能，通过数不清的观察和思考，他受到螃蟹在水中自救爬行的启示，又根据平时自己掌握的汽车维修、化学反应等科学知识，购来材料，一次次地反复试验，又一次次地失败。但他不灰心，坚信有志者事竟成。他多方请教能人和有关专家，不耻下问，不厌其烦地试验、试验、再试验。他购来二手小汽车，将研制的产品安装上，将小汽车捆绑好，用吊车吊进河里，反反复复地试验，最后终于试制成功。这种实用新型的汽车安全自救装置，设计合理，结构简单，安装方便，使用安全。无论是下大雨还是洗车，都不会受到影响，而且技术材料成本低，实用价值大。此产品研制成功后，他申请了国家产品专利，通过国家知识产权局的反复测试，其功能完全达到安全自救的目的。2006年12月13日，国家知识产权局为他颁发了专利证书。

想象就像给我们插上的翅膀，可以使我们在自由的天空中翱翔。

如果说想象是飞翔的翅膀，那么情感就是托起翅膀的气流，情感与想象密不可分。我们的想象受情感因素的制约，与人的情感状态有密切关系，不但决定想象的方向、内容，同时也会影响到想象的生动性和丰富性，在积极的情感状态下，更有利于想象的飞腾。饱满的情感像催化剂，能充分调动大脑里存储的

---

① http://www.1st.com.cn/newscontent.asp? id=1545&keywords(2008-5-3).

表象,并快速地把它们分解组合,然后有创意的想象构思便会如泉水般涌出,如神来之笔,灵光闪现也就出现了。

"我有一个梦想,有一天,我的 4 个孩子将生活在一个不是以皮肤的颜色,而是以品格的优劣作为评判标准的国家里。……"这就是脍炙人口的,也是永远载入人类史册的马丁·路德·金博士的演讲。金博士用他的激情,通过自己脑子里的眼睛看到了一个美好的未来,一遍又一遍地描述想象中尚不存在的美国梦想,人群一次又一次地欢呼雀跃,欢快地叫喊着,一边拍着手,一边跳起了舞。这是多么激动人心的美好时刻啊!

金博士的故事告诉我们:积极的情感能促进想象力,消极的情感状态如悲哀、抑郁等会抑制和毁灭想象。情感智力对人的基本智力产生重要影响。情感状态在有些情况下还可以影响想象的内容和形态。比如,想象的特殊形态——梦境,人处于良好的心境下做的梦,与心境不好时做的梦,非常不同。"日有所思,梦有所想",说的正是心境对梦境的影响。心境不好时,爱做噩梦。当然,消极的想象也会影响或严重影响人的情绪状态。

所以,我们在进行有创造性的学习活动或创意时,在引导想象的时候一定要注意把情感调整到积极的状态下,当我们情绪饱满、激情飞扬时,好的创意就会接踵而至,可以毫不费力地信手拈来。

13.1.3 幻想

13.1.3.1 幻想的故事

(1)幻想技术带我们走向未来。美国《商业 2.0》杂志最近隆重推出了几位幻想家和他们的 6 个技术幻想:机器人可以读懂你的心情,喷墨打印机能够制造出可供移植的心脏……更难能可贵的是,这些幻想家们并不仅是沉溺于幻想,还在努力地让这些幻想变成现实。①

(2)打印机喷出细胞。幻想者感言:"器官'打印'将是对个性化医疗护理的巨大贡献,它使我们有潜力制造我们身上的每一根纤维。这是人类向'长生不老'的梦想迈进的一大步。"38 岁的汤姆斯·博兰德是克莱姆森大学的生物工程学助理教授,他想以此解决人类器官老化磨损的问题。

过剩的喷墨打印机经过博兰德的改装,已能够喷出细胞和生长激素等"生物墨"和可降解的凝胶体,然后形成生物活体组织。凝胶体为细胞提供生长平台,并让其自然融合成预定形状。

---

① http://www.people.com.cn/GB/paper68/9133/849169.html(2008-5-3).

目前的技术难题在于,如何为刚生产的心脏、肝和肾等器官提供它们赖以生存的基本养料。博兰德设想的解决办法是,在器官被“打印”时植入可工作的血管。

这一工程的主要赞助来自美国国家航空航天局,另外惠普和佳能等公司也都对此种新型“打印机”感兴趣。

(3)和你谈心的机器人。幻想者感言:“想一想科幻电影里那些你最喜爱的机器人,那就是我想要追求的。”这是一种能像人类一样进行交流的机器人。麻省理工学院媒体实验室机器人生命集团主任、34岁的辛西亚·布里齐尔希望这种善于交流的机器人能够教书、照顾弱者,甚至成为孤独者的朋友。

2000年,布里齐尔造出了Kismet——一个能够根据人类眼神和声音提示作出一些面部反应的机器人头颅。最近,她又创造了可以和人类进行视觉交流的机器人列奥纳多(Leonardo),它的一举一动还颇为优雅。由于其人造皮肤具有触觉感应系统,这个毛茸茸的怪物在被人胳肢时竟会轻微地颤抖,如果你想握紧它的手,它会很害羞地将手抽回去。

但是,要更好地理解人类的行为,它需要更先进的感应和刺激器,更自然的语言和手势分析系统和更为发达的“思想理论”。

好莱坞的特技制作公司斯坦温斯顿制作室正在与布里齐尔合作研制这种机器人。英特尔、诺基亚和索尼等大公司,也对这种自然的拟人交流“界面”感兴趣。

(4)一天内跨洋往返的飞机。幻想者感言:“如果从洛杉矶飞往纽约只花两个半小时,从纽约到香港一天能够返回,这势必将改变人们做生意的方式。”

尽管速度最快的欧洲协和客机已经退出商业飞行,但还是有人幻想制造出更快的超音速商用飞机,以使高级商业人士在周游全世界之后,能够及时赶回家观看孩子的篮球赛。

这种飞行器的幻想者是31岁的金伯利·恩岑和33岁的凯西·道农,他们分别是螺旋桨飞机制造集团经理和雷神飞机制造公司超音速研究项目经理。在所有幻想项目中,这一项目有最现实的军事意义。

他们研制的一架六座飞机与波音737飞机一样长,并对机翼进行了改造,这样,将会降低飞机的轰鸣声。正是由于噪音过大,超音速喷气客机的跨洋飞行一直受到限制。

目前,设计者仍然在研究如何才能提高单位燃料可以提供的飞行距离;另外,飞机发动机需要降低起飞时的气体排放量,以达到美国航空管理局的标准。

这一项目的主要财政支持来自美国国家航空航天局和美国国防部高级研究项目管理局。另外,通用电器公司也在致力于发动机的有关研究,诺思洛普·

格鲁曼公司做了一些早期的研究工作。波音公司、洛克希德·马丁公司等也都对此密切关注。

(5)全天候便携电池。幻想者感言:“将来,你会像买打火机一样在商店里买到这种电池的充电器。”

保罗·朗尼和索西娜·海利分别是南加州大学航空航天、机械工程教授和加利福尼亚理工学院材料学副教授,他们想制造玻璃弹球一样大小的电池。常规的电池太重,耗电快,不能满足未来便携式设备的发展要求。

海利发明了固体氧化物燃料电池(SOFC),比目前被誉为“未来能源”的甲醇燃料电池更为小巧和高效。朗尼的“瑞士面包卷”换热器可以保证这种电池的高热循环,从而保证电池的正常运作。这两项技术可使手机的通话时间增加到 28 个小时,并能让笔记本电脑持续工作 20 个小时。海利正试图增加电池的效能,而朗尼正进一步调试“瑞士面包卷”,希望电池内部的温度、气体合成和流动速率达到最佳。

美国国防部高级研究项目局目前正在赞助这项研究。另外,摩托罗拉、三星、东芝等电子公司以及曼哈顿科技公司和 Smart 燃料电池公司等便携能源科技公司都在密切关注这个项目。

此外,只有一张纸厚薄的电脑显示屏和沙粒大小的微型传感器都正在被幻想者幻想着、实践着。

读了这些故事,我们会发现科学家们的创意来源于幻想家丰富的想象力。

13.1.3.2 如何提高幻想力

(1)幻想是最大胆的想象。幻想是伟大发明的指南,你看幻想有多重要。幻想通俗地说就是天马行空地对某一事物或现象的自由想象,是创造性想象的一种高级形式,直接指向事物未来的发展趋势,有时也能体现个人创造愿望。幻想是人类最大胆的想象,幻想能超越时间和空间的局限,能打破物种之间的界限,淋漓尽致表达人的主观意愿。在思考的某个阶段,创造者可以把任何要素放进大脑,随意地进行重新组合和变化,尝试着它会出现什么,思索它变化的原因。在幻想中会产生大量异想天开的创意。例如,人们幻想离开太阳系去探索宇宙的秘密;幻想征服海洋,到海底建设一座美丽的城市等。学会想入非非——幻想,那些一鸣惊人的创意,就会时时找到你。人类的幻想与美好愿望,一直是那些最大胆、最新奇的发明的来源。

(2)提高幻想能力的一些做法。

- 不要怕别人讥笑和嘲讽,培养和提高自己的幻想能力,就要敢于异想天开,因为创造性很高的设想往往是对现实的突破,站在现实的角度看常常是无法理解的。正因为如此，现实才能够变化和发展。想创造，就不要受到传统或现实的束缚。

• 做“白日梦”。我们平时说不可能实现的事情时，往往说“你做梦吧！”其实做梦对创造发明非常有用，为了得到好的创意，还需要追梦。因为人在梦中的想象是最大胆的。有人曾对想不出好方案的人开玩笑说：让我们做梦吧！

训练有些运动项目的运动员时，采用白日梦的方法就很有用，如跳高运动员在平时训练时，假如世界纪录是2.30米，为了冲击世界纪录，教练员会把2.20米说成2.30米，日积月累运动员轻松越过，在比赛时就能有胜算。

• 多看幻想小说。历史上许多科学家、发明家都是幻想小说迷，甚至本身就是幻想小说家。像把美国第一颗人造卫星送上太空的最著名的火箭专家冯·布劳恩、英国著名天文学家兼优秀科学幻想小说作家霍铱尔、美国生物化学家及世界著名科普作家阿西莫夫等无数的科学家、发明家，都是在科学幻想的摇篮中长大的。他们在从事科学研究和实验时，自然也离不开幻想对他们的影响。童话、神话也能培育人的想象力。

• 冥想。放一段古典轻音乐，全身放松，非常舒服地坐在沙发上，闭上眼睛，任思绪自由驰骋，不要给任何限制或主题。把冥想的内容，以一段文字的形式描述出来，或者讲给别人听，或者以图画的形式表现出来。

实际案例

创意条形码

条形码这个存在于大部分商品上的通用产品代码在普通消费者看来不过是一个标志而已，而在艺术家的手里，这些黑白相间的条纹却变得栩栩如生起来。

一些专利之家就专门为大家搜集了这样一组来自条形码的独特创意，一起来欣赏一下吧。见图13－1。[①]

① http://www.patent－cn.com/2008/04/20/9834.shtml#more－9834(2008－7－22).

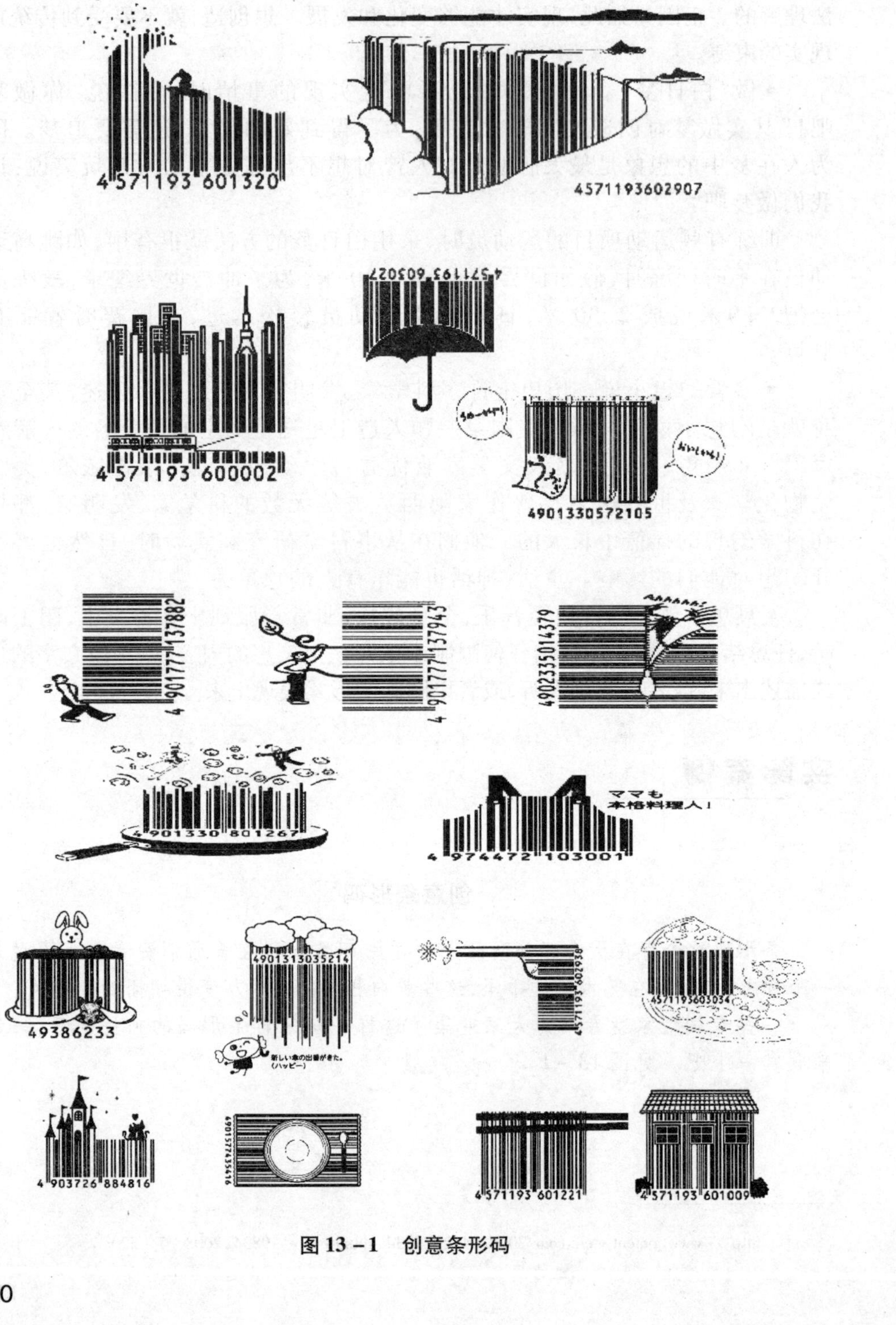

图 13-1 创意条形码

思考练习题

1. 你可以试着练练你的想象力,想象你身处一个果园,周围是一排排的苹果树,挂满了果实。在地上,到处散落着大大小小的苹果。有些已经裂成了碎块,有些已经腐烂,有些则看上去像刚从树上掉下来,形状还很完好。正值仲夏,微风徐来,煞是惬意。当你走到树下,看着地面跌落的苹果,然后,你抬起头,忽然看到一个鲜红透亮的苹果就在你伸手可及之处。于是你伸出右手,摘下苹果。把它放到眼前,苹果上还连着两片绿叶。你慢慢地转动苹果,注意到上面有个虫洞,你感到仿佛可以隐身其中,从洞的另一头穿出。

在经历了这一想象过程后,你可以评估一下自己是否能很容易地进入其中的画面,注意到每一细节,体会到那种心情。如果想象是有效的,那么你必定能把你的思维专注在具体的图景中。如果你做得很好,你就要清楚,要尽可能使用最有效、与成功关联最紧密的一种思维技巧,没必要什么都做。

以上训练可能你一下子不能做到,这需要你不断训练自己"心灵的眼睛",才能逐渐具有控制形象的能力。

2. 由于人们的情绪和情感会影响到想象的生动性和丰富性,所以我们在引导大脑进行想象之前,先要注意考察自己在想象中情感是否有力地参与了,如果缺少这方面的想象,可多做这样的情感体验练习:注意悲伤、愉快、热爱、生气、憎恨、卑鄙、惊慌、失落、恐怖、入迷、孤独、厌恶等感情的体验。

- 在黑夜里行路恐惧的感觉
- 得到你梦寐以求的东西时狂喜的感觉
- 解出了一道难题时欣喜的感觉
- 看到发生车祸出现伤亡时的感觉
- 鞭炮突然在你耳边响起时的感觉
- 看到母亲辛苦劳动时的感觉
- 看到五星红旗在奥运会场上升起时的感觉
- 看到家乡清澈的河流被污染时的感觉
- 干了坏事怕被别人发现时的感觉
- 自己被挤在夹缝中出又出不来时的感觉

3. 闭上眼睛,头脑中出现一幅公园草坪的画面。请体验如下的感觉,体验得越真切越好。

你躺在草坪中间,仰望着蓝天,有什么感觉?周围是绿色的柏树、杨树和垂柳,还有各种各样的花。仔细看一看,柏树的树枝、垂柳、各种花朵在微风中摆动……天上挂着炫目的太阳，晒得身上暖烘烘的，甚至后背都渗出了一些汗珠……一群孩子跑过来，唱着、跳着、嚷着……孩子们唱的歌你听着有些耳熟，你小时候也唱过，请想一想它的旋律……孩子们摘来了丁香花、野菊花跑到你身边，请闻一闻那沁人心脾的花香……

4. 动手拼图：在纸上用铅笔画 1 个圆，用剪刀剪下。参照图 13－2 再剪三刀。用这三块图形模板，拼成一个个尽量多的代表某种意义的图形。用铅笔把每个图形画在答案纸上，并在每个图形下面注明代表什么意义。画出尽可能多的图形，每个普通的图形得 1 分，每个新颖、独特的创造性图形得 5 分，重复的图形不计分，看谁得分最多。参考图 13－3、图 13－4、图 13－5、图 13－6。

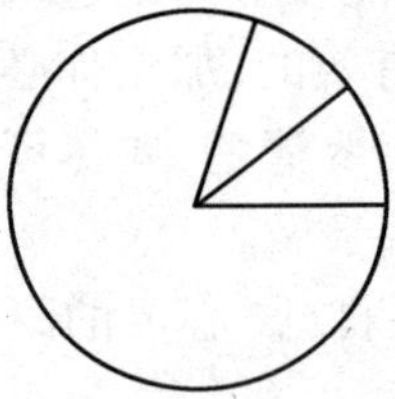

图 13－2　切成三块的圆

图 13－3　山头后面的月亮

图 13－4　带领结的歌手

图 13－5　眼中含泪的歌手

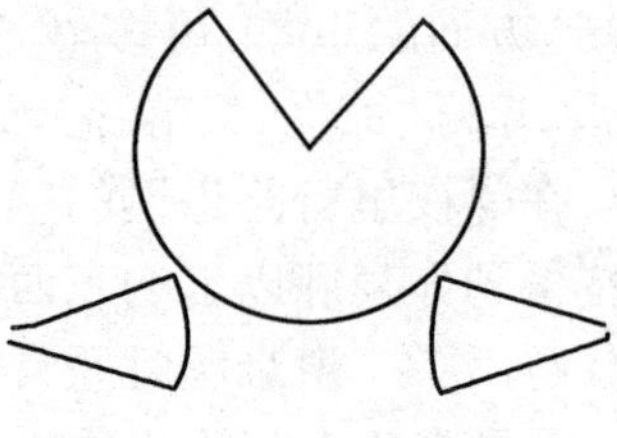

图 13－6　等候喂食的小鸟

5. 变戏法。

• 一架飞机尖部撞在一个巨大的羽毛枕头上，飞机被羽毛枕头反弹到一座建筑物上，建筑物的中间被剖开，成为一个共享空间，可以透过塑膜屋顶隐隐看到茫茫的宇宙。

• 一块圆形的绿地渐渐地滑向一幢公共建筑，贴在外墙角，又离开一段距离，然后旋转变形成为不规则图形，向原来的道路蔓延，碰到一建筑物后，收敛成为一个圆。

• 有一个中心城市，周围有六个小城围绕它在旋转，每个小城又伸出手，去抓它附近的另一个小城。抓住了，又放开了，像跳交际舞交换舞伴一样，与一个又一个的小城接触。

6. 幻想游戏。如果地心引力每天暂停2秒钟，将会产生哪些结果？

- 自然界会发生哪些变化？
- 大海与河流会怎样？
- 植物和动物会怎样？
- 对你个人的生活将产生哪些影响？
- 想象一下你自己的书房，其中的各种用具和物品应该怎样重新设计、重新摆设，以便适应那没有地心引力的2秒钟？

7. 看图13－7做幻想作文。①

图13－7　看图作文①

13.2　立意和构思——发明和设计的核心技巧

引导案例

美国“民权纪念碑”设计方案

美国著名华裔建筑师林璎谈到她的《民权纪念碑》设计方案产生时说，其创意是来源于美国黑人领袖马丁·路德·金在《我有一个梦想》演讲中的一句感触特别深的话：“我们现在并不满足，我们将

① 马恒超. http://www.1st.com.cn/news.asp? id=1480(2008－5－3).

来也不满足，除非正义和公正犹如江海之波涛，汹涌澎湃，滚滚而来。”由此她形成了设计的基本立意：用水在法院门前创造一个“发人幽思的场地”。因为水是南方最理想的要素，它那“安静、沁人心脾的本质和连续不断的声音”，“让人深思平等之路是多么的漫长。”①

林璎实现以水为主题的立意，构思了方形与圆形、平面与立体、黑色与白色的相互呼应与和谐共存，用水把它们连在一起。具体方案为一个不对称长方形的黑色花岗照壁，上面刻着马丁·路德·金的一段话，流水从上面缓缓流过，缓慢得人们可以看清上面的铭文。照壁下面是一个被白色花岗岩广场环绕的黑色花岗岩圆盘，盘面上铭刻着民权运动的历史性事件，同样是流水在圆盘上流过。人们可以走到圆盘的跟前，伸手抚摸水中的铭文，体会历史的声音。可见，立意更多地来自于非逻辑的跳跃，产生一个对解决这个问题的基本概念，构思是围绕一个创意，运用变化的手法达到目的。

13.2.1 立意——创意设计的灵魂

实际案例

粉碎的日历

见图 13 - 8，这款奇特的日历是由设计师 H. 苏珊娜（Susanna Hertrich）设计的，表面看来只是普通的日历，但是每度过一天，它都会将当天的日历用内置的碎纸机粉碎，然后输出，形成巨大的视觉冲击，提醒人们珍惜时间。② 日历的设计可以有很多不同的立意。例如，以“展示文化”为立意，可以把日历设计成油画，中国画为背景；以“爱心”为立意，可以把日历设计成心形和小天使。这个设计的基本立意就是让人“珍惜时间”。

13.2.1.1 立意的含义

什么是立意？立意是什么？立意就是设计的灵魂，是设计者最想表达的那个东西。立意是创造的出发点和最核心的意念，可表现为一个概念或主

① ［美］乔科尔曼. 一个女建筑师的心灵［J］. 世界建筑，1991：3.
② http://www.patent-cn.com/2007/04/25/2075.shtml（2008-7-2）.

图 13－8　粉碎的日历

题。立意并无固定的表现形式。它可能是明确的，也可能是模糊的；它在大脑中可能只是一些念头的闪现，也可能是用明确的语言陈述出来。不管怎样，它们都在一定程度上反映了构思主体的主观愿望、思想感情、个性偏爱以及设计者试图达到的目标和境界。每个人的立意都不可能一样，也不必要求系统和完整。

立意是构思中最重要的阶段，是设计的灵魂，任何一个杰出的艺术作品，它所独具的艺术魅力，均取决于艺术家的匠心独运。

立意有明确的和不明确的两种。明确的立意又有若干形式，它们各具有不同的概括性和抽象性。

13.2.1.2　**立意的分类**

立意可分为以下两类：

(1)具体性立意。大多数人在构思中希望自己的创作能够达到明确的效果，所以提出某些具体性的设计意图，这种意图对设计的形象发展具有直接性。

(2)哲理性立意。大多数人总想在设计中想方设法地表现自己的想法。有一位设计师曾直言不讳地说："我喜欢抓住一个想法，戏弄之，直至形成诗意的环境。"大约只有为数不多的人能够提出一个有意味的带有哲理的设计意图，这种立意集中地反映了人们对所面临的问题情境作出的独特的理解和诠释。

有时立意本身不明确，就很难保证设计的创造性，我们在构思产生阶段切记要时刻提醒自己、时刻问自己："你的设计立意是什么？"

【例题】

相对概念

以立体造型表达出一对相对的概念(如,聚与散,情与理、困与争等)。

解答:立意分析

对"相对概念"这一主题的立意和构思的方式有以下两种:

(1)具体的形象,用脚印表达徘徊,以被束缚的人表达"困与争",如图13－9所示;以蒲公英表达"聚与散",如图13－10所示;以潜艇表达"浮与沉",或以赌具表达人生的"浮与沉",以足球表达中国足球的"浮与沉",以"心"的造型表达人与人之间的"聚与散"。这种方式的运用,体现了人们对自身生活和社会现实的关注。

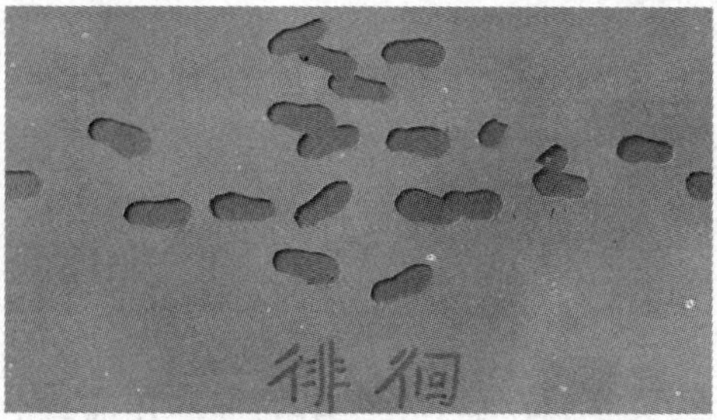

图13－9　困与争

图13－10　浮与沉

(2)抽象形象,图13－11以孤独的圆圈和一组大小不同的圆圈表达"聚与散";图13－12用红色的圆润的扇形和尖锐的竹签表达内心的冲突"情与理"。

13.2.2　构思——创意设计的缜密思考

13.2.2.1　构思的含义

什么是构思?构思就是在立意的基础上,从细节上丰富和发展人们的立意。构思是对立意的发展和细化。例如对"相对概念"的构思分析中,我们会发现,蒲公英这一方案(图13－11),设计者以大小不同的叶子丰富了蒲公英的形象,又用若聚若离的蒲公英飞絮,表达"聚"马上变成"散"的瞬间。又如"情与理"(图13－12)这一设计方案,设计者的构思是运用不同的颜色(红与白)和材质(吹塑板和木头),造成对比效果。

同样的立意也可以有不同的构思。

13.2.2.2 构思的技巧

(1)统一和变化。一个设计必须有一个统一的风格,意味着部分与部分、部分与整体应当有一种统一。如图 13－11 聚与散中,都使用了圆圈。但是统一中又有变化,有大圆有小圆,错落有致,体现了整体的风格,又不单调。

(2)调和。在部分与部分、部分与整体之间形成一种关联性,或者类似,或者对比。如图 13－13 中形状的类似、色彩的对比。

图 13－11 聚与散

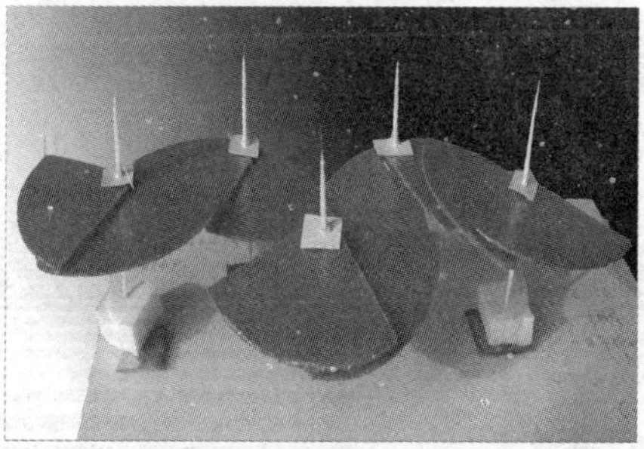

图 13－12 情与理

图 13－13

（3）均衡。在部分与部分、部分与整体之间取得视觉的平衡。由于人的身体是对称的，所以，人对于对称的感觉十分舒适。见图 13－14。

对称是最正规的均衡。左右对称、上下对称容易给人秩序感；非对称虽然给人不平衡的感觉，但是由于视力的集中，给人动的稳定感觉。所以设计的构思中也常使用非对称。如图 13－15 讴歌概念车采用线斗机元素，演绎不对称美。

图 13－14　蝴蝶

图 13－15　不对称汽车

（4）韵律。韵律表现在部分与部分之间视觉的强与弱有规则的连续变化。韵律有重复、渐增、渐弱等。见图 13－16 和图 13－17。

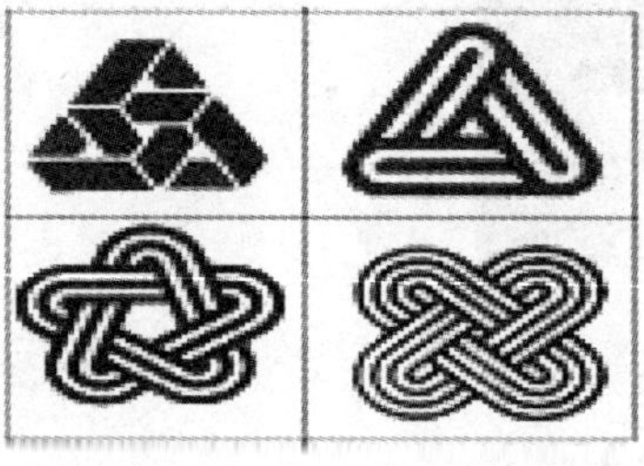

图 13－16　要素重复

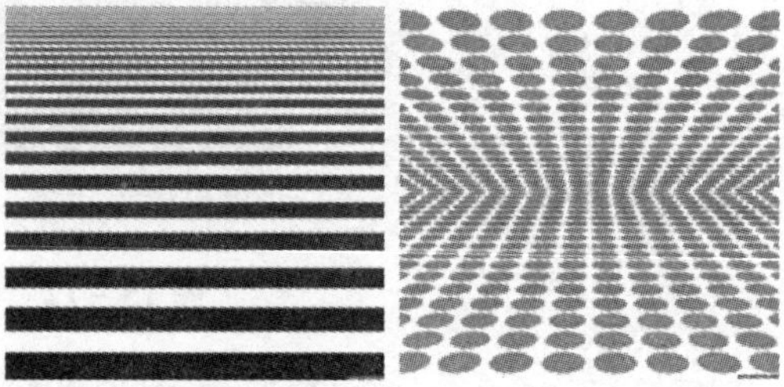

图 13－17　渐变

除了形的构思技巧之外，在色彩上也可使用调和、对比等多种方法。好的创意应该是让人一看就明白，简单、灵巧；而且，创意应当是人性化的，包含有美学、艺术性在内，富有情感，让人一看就喜欢。

13.2.3　功能设计和结构设计

【案例】

自行车的发明[①]

世界上第一个把两个轮子连接起来乘坐的是叫德·西弗拉克的法国人，两脚分开，跨坐在他称之为“塞莱里弗勒”的两轮坐车上，一边放一条腿，使之滚动向前。车轮的滚动颇受限制，因为他还没有创造出一种驾驶这种车的机械方法。可驾驶的德雷斯车是卡尔·冯·德雷斯于1817年研制成功的。可骑机械自行车，是麦克米伦于1839年发明的，后轮通过连接到踏板上的曲柄驱动。有了自行车，人类就能够靠自己的力量旅行了，而且比步行快得多。然而并不是许多人都对这种想法感兴趣。1861年，一个叫布鲁内尔的法国制帽匠，把他 的德雷斯车带到马车匠人米肖那儿去修理。米肖的儿子欧内斯特可能完全不知道麦克米伦的发明，因此提出：如果在前轮上装上一个曲柄——像磨子的柄那样的曲柄 ——而能够踏着转动的话，一定能够改进这种机械。他就这样偶然地开创了自行车工业。早期的自行车，前轮做得越来越大，人们把这种车恰当地称为“高自行车”。它跑得快，就是不稳当：如果想刹车，特别是下坡时刹车，骑车的人就 可能被甩到把手前面，骑一天的车就得摔几次。然而人们并没有被吓住。后来，自行车的前轮变小，使自行车更安全的尝试断断续续地进行着，然而这些尝试都因当时工艺水平的限制而失败了。可靠的自行车链条是一种重要的发明，没有它是不行的。1885年，斯塔利发明了链条传动的自行车，名为“安全漫游者”，从而结束了高自行车的时代。自行车很快采用了链条传动，然而却没有采用斯塔利的结构设计。人们曾试用各种各样的方法来连接两个轮子，试图把刚性、可控性、机械效率和舒适性结合起来。自行车很快就变得相当可靠，而且效率很高。邓洛普又于1888年重新发明了充气轮胎，使自行车得到进一步的发展。目前的自行车似乎不可能有什么根本性的变革。近年来许多人都想研制出一种更好的自行车，可是他们的努力都毫无结果。

人们已经有了三轮车和四轮车，为什么还要发明两轮车呢？开始带有游戏意味的两轮车，却激起了很多人向平衡能力挑战的欲望。回头看来，两轮行驶的车是最显个性自由的车，所以，自行车的发明大概暗含了人们更希望一个人自由地行驶的愿望。自行车的发明历史可分为四个阶段：无机械装置

---

① http://www.being.org.cn/eyecn/story/invent/zxc.htm(2008-7-2).

的阶段;装上曲柄的高轮阶段;用链条传动的安全小轮阶段;用上充气轮胎的阶段。第一个阶段确定了自行车的基本结构:前后连接的两轮滚动带动人行走;第二个阶段通过曲柄和脚踏板的连接结构,实现人腿的动作带动车轮转的动力问题;第三个阶段,链条联系动力与机械,解决安全性;第四个阶段,充气轮胎的使用,解决自行车的舒适性。由此可见,发明通常是为了满足人的某种功能需要,又叫功能设计,而要实现这个功能,又需要考虑一定的结构,这就是结构设计。

13.2.3.1 功能设计

任何人造东西的发明都要经过设计达到某种功能,如杯子主要功能是盛水,设计成圆柱状、中空、带底的形态是为了盛水,为了防止盛热水烫手,又设计了一个把儿,便于把握;水是液体,喝水时,只需要把杯子倾斜,几乎不用勺和筷子,杯体设计得比较高,是为了盛的水深,水不会过早变冷。食物大部分是固体,需要用勺子和筷子,所以碗则设计得比较浅,勺子和筷子可以方便地取食物;碗的边沿,与人的口唇吻合,碗的底座不仅使碗放置平稳,还有利于人手端碗,防烫。因此,碗的大小、形状、尺寸、重量、触觉都相当讲究。

(1)功能的增加。1565 年,德国康拉德·冯·格斯纳在发表的一篇论化石的论文中,描述了一种用木头裹着铅条的书写工具。1795 年,铅笔的制造有所突破:康特首先生产出了用石墨制造的铅笔(将石墨磨碎,压制成细棍,在窑内烘干),他采用的工艺直到现在还是制造铅笔的基本工艺。然而,直到 18 世纪 60 年代,当著名的法贝尔家族在纽伦堡建起大工厂的时候,铅笔才为人们所普遍使用。19 世纪 50 年代,引进苯胺染料后,彩色铅笔的出现是铅笔历史上一个明显的发展,且得到了广泛使用。后来,有位画家发明了把橡皮嵌在铅笔上的新用法,这种组合就成为司空见惯的东西了。现在使用的铅笔有数百种之多,其使用范围从标记金属铸模到女人用来画眉,真是形形色色。

从黑色笔到彩色笔,从不带橡皮的笔到带橡皮头的笔;从文秘使用的笔到化妆用的笔,笔的功能在不断地增加。

(2)功能的改进。实现功能的改进需要不断改进技术。英国在 1809 年颁发了第一批关于贮水笔的专利证书,然而在这些早期的贮水笔中,墨水不能自由流动。最早的能够自己吸墨水的笔出现于 20 世纪的初期,是用一个活塞吸墨水。当笔中采用皮囊时,就必须用一枚硬币插入一个缝中去挤压皮囊来吸墨水。写字的人压一下活塞,墨水便开始流动,写一阵之后又得压一下,否则墨水就流不出来了。到 1884 年,美国一家保险公司的雇员沃特曼,发明了一种用毛细管供给墨水的令人满意的方法。他设计的笔的端部可以卸下,墨水用一个小的滴管注入。继而在1908年出现了用控制杆的想法。用一根管子伸进墨水中的施诺克尔笔始于1952年,而毛细管笔则是1956年发明的。

13.2.3.2　结构的设计

功能设计离不开结构设计。创意设计中另一个非常重要的环节就是结构设计,如果不能将结构设计出来,设想的功能就无法实现。

一些简单的工具也讲究结构。例如,锹头设计成又薄又利的,还有可供人用力脚蹬的边儿;锹把儿足够长,粗细恰当,让人把握;宽大的锹面可以铲更多的东西。有了锹头、锹面和锹杆构成的结构,才能实现挖东西的功能。那些复杂的东西,则有更复杂的结构。如,热气球由球囊、燃烧器、吊篮三大部分构成。它的飞行原理是热空气轻于冷空气而产生的升力,通过燃烧器点火、熄火的间隔时间长短调整球囊内温度来控制热气球的升降,利用方向控制装置来控制不同高度层的风向,调整自己的前进方向。

(1)通过结构设计实现功能。为了实现一个功能,必须设计合理的结构。

魔方曾风靡一时,它是由26块小立方体组合而成的,六面均能自由转动的娱乐工具。"用几分钟能把六面都分别转到同种颜色?"甚至为此而举办比赛。

魔方,又称鲁毕克立方体,是由匈牙利布达佩斯应用美术大学埃利诺·鲁毕克教授发明的。该玩具在匈牙利生产出来,不久传到美国,在玩具展览中展出,后来一下子传遍世界。

鲁毕克魔方的26块小立方体为什么能组合在一起?为什么能旋转?它的内部结构决定了它的功能,我们必须把它分解后才能看清楚。

图13-18是魔方整体分解后的斜视图。中心体的大小同小立方体一

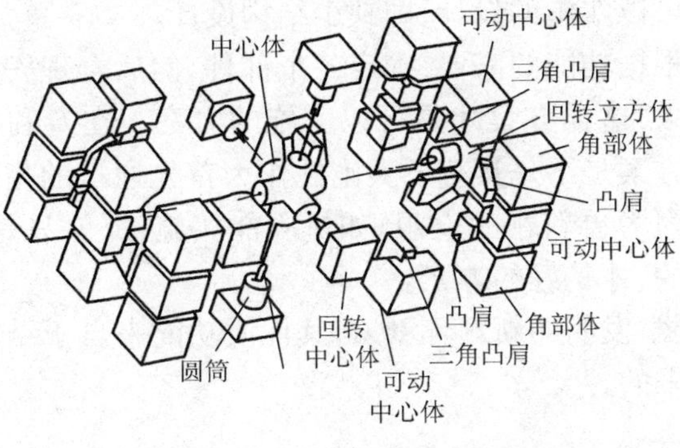

图13-18　魔方的构件

样，它的六面上有突出的圆柱，在圆柱中央开有螺丝孔。回转中心体的厚度为小立方体的一半，在余下的另一半长度上，呈圆筒状凸出，在圆筒的端面设有螺丝，6 个回转中心体（回转立方体）形状相同。有 12 个可动中心体，在其相邻两面一侧的中心部分，突出地设有三角凸肩，角部体是 8 个，在其相邻接两面的角部，设有向前方和下方突出的凸肩。

发明者在设计这个玩具时，把这些构件有机地镶嵌在一起（见图 13－19）。位于回转立方体上下的可动中心体，以三角凸肩上下搭在回转立方体的后壁上，被夹在中间的可动中心体的三角凸肩，嵌入在回转中心体和可动中心体的上下欠缺部分而被固定。每个面上的 8 个小立方体全都由回转中心体压住，回转中心体靠螺钉固定在中心体上，所以不能散落，8 个小立方体以螺钉为中心，可以向左右旋转。

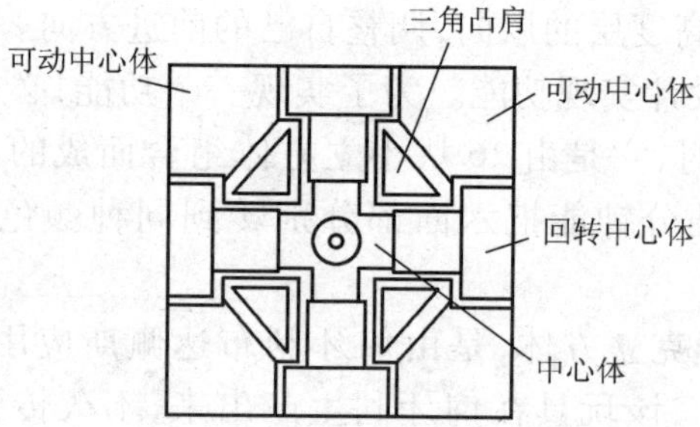

图 13－19　中心体与回旋中心体的联结

（2）通过设计将创意变为可实施方案。有些中学生提出的创意很新颖，但最后却不成功，回顾这样的经历，大概主要问题是让方案停留在提出设想阶段，没有把设想变成可以实施的设计，即缺少结构设计。

结构设计要根据功能的需要，确定各个部件，然后合理安排各个组成部分，达到最好整体效果，这样方案才是可以实施的方案。在专利申请的过程中，专利审查员也是将方案是不是具有可实施性作为首先通过的指标，其次才审查是否是具有新颖。因为再新颖的设想，如果不能实施，那就只是一个幻想。只有达到可以实现目的，才是好的方案。

例如，梁明同学发明的新颖环剥刀，其优质功能来自于结构设计的巧妙，同时又是可以做出来的。[①]

① 黄林，发明创造趣味培优教程［M］杭州：浙江大学出版社，2005：51－52.

有一天,梁明同学看到农技员环剥果树时用小刀进行切割。他发现用这种办法环剥时需要用小刀绕树条割两圈,即旋转两个 360 度,然后将树皮剥掉,由于用力往往不均匀,所以刀口深浅不一,切割位置也较难掌握在一个平面上,伤口难以吻合。他想,要是发明一种快速环剥的环剥刀,只需夹紧枝条,稍作旋转即可快速、完整地脱落树皮那该多好。为此,他设计了上把手和下把手,上把手装有双刃滚刀,下把手有"V"形双刃口,双刃滚刀的两滚刀之间的距离与"V"形双刃口的两刃之间距离相等,上把手上开有长槽,槽内通过销轴连接一定位滑块,调节安放枝条的空隙。由于三点刀口同时切割,所以只需稍作旋转,即可完成环剥、去皮等几道工序,且省时省力,切割深浅一致,剥皮形状整齐规范且完全可靠。"新颖环剥刀"(见图 13-20)获全国发明展览会金牌奖,得到了许多专家的一致肯定。

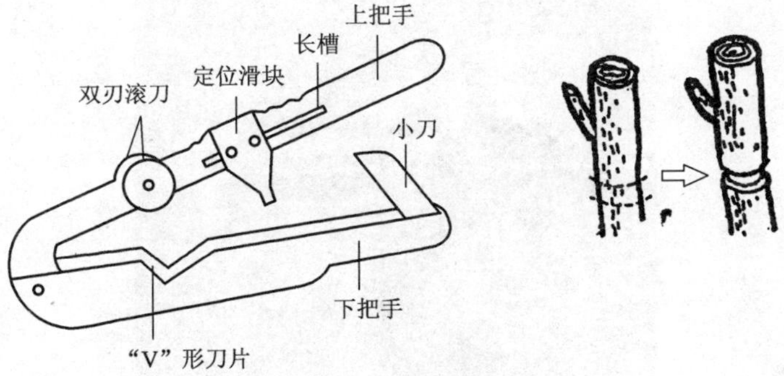

图 13-20 新颖环剥刀[①]

首先,梁明确定不能用一把小刀完成环剥,想到用上把手和下把手将树干夹住。

其次,剥皮不是只切一条缝,要去掉一块皮,所以又确定了用双刀。

再次,为了增加效率,下把手设"V"形双刃口,与双刃滚刀配合。

最后,为适应不同直径的树,设计可调节的部分(长槽、销轴、定位滑块)。

四个部分有机结合,才实现了功能。

实际案例

悬浮的花盆

悬浮的花盆如图 13 - 21 所示是 2011 年红点设计大奖的获奖作品之一。它巧妙地利用了“浮力原理”,通过花盆的升降变化提醒人们及时为植物浇水。这只花盆由内外两层容器组成,里层的容器用于装土和植物,外层的容器则用来装水。随着水被注入花盆,装有植物的容器就会在浮力的作用下慢慢升起;而当水逐渐减少时,里层的容器则会沉至花盆底部,以此提醒人们为植物浇水。①

图 13 - 21　悬浮的花盆

思考练习题

1.“龍园”设计。在中国文化中,“龍”有着重要的地位和影响。从距今 7 000 多年的新石器时代,先民们对原始“龍”有着很深的图腾崇拜,到今天人们仍然多以带有“龍”字的成语或典故来形容生活中的美好事物。上下数千年,“龍”已渗透了中国社会的各个方面,成为一种文化的凝聚和积淀。“龍”成了中国的象征、中华民族的象征、中国文化的象征。

① http://www. patent - cn. com/2011/10/06/56824. shtml#more - 56824.

这里,我们将追寻“龍”的踪迹,进入远古的历史和“龍”的世界,从下面“龍”的书法和“龍”的美术作品中汲取丰富的内涵,进行我们的创作。

请仔细观察“龍”字的笔画和由笔画围合的空间,体会“龍”字的笔韵和“龍”的精神,在设定的50m×30m的空地上,设计一个充分体现“龍”字意境的“龍园”。要记住,这是一个花园,你可以使用所需要的任何要素,如花、草、水体、建筑、雕塑等等。请在给定的图画纸上进行设计,并用几句话(不超过50字)说明你的立意。

在这里我们特意使用“龙”字的繁体字,是为了让你更好地体会题目的要求。

2.《格林童话》中有一个《水妖》的故事。讲的是一个男孩和女孩在井边玩,不小心掉到水井里,被水妖捉去干苦力。孩子们忍受不了,连夜逃跑。没走多远就看见女妖追上来了。女孩朝身后扔了一把刷子,那刷子立刻变成了一座布满了成千上万根刺的大刷子山,水妖得费好大的力气才能爬过这座山,但她最终还是爬过去了。看到这情景,男孩朝身后扔了一把梳子,那梳子变成了一座布满了成千上万个尖齿的大梳子山,水妖却懂得抓牢尖齿往上爬,最后竟爬过去了。这时,女孩朝后面扔了一面镜子,那镜子变成了一座非常光滑的镜子山,它光滑得使她没法爬上去。

请利用这个童话故事为核心立意,设计一套可以随身携带的、可调节高低的小椅子。

可以先到家具店,考察现有的能调节高度的桌子,考查调节高度通过什么结构实现的。也可以调查其他的物品,如自行车车座、扳手、千斤顶等是如何改变高度和宽度的,由此受到启发,提出一个桌子的新方案,要特别注意设计什么结构来实现“调节高度”的功能。然后再做一个模型或者制作真实的椅子。

Chapter 14

借助工具技巧　表达创意理念

本 章 关 键 词

◇ 图形记录
◇ 模型记录

许多形式的创造需要动手能力。科学实验需要动手，技术发明需要动手，绘画、雕塑等艺术创作也需要动手。要提高创造力应当能做到眼到、脑到、手更到。

手到，即能画、能做，能迅速、准确、生动、有力地进行创意表达。表达设想，不仅要会用语言，而且在设计中还要更多地会使用图和模型。利用图画和模型等手段表达和记录想象的结果，可以促进观察和想象深入开展，从而完善设想。由此可见，设计中的绘图和做模型的目的不同于艺术绘画中的画图。设计中的绘图和做模型是想象的延伸，要运用一些工具来捕捉和记录设想，并促使设想发展。

14.1　用图形和模型捕捉设想和发展设想

引导案例

从桌子到大楼

著名建筑师格雷夫斯在思考问题时，常用图记下活跃的思想。图14－1就是他研究桌子的设计时记录下的各种念头。使他扬名的波特兰市政厅（见图14－2）也能看到这些桌子的影子。他称这种类型的绘画（预备性的研究）记录了探索的过程，以某种方式检查了一定的意图是否可行，这样可以为日后决定性的工作打下基础。这些画本身就是非常具有实验性的，它们根据主题不同而产生变化，显然，这也是为更具体的创意设计所做的练习。照此下去，它们通常发展成一个系列。

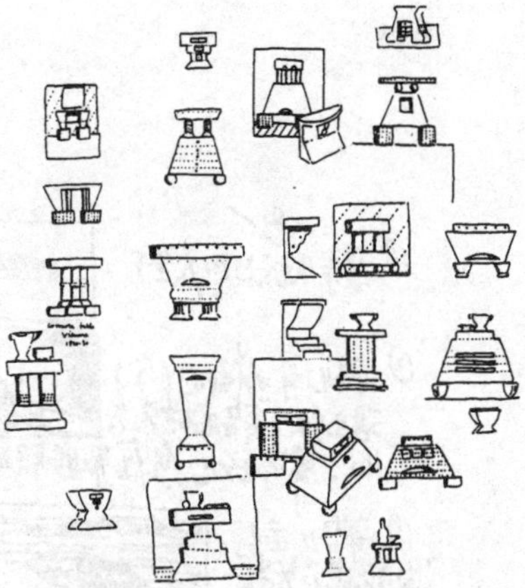

图 14－1 桌子设计研究

图 14－2 波特兰市政大楼

可以说，创意设计是一系列设想产生和发展的过程。灵感来了，思维如闪电般变化，特别需要用看得见的方式，如图和模型及时地捕捉设想，然后在此基础上发展设想，否则时过境迁，许多设想如过眼烟云，再去追溯，已不可能。

14.1.1 用图形记录设想和表现设想

如同思考数学问题要用到数学符号和算式、表达观点和见解要用语言文字一样，在设计中，多要用图画和模型来表达观点。在构思阶段，记录设想的图又叫草图。

在以往的主科学习中，我们更多的是学会了用数学符号和文字符号来表达我们的设想。在绘画课中虽然也学习画图，但是那些图更多的是对实物的一种模仿，或者是强调最终的表达。在这里，我们强调的是将图作为一种思维的工具，来记录设想，修改设想，最终才是表达设想。

学习设计，非常关键的是掌握如何用各种工具表达思考过程，即如何用图和模型来记录最初的想法并发展想法。

设计师必须要用图不时地记下各种构思;发明家常画一些草图记录自己的想法,如图 14－3 所示就是一个自然能量发电机的示意图。如果要想真正完成这个想法,以至作出发明,还需要画许多正式的机械图。

图 14－4 是电影导演姜文在导演《阳光灿烂的日子》时用语言和图画记下自己对一个情节的构思。这种图画又叫图形语言。图形语言和文字语言一样都可以记录设想,而且更直观、更生动。

图 14－3　自然能量发电机

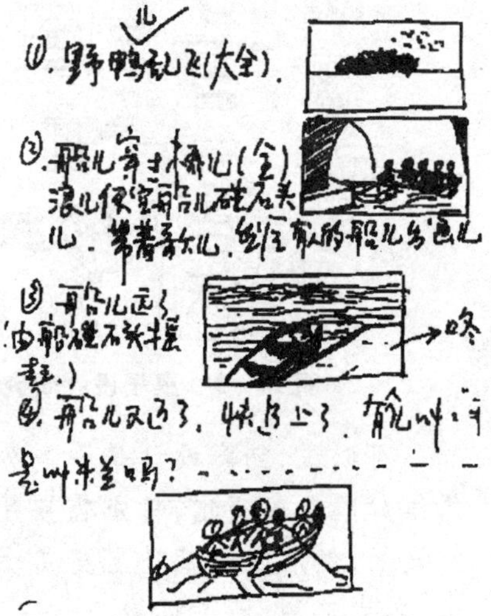

图 14－4　导演手记

草图表现要点有:

- 注意表达整体性。
- 注重表现问题的关键点。

实际上,这两点体现了草图表达两个阶段的特点。在构思初期,主要注意的是方案的整体把握;在构思深化阶段,着重于依次解决局部问题,这时对主要问题进行分析、解决与表达,而对其他次要问题可暂时忽略。

14.1.2　用模型来记录和表现设想

模型也是记录想法的工具,图 14－5 是生物学家所做的病毒的模型,用以向别人说明病毒是如何破坏人的健康细胞。提到模型,雕塑家会想到用黏土,化学家会想到如何巧妙地利用三维立体分子模型,而设计师则想到用纸板、吹塑纸板、泡沫塑料加工、组合制作模型。他们每个人都通过观察、接触、移动、加工材料,在一个具体物品上记录他们的精神活动过程。无论是在科技领域还是在艺术和设计领域,都是如此。

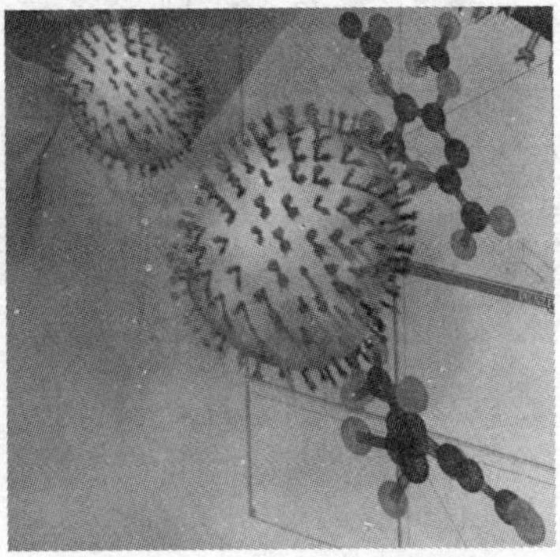

图 14 – 5 病毒模型图

所以,当你有一些不太确定的创造性设想的时候,可以用一些简单的可变形的材料把它试着做出来,这些工作模型对我们的创造性观察来说是非常直接并且很有效的方法,平时也可以一边用脑想象、一边用手制作,用手来帮助自己观察和想象会更好!这个过程就是体验的过程。这种全身心的体验会使你创意多多、想法多多,充满创意和灵感,不信就请你就试一试吧,肯定收获多多!

实际案例

化学模型

化学家利用模型进行思考,利用分子模型(见图 14 – 6)同别人交换意见。把自己的思考过程和结果用图和模型表达出来,最好是使用一些易于组合又易于改变的材料。如,化学家用纽扣做原子,巧妙、灵活,又易于加工。这种眼看、手动的过程,实际就是把头脑里的想法变成现实的东西的过程,这样就会使我们头脑里产生的创造性想法由模糊变得清晰,由抽象变得具体。

图 14－6 化学模型

思考练习题

1. 图解人际关系。请回忆一下年级中的同学交往情况：年级里有几个“小社团”？“小社团”之间的关系又是怎样的？他们各自与其他年级同学间的关系如何？从入学到毕业，“小社团”是怎样形成变化的？请借助抽象绘图的方法，如用圆圈、方块、直线、箭头和文字等符号，即用这些明确的抽象绘图语言，记录如上问题的解答。

2. 画左手。分别按下列要求画自己的左手，先画展开的手（手心或手背），再画两种不同的姿态：

(1)仅用简单的几何形状概括手掌和手指的形状。

(2)画出手的完整轮廓。

(3)画出主要的掌纹。

(4)用光影表现手。

画图时请使用从抽象到具体的不同程度的绘图语言，它们适合于不同思维对象、不同思维阶段的需要。

14.2　表达工具的选择

引导案例

不溢锅的设想表达

用锅煮奶是一个令人烦恼的事儿，除非你在旁边一直看着，否则，稍一走开，很容易发生溢出。针对这一问题，有人发明了不溢锅。那么不溢锅的原理是什么呢？奶溢出是因为锅内内温度升高过快，锅内与锅外温度相差太大，就会在瞬间产生大量的气泡，溢出锅外。不溢锅的原理就是通过双层锅中间的夹层里的水升温，让锅里层的奶和夹层的水温相差不大，就不会出现溢出现象了。

如果仅仅用语言这样描述，我们无法清晰地理解这个设想的真谛。此时选择图形或模型，则可以直观地表达出不溢锅为什么能做到不溢。

这个不溢的原理是通过特殊的结构设计实现的。不溢锅主要由锅和盖组成，其结构如图 14-7。锅由内外壁之间可以充水的夹层，一

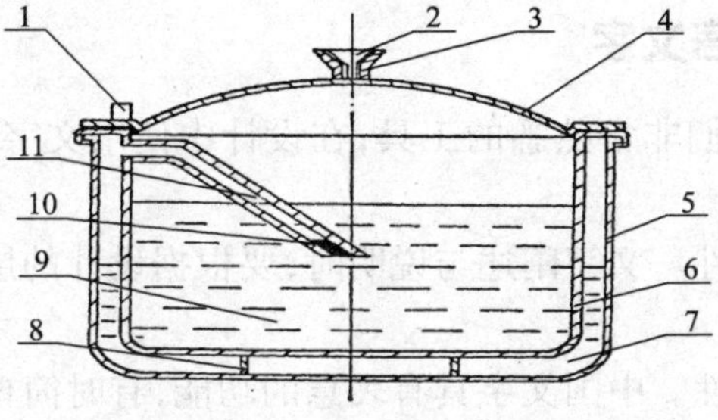

1. 密封塞　2. 密微型漏斗　3. 盖柄　4. 盖　5. 锅外壁
6. 锅内壁　7. 内外壁夹层中的水　8. 支撑圈　9. 被加热体
10. 止逆阀　11. 导热管

图 14-7　不溢锅结构图①

端与夹层相通、另一端伸向被加热体中的导热管，以及用来往夹层中注水的两个小孔和密封塞组成。导热管内有用以止逆的小阀。盖由盖本体、盖柄以及平时置于盖柄内的微型漏斗组成。微型漏斗用于通过注水孔往锅内的夹层中注水，锅底夹层之间的支撑圈在锅的容积较

大时使用。锅被加热时，夹层中的水温升高，并将热量通过内壁传到液体中，由于夹层中水的容积远小于被加热的液体，夹层中的水温很快达到沸点，到达沸点的水开始部分变成蒸汽，当夹层中的气压高于一个大气压时，蒸汽通过导热管进入被加热液体中并释放热量，被加热液体温度升高到沸点时，夹层中的温度与锅内的相等，达到动态平衡。由于被加热液体中不存在普通单层锅所特有的高温度梯度差，也就避免了溢出和焦煳现象。

语言、图形和模型都是我们表达设想的工具。用图、模型来表达创意与用语言作文一样，也涉及表达的主题是什么，如何更清晰准确地表达，以及你的表达对别人产生了什么影响的问题。选择适当的工具，才能保证表达的主题明确和生动，让别人更好地理解创意的精髓。

表达工具的选择亦可任凭每个人的爱好和习惯，文字、绘图、模型、电脑都可以，但不同的工具有其各自的优势和局限。比如：文字，抽象概括但是不直观；绘图，工具简便、快速，易重复修改，但只限于平面；做模型，直观易懂，表现全面，但费工耗时，不便重复修改；计算机辅助，动态全面，材质、光影真实模拟，易重复修改，但对工具性能要求高，必须经过一定的学习，才能熟练掌握绘图软件的使用方法。

14.2.1 语言文字

文字表达是我们非常熟悉的工具，在设计中使用文字与写文章不同，以下是要注意的要点：

一是注意条理性。文字阐述与说明时，要根据设计的层次，有条理、有逻辑地进行表述。

二是体现概括性。中国文字具有表意的功能，有时简单的几个字就能传达深刻的意义。

三是发挥想象力。文字的表述更多的是让别人与你一起产生共鸣，选用合适的语言唤起众人的想象与联想，能准确传达设计思想、加深人们对设计的理解。

14.2.2 绘图工具

当人们用图画来表述想法时，可以使用以下几种绘图工具。

---

① 于光等. 智慧的火花[M]. 北京：科学技术文献出版社，1991：142－143.

14.2.2.1　**具体绘图语言**

具体的绘图语言表达的是一种具体的形象。如图 14－8 就是一位发明家用具体的绘图语言来表达他设计的行走器。

14.2.2.2　**抽象绘图语言**

用抽象的图画形符号和线条表达某些事物之间的关系，就是抽象的绘图语言。如图 14－9 是著名的美国建筑师路易斯·康在设计一幢住宅时，用抽象的绘图语言来表达住宅各部分功能的关系。

图 14－8　具体绘图语言

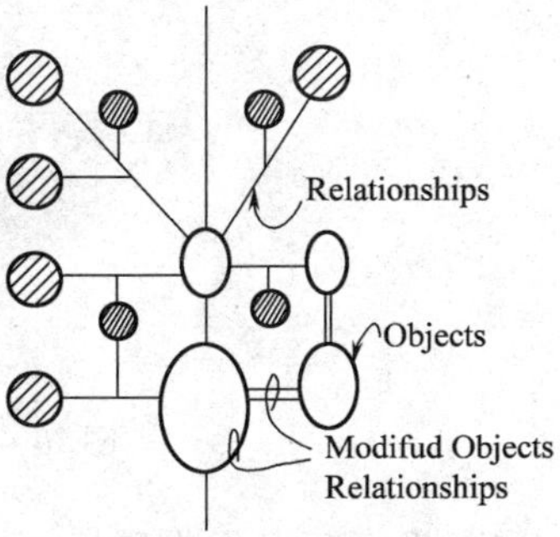

图 14－9　抽象绘图语言

14.2.2.3　**专业绘图语言**

专业的绘图语言又分为机械图、电路图等，如图 14－10 和图 14－11 所示。小发明的构思可以用具体的草图或抽象的关系图来记录，但是在最终表达时，则需要画正规的机械图或电路图。

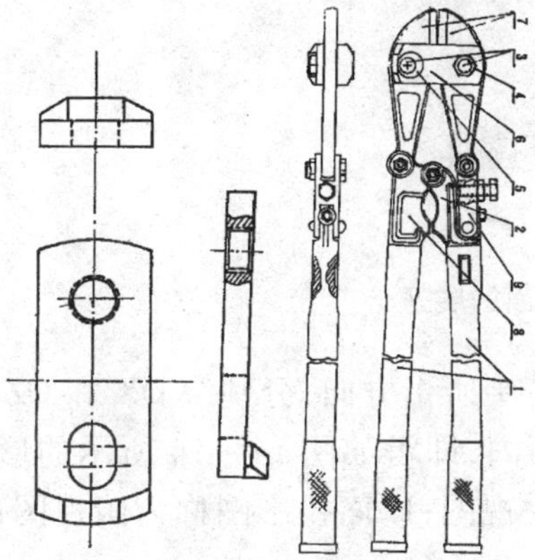

图 1　图 2　图 3

图 14－10　新摇架维修多用钳（机械制图）

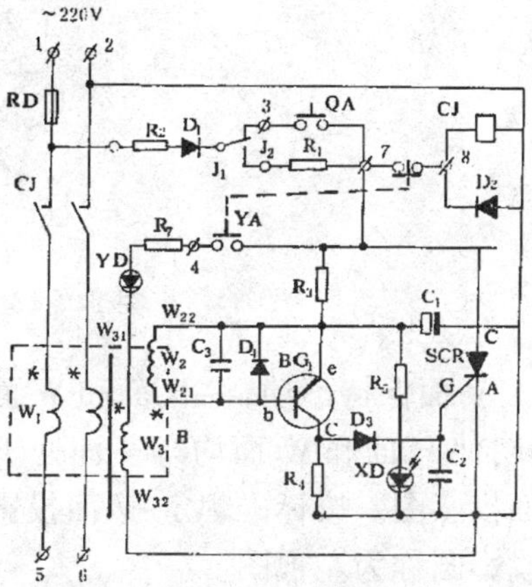

图 14－11　漏电保护直流敏感型开关原理图（电路图）

14.2.2.4 三视图

三视图是正规的工程制图方法。那么,三视图是如何形成的呢？如图 14 - 12 所示,首先将形体放置在我们前面建立的 V,H,W 三投影面体系中,然后分别向三个投影面作正投影。

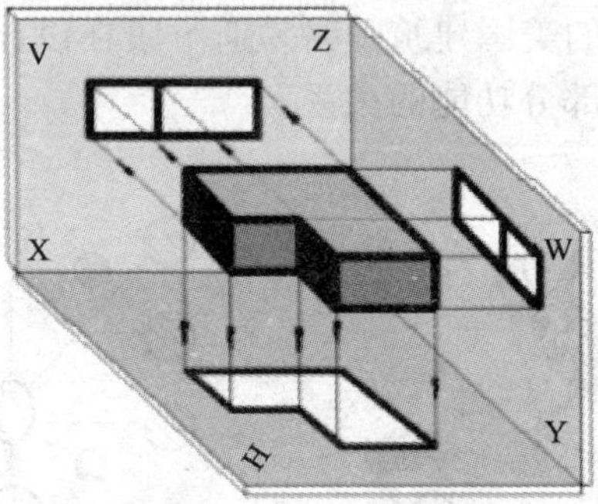

图 14 - 12　三视图的形成

在三个投影面上作出形体的投影后,为了作图和表示的方便,将空间三个投影面展开摊平在一个平面上。其规定展开方法如图 14 - 13 所示。

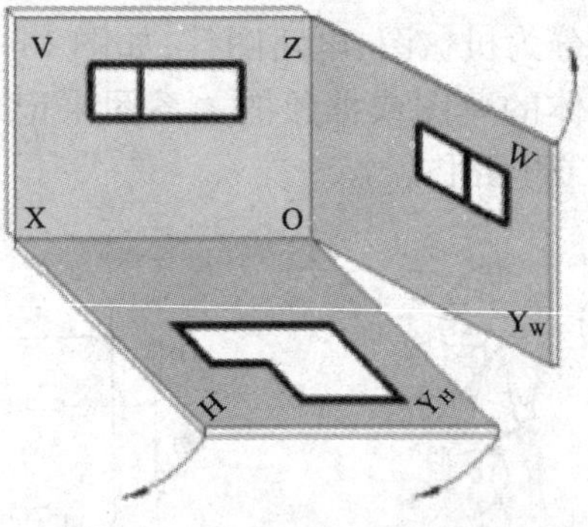

图 14 - 13　三个投影面的展开

V 面保持不动,将 H 面和 W 面按图中箭头所指方向,分别绕 OX 和 OZ 轴旋转,使 H 面和 W 面均与 V 面处于同一平面内,即得如图 14 - 14 所示的形体三面投影图。按标准规定:V 面投影图称为主视图;H 面投影图称为俯视图;W 面投影图称为左视图。

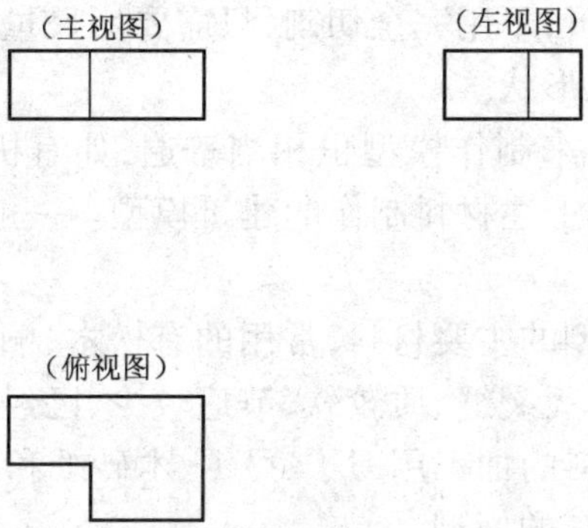

图 14－14　主视图、左视图和俯视图

14.2.3　模型

用模型表达创意具有一些重要优点。首先，可提供三维的形体，非常直观，可直接感觉材料，为思考提供富有营养的食粮。其次，利用看得见的、接触得到的结构进行思考，使人能得到突然而至的快乐感和出乎意料的新发现。再次，模型提供了一个可供评价、可为大家共享的东西。最后，用模型思考，开动了大脑的右半球，当思考受阻于一个词语或一个符号的时候，模型是不可思议的解药。

14.2.3.1　模型的分类

模型的种类繁多。从内容上分，可分为建筑模型、船舶模型、汽车模型等；从构造上分，有纸木结构的简单模型，也有要用几千个零件、制作要求较高的无线电遥控模型；从性能上看，有只能观赏的实体模型，有只能运动短距离、短时间的模型，也有能运动长距离、长时间的模型。

设计活动的开展可分为自由设计和命题设计，自由设计是在规定大类的情况下，不规定设计内容和要求，制作材料由自己选定。命题设计是规定了设计内容或材料，如易拉罐飞机模型设计等。所以，模型的制作也可分为依据设计材料的模型（材料命题），如报纸、纸盒、易拉罐、牙签、吸管等，以及依据设计主题（内容命题）的模型，如表达“静与动”。

14.2.3.2　模型制作的工具和材料

模型制作要准备图纸、材料、黏合剂和工具。模型制作的材料十分广泛，有纸、吹塑纸、木材、竹材、有机玻璃、金属材料和其他材料。不同材料的加工方法不同。

纸质材料常见的有卡纸、白板纸、铅画纸、蜡光纸等。可用剪子和刀片进行剪刻加工，制作比较方便。吹塑纸也经常用来制作模型，它的加工要用锋利的刀片，粘接时用白胶。纸质材料是学生制作模型用得最多的材料。卡纸的使用技巧十分重要。如要弯折，不用完全切割，只需要用尺量着，用刀在纸上划较深的划痕，就可弯折成任意形状。

近年来，用化工材料来制作模型也相当普遍，如有机玻璃、彩色塑料板等，如图 14－15 所示就是用上述材料制作的建筑模型。一般专业的模型制作使用这些材料较多。

木质材料是制作模型的主要材料，常用的有松木、桐木、三合板、五合板等。木料的选择，要注意选择无裂缝、质较软、节疤较少、已经干燥的木料，取材时还要注意木材的纹路。木料的加工用刀子、弓锯、木砂纸和锉刀等进行。图14－16所示是用木头制作的小车的模型。

图 14－15　有机玻璃模型

图 14－16　木质模型

金属材料常用的有白铁皮、铜片、钢丝、漆包线、大头针等。金属材料可用剪刀、钢锉、手摇钻、焊接等方法进行加工。由于制作模型的有些材料比较贵或者一时买不到，这时就要考虑采用代用品，如用废旧物品和边角料进行制作，在这方面有很大的潜力可挖，这可以降低制作成本。

工具的配备要根据制作要求。一般配有尺子、刀子、锉刀、锯子、剪刀、钻、锄头就可以开展活动了。有些工具可以自己制作，如小锄头可用旧水龙头横柄一支和木棍一根制成；刻刀可以用砂轮磨制废钢锯条做成；等等。也可以使用家里现有的工具，如螺丝刀、钳子等，

废旧物品经常作为学生创意设计使用的材料，这一方面体现了环保的理念，另一方面又是对创意的激发。废旧物品的种类很多，金属材料有易拉罐、铜片、铜丝、铁片、铁丝、铜锯条、自行车辐条、螺丝螺母等；木质材料有各种木板的边角料；塑料材料有可乐瓶、塑料板、塑料管、泡沫塑料等；其他还有破乒乓球、牙膏管、竹竿、破镜子等等，在平时要注意收集积累这些材料。

14.2.4　计算机绘图

计算机绘图是计算机软件技术发展的结果。传统的手工绘图转为计算机绘图后,提高了绘图精度、速度和质量,在色彩、充填符号、图面整饰方面都达到了手工绘图无法达到的程度,特别是制作的图可以任意缩放、任意修改、重复使用、图件规范同一等优势,对创意表达是一个极大的推进。

用计算机绘图需要学习专门的CAD等绘图软件的操作。

实际案例

为外星人设计住宅

在浩瀚的宇宙中,地球显得那么的渺小,那么的孤单,作为生活在地球上的我们常常会希望能有其他有生命的星球和我们共同存在于苍茫、宁静、寒冷的宇宙中。我们坚信茫茫宇宙一定会有我们的朋友——外星人的存在,或许他们也在偌大的宇宙中寻找我们……

确定住宅使用者:

A. 没有腿的外星人夫妇带一个儿童。

B. 没有手的夫妇带一个儿童。

C. 没有眼睛的夫妇带一个儿童。

任选取其一。

方案一:

选择A,为无腿的外星人设计住宅(见图14-17)。

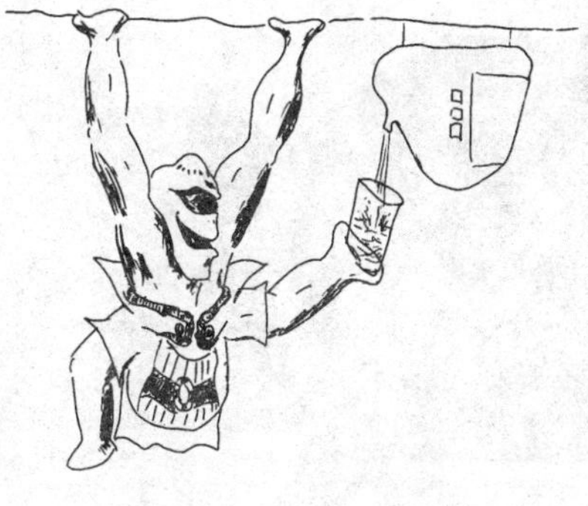

图14-17　四只手的外星人

外星人没有腿却有四只带有吸盘的手、一只眼睛。头上凸起部分有一圈小孔,兼有耳鼻功能。由于没有液态江河湖海,植物可以直接吸收气态水。外星人家庭必备的装置就是液态水的氢氧合成器,可用空气直接合成液态水。排泄物也可以通过分解装置重新转化为可再利用的元素。其住宅剖面如图 14－18 所示。交通工具主要是有固定轨道的汽车和飞行器,图 14－19 为外星人的双人有轨小汽车。

图 14－18　住宅剖面

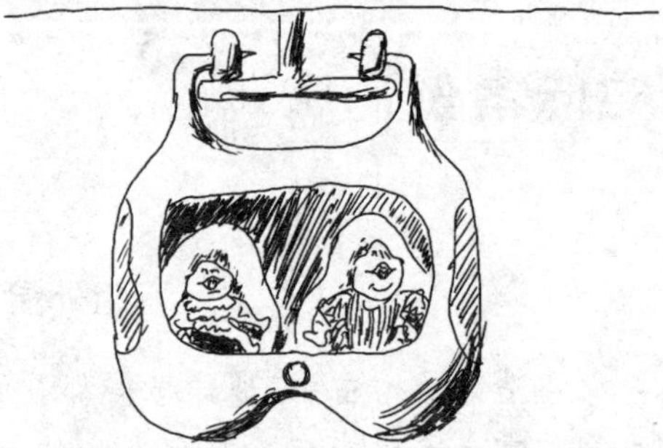

图 14－19　有轨小汽车

方案二:

选择 B,外貌特征:无手,单眼。

行走方式:飘(注:星球无重力)。

外星人的家具——床、座椅、餐桌:类似我们人类的坐便器的装置。外星人的能量补充方式不是吃饭,而是将床上的插头插进身体背部的孔洞中充能量。床两边的半圆形装置为娱乐设施,相当于我们的电视机、DVD 或音响。

浴缸:漂浮于空中的碗状物。外星人洗浴不用水,浴缸本身具有强力的吸附清洁能力,可以将外星人身上的脏东西统统吸掉,就像吸铁石。如图 14－20 所示。

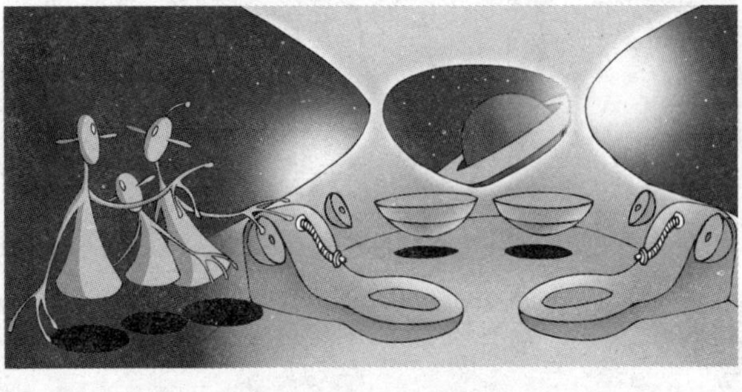

图 14－20　外星人的家

方案三：

选择C，为一个没有视觉器官的外星人家庭设计住宅（见图14－21、图14－22、图14－23）。

外星人对光需求少，生活流线简单。

由于外星人的抓握和行走器官为主要的信息接收器官，所以室内道路的表层要作特殊处理，可以为外星人提供可识别的多种信息，以使其完成各种行为，如进食、休息等。

图14－21　无视觉的外星人

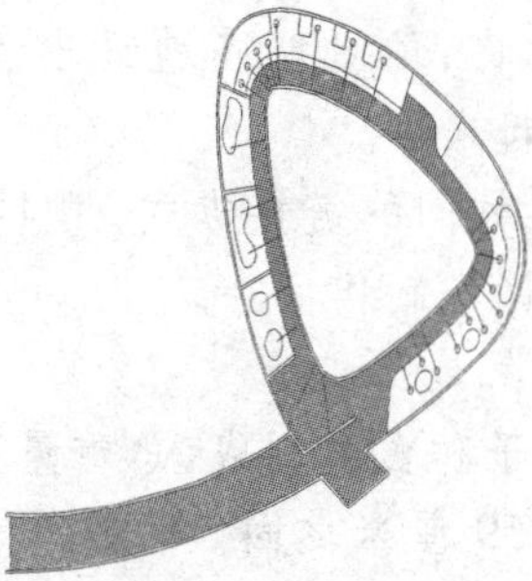

图14－22　住宅平面图

图14－23　住宅模型

评述：

方案一是用手绘的图，比较生动、自由。

方案二是用计算机绘制的二维图，形状和色彩的表达要比手绘更加丰富。

方案三是用计算机绘制的三维图，表达更逼真，与真实模型的效果不相上下。

创意实践

建造斜塔

实验一：方便筷子的结构设计与制作

一、材料准备

1. 方便筷子25克。

2. 白胶一瓶。

二、立柱制作

1. 脑力操。请在5分钟内,尽可能多地说出各种结构柱子。如,房屋柱子、水柱、脊柱等。

2. 擂台赛。用20张扑克牌搭成一个结构,越高越好,每一厘米得一分。

3. 设计室。用方便筷子设计制作4种截面各不相同的立柱,画出设计图。

4. 研究院。用自己设计的方法对4种立柱进行拉、压、弯曲测试。记下实验方法、测试数据、实验结果。

三、链接构件

1. 脑力操。请在5分钟内,尽可能多地说出各种链接。如,绳子把气球连起来,学校把老师和学生连起来等。

2. 设计室。设计两根立柱间的链接方式,用1∶1比例画出图。

四、方便筷子的结构设计与制作

1. 知识宫。比赛规则:

(1)结构只能用方便筷子和白胶制成,总重量不超过15克。

(2)高度在20.32~21.59厘米之间。

(3)结构的高度内要有空间,能通过直径5.08厘米的球。

(4)方便筷子的制作木材和长度、粗细要统一。

(5)方便筷子不能作任何处理。

2. 脑力操。请在5分钟内,尽可能多地说出各种结构。如,房屋结构、家庭结构等。

3. 设计室。把前面制作的立柱和链接构件结合起来,制成一个完整的结构,用1∶1比例画出图。然后设计一个链接顺序的工艺流程图。

4. 经验集。提高结构承重能力的三大要点:

(1)每根立柱之间必须平行。

(2)每根立柱必须垂直底面。

(3)上底面和下底面必须平行,且垂直于立柱面。

5. 工具箱。为了方便制作结构,可以把3根平直的木条分别按距离5.2厘米和5.6厘米粘在平板上,制成模具。模具使用方法如下:

(1)将两根已经加工完成的立柱紧贴在模具木条1和2之间的空地,然后根据自己设计好的连接形式把两根立柱链接起来,制成结构的一个面。再用同样的方法制作另一个面。

(2)把两个制作好的面横向立起来,竖直放在模具木条2和3之间的空地,两边紧贴,然后把两个面用连接构件连起来。四边都连接好以后,一个结构便初步制成了。

(3)将结构放在平面上测试一下,四个立柱形成的底面是否在同一个平面上。如有不足之处,可以用砂纸进行修正。

6. 擂台赛。把制成的结构放在测试架上进行承重测试,看哪组制作的结构承重最大。

7. 研究院记录测试结果:

- 结构重量:
- 承重:
- 断裂处:
- 分析原因:
- 体会:

实验二:OM 比赛——建造斜塔

使用统一规格的细木条,搭成一座斜塔,并在塔顶进行自由落体实验。即通过装在塔顶上的一个自动装置,同时将两个重量不一样的小球,以自由落体的形式落地。并要求在实验过程中,运用语言、表演等手段,来说明这个实验的物理原理和历史背景。

1. 限制条件。

(1)材料:斜塔只能使用市场上所售的快餐木筷为材料。长度约 20 厘米。木筷可以切削、刻口、弯曲成形,但木条之间的连接不能使用金属物。

(2)配重的规定:为了保持塔身的平衡,在重量允许的范围内可以使用非木料做配重,但配重物不得用于加固塔身,配重物要和整个塔身协调、美观。

(3)塔高不得低于 1 米,重量(包括配重、自由落体自动控制装置)不得超过 1 千克。

(4)塔的形状要基本对称,塔基最突出的部分距中心距离不能大于塔高的 1/5。在塔的中心应该有一个贯穿整个高度的"开放区",即在塔身中可以容纳一个直径为 8 厘米的圆柱体,塔身的面积也必须大于上述数据。

(5)自由落体实验是用一个装置,把两个形状相同、重量不同的小球,同时释放,令其自由落下,这个过程是通过自动控制完成的。参赛队员不得用外力直接触及小球。

(6)自由落体控制装置的任何一部分不得突出在塔顶的外围。

(7)斜塔不得使用油漆及其他涂料加固。可以使用水粉颜料着色或使用薄颜色纸装饰,但不能用装饰纸对塔身加固。

(8)斜塔不得整体装好参赛,至少要分为三层在比赛时进行组装,现场安装是参赛的一个内容。

(9)从安装开始到表演结束(包括自由落体实验),时间不得超过 3 分钟。

(10)斜塔偏离距离,是塔的中心线最高点处悬的一根垂线到斜塔基座边缘的距离,所以斜塔不得有外力支撑装置。

(11)自由落体为两个直径相同、材质不同的实心小球,一个为钢球,一个为木质球,直径约为1厘米,由竞赛组委会统一提供。

(12)在比赛过程中,5名队员都要参加。

2. 计分。

(1)高度和重量之比:高度为从小球开始下落处到桌面的垂直距离,重量包括塔身上的全部装置。高度越高,重量越轻,得分越高。 1~60分

(2)斜度计分:斜度计分由三个因素决定:塔高、塔基的最大直径(线度)、小球落地点与塔基边缘的距离。计算公式为:

$$\frac{\text{偏离距离}}{\text{高度}+\text{塔基直径}}\times h(h\text{ 为常数}) \qquad 1\sim 90\text{分}$$

(3)落体控制装置:包括设计的创造性、制作水平和自身控制水平及该装置的成本。 1~30分

(4)承风实验。风洞选用普通家用电扇,距斜塔至少1米距离,分三档风速:

- 低速20秒斜塔不倾倒,不得分也不扣分。
- 中速20秒斜塔不倾倒。 5分
- 高速20秒斜塔不倾倒。 15分

(5)表演艺术:包括表演技能、服装设计和装饰、剧中人的相互关系、表演的创造性和幽默感。 4~40分

(6)美景效果:包括塔身的设计结构、斜塔的外观、装饰、配重物的使用情况、各部件的衔接。 5~50分

(7)整体效果。 1~10分

3. 扣分。

(1)塔的制作违反规定(每次犯规)。 扣5~100分

(2)组装及表演超时。 扣1~10分

(3)意外事故(塔倾倒、小球落不下来等)。 扣1~50分

(4)低速承风实验,塔在20秒内倾倒。 扣1~10分

(5)参赛队员少于5人。 扣10分

[评述][1]

意大利的比萨城有一座闻名世界的斜塔,传说伟大的科学家伽利略曾在比

① 沈宁华. 建造斜塔[C]//中国学生杂志. 智慧及能力的大测试. 北京:中国少年儿童出版社,1991:6-10.

萨斜塔上做过自由落体实验。这座大理石塔于1174年开始建造的，当造好三层的时候，发现塔基下沉，后来几次停工，历经400年，最后还是在倾斜的状态下建成了这座斜塔。我国苏州的虎丘塔也是一座斜塔，那是在明朝开始倾斜的。由此看来，斜塔并不是事先设计的，而是建造以后，由于地质情况的变化慢慢倾斜的。而现在却要求建造一座斜塔，这就要求同学们发挥一点创造力了。

从这道题给分的情况（见图14-24）可以看出，斜度一项可获分最多，其次是塔高和重量之比，还有美景效果，这些就是设计要求。也就是说，要想得多分，就要设计出一个既高又斜又轻又美的斜塔。这不是一件简单的事情。

怎样制定设计方案呢？应该先算一算然后再试一试，最后才能确定方案、动手制作，这大概是一切工程都要遵守的步骤。下面分别来说明。

(1)设计计算：把一件实际的东西付诸计算，必须先进行简化，这就叫做理想模型化。首先我们可以假设塔身是均匀的，长度为 L，自身重量 W_1，配重为 W_2，设塔体基座侧面最大宽度为 D（如图14-25所示）。按照上面的假设进行计算：

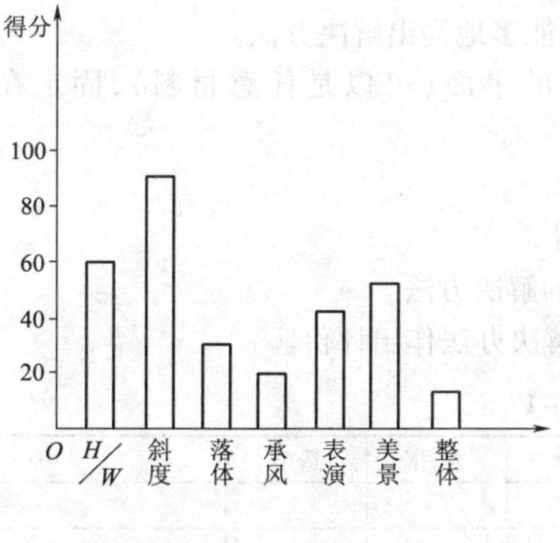

图14-24 得分分布图

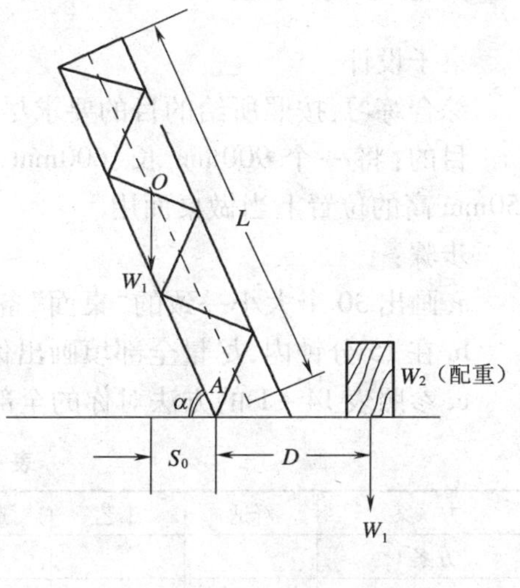

图14-25 长度、斜度、配重的计算

要在限定重量的情况下，尽量把塔造得高、造得斜，需要在设计塔身结构上费一番脑筋，主要是在选取塔身的截面上。是采用三角形、四边形还是六边形？到底哪种截面最好？这里很难评述，因为题中还要求塔身有一个直径为8厘米的开放区。三角形截面的结构比四边形、六边形的结构简单，但是考虑到要有同样的内接圆，四边形、六边形，甚至圆形的，也许周长更短一些。从另一方面考虑,六边形需要的材料多,必然增加塔身的重量。所以要通过计算,作出最优化选择。经测量每根木筷重2.5克,这样根据塔身的结构图可以计算出用料的重量。例如,使用横截面为三角形的结构,每米塔身要用40根左右的木筷,这样的塔身每米重0.1千克。作为一个设计,计算是十分必要的。但是计算的结果还要通过实验,因为计算时都是按理想情况,有许多近似。例如,算出来的塔长为2米多,如果考虑承风等因素就不能将塔建得那么高。数学计算往往可以给我们指出一个设计的方向,真正实施时,还要经过反复地实验。

(2)实验方法:通过计算大致决定塔重、配重、塔高、斜度以及截面形状后,就要进行实验。塔身应该是多节的,可逐渐升高,斜度、配重也应该是可以调整的。通过实验调整理论计算数据,并定出一定的安全系数来承受风力的实验。

总之,建造斜塔对未来的设计师们来说是一次小小的演习,它包含了工程设计的许多问题,解决的过程是一个学会创造性设计并动手实现的过程。

思考练习题

桌子设计。

综合练习:按照所给的目的要求尽可能多地提出解决办法。

目的:将一个900mm长、600mm宽的平面(可以是任意材料),固定在750mm高的位置上当做桌面用。

步骤:

a. 画出30个大小一致的“桌面”备用。

b. 在15分钟内,尽量全部填画出你的解决方法。

c. 参照表14－1的方法对你的全部解决办法作出评价。

表14－1

方　案	舒适	工艺	造价	使用	造型	……
方案1						……
方案2						……
……						……
方案n						……

d. 根据上面评价的结果,挑选一个最适合作为学习课桌的,再用15分钟来完善它,包括桌面与支撑的材料、支撑的具体形式、尺寸、连接的设计等,并画出简单的三视图,同时注意吸取其他方案的优点。

Chapter 15

营销创意商品　保护创意产品

本章关键词

◇ 创意营销
◇ 创意产品
◇ 知识产权保护

现代的经营已经进入到创意的时代，这是知识经济的一个明显的特色。企业的营销，一直是商战的前线。在这个信息爆炸的时代，人们越来越深刻地意识到创意本身所具有的营销价值，越来越多地通过广告创意、网络营销创意等方式营销创意产品，并更加注重通过法律手段来更好地保护创意产品。

15.1　创意产业化

引导案例

马里奥壁纸

企业在进行生产和销售过程中，贵在有独特的创意，有创意产品或者营销策略，才能吸引广大消费者，赢得声誉。创意产品重在出奇制胜，给观众视觉上的刺激，期盼观众能因为突兀的感受而记住产品的牌子或通过共鸣而牢记品牌，继而转化为购买动力，这是一种新消费模式。像超级马里奥这样的经典游戏，一定会引起老玩家们的许多美好回忆。所以，将这款经典游戏里面的场景制作成壁纸，用来装饰家居,相信一定会有不错的效果。[①] 见图 15－1。

图 15－1 马里奥壁纸

15.1.1 生产创意产品

创意的精彩,在于它点燃了人们生活的激情,经典的创意产品让我们的生活倍增乐趣。图 15－2 中是一款“脚放上就穿好的鞋”,有些人因为身体缘故无法弯腰、下蹲穿鞋,所以设计师设计了这款方便与时尚的鞋子,无须弯腰,站着用脚踩上去即可,本身鞋口是全开的,用卡住的方式来固定。

早在 1836 年,经济学家罗默就提出,创意会衍生出无穷的新产品、新市场和创造财富的新机会,所以,创意才是推动一国经济成长的原动力。霍金斯在其《创意经济》一书中也曾明确指出:全世界创意经济每天创造 220 亿美元,并

① http://www.patent－cn.com/2008/06/16/10978.shtml(2008－7－22).

图 15－2　脚放上就穿好的鞋

以 5% 的速度递增。在一些国家,增长的速度更快:美国达 14%,英国为 12%。

所谓创意产品,其本身包含了两个要素:一是创意;二是产品。创意强调差异、风格与个性。产品体现的是工业标准化大量生产、大量复制。只有有创意的东西才能够卖出去,同时,能实现市场价值的产品必须大量生产以满足市场的需要,这二者相互制约,相互促进。

的确,成功的创意就能使产品在市场上满足顾客需求的同时创造出新价值,下图中的这款 iPhone4 充电保护壳,针对现在手机可玩性越来越大,电池却越来越不给力而推出,一方面保护手机,另一方面上面的电池面板可以为你的"爱疯"进行充电,在太阳光下晒一小时,就可以进行 25 分钟的通话,算是很不错了,它的底部也有 LED 灯显示是否充满(如图 15－3 所示)。

图 15－3　iPhone4 充电保护壳

一个产品的科技含量当然重要，但对消费者而言，他们更关心的是其实不实用、从中能不能得到实惠。一个产品首先需要提供给消费者的是它的功用性，好的品质是创意得以发挥的载体。“优质产品独特创意”才会吸引人的眼球，苹果“Ipod”的成功就是最好的证明。“Ipod”融技术与艺术于一体，为苹果公司带来滚滚财源，并使其成为数字娱乐业的新宠。

创意产品往往还能用“通感”的方式来感染目标人群，通过象征性的符号元素建构人们认知的需要。夏新“美丽”手机（见图 15－4）脱颖而出靠的就是赋予产品独特的内涵：“美由心生”，即美来自内心世界才能美得更加自信、独特和持久，而不仅仅只是外表的出众；“美丽”更关乎精神而非风情，“美丽”更注重沉淀而绝不轻浮；“美丽是健康阳光，美丽是智慧闪耀，美丽是从容淡定”。

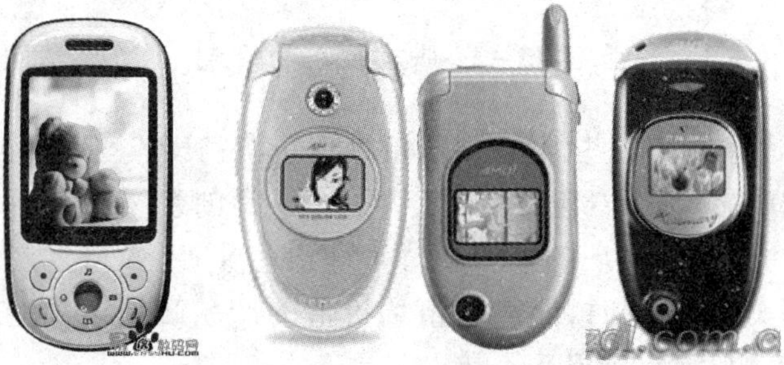

图 15－4　夏新“美丽”手机

美国一家玩具厂通过市场调查，注意到这样一种现象：西方国家普遍出现人口负增长，一些人很想表达母爱但又对生育婴儿感到畏惧；人口老龄化，不少老人的生活寂寞无聊。为此，该厂开发出一种名叫椰菜娃娃的玩偶。它构思奇特，进行了人格化设计。娃娃屁股上有接生人员的印章，还附着一张“出生证”，登记了娃娃的姓名、手印和脚印，购买时需办理“领养手续”。这种碎布做成的椰菜娃娃由于满足了人们的心理需要和情感寄托，深受儿童和成年人的喜爱。这家玩具厂的高明之处体现在能从消费者的心理需要出发，推出的产品富有浓厚的人情味，终于形成了极大的市场。

15.1.2　销售创意商品

日本东京有个银座绅士西装店。这里就是首创“打 1 折”销售的商店，曾经轰动了东京。当时销售的商品是“日本 GOOD”。具体的操作是这样的：先定出打折销售的时间，第一天打 9 折，第二天打 8 折，第三、第四天打 7 折，第五、第六天打 6 折，第七、第八天打 5 折，第九、第十天打 4 折，第十一、第十二天打 3 折，

图 15－5　椰菜娃娃

第十三、第十四天打 2 折，最后两天打 1 折。

商家的预测是：由于是让人吃惊的销售策略，所以，前期的舆论宣传效果会很好。抱着猎奇的心态，顾客们将蜂拥而至。当然，顾客可以在这打折销售期间随意选定购物的日子，如果你想要以最便宜的价钱购买，那么你在最后的那两天去买就行了，但是，你想买的东西不一定会留到最后那两天。

实际情况是：第一天前来的客人并不多，如果前来也只是看看，一会儿就走了。从第三天开始客人就一群一群地光临，第五天打 6 折时客人就像洪水般涌来开始抢购，以后客人连日爆满，当然，等不到打 1 折商品就全部卖完了。

那么，商家究竟赔本了没有？你想，顾客纷纷急于购买自己喜爱的商品，就会引起抢购的连锁反应。商家运用独特的创意，把自己的商品在打 5 折、6 折时就已经全部推销出去。"打 1 折"只是一种心理战术而已，商家怎会亏本呢？

现代的市场，是最需要创意的市场。当今市场的竞争，已经上升为创意制胜的时代。谁能够把握市场，并作出满足市场需求的创意，谁就是最后的赢家，"蒙牛酸酸乳超级女声"，既让参与者过足了明星的瘾，同时也牢牢地记住了"蒙牛"品牌。现代人追求时尚、独立、个性，人们不但享受着产品带来的物质上的快感，更体会着它所附加的那一份精神贺礼。

但是，每个行业都有一些相对固定的经营习惯，因而形成某些传统的思维定式。在当今社会买方市场条件下，如果企业总是以习惯性思维去从事经营活动，而竞争者们也遵循同一逻辑行事，那么往往会出现"多数谬误"。其结果是大家都挤到同一条船上，竞争更加激烈，随时都可能被挤下船。由此可见，在经营活动中我们常常需要打破传统习惯和常规思维，积极采用独特的创意营销方式。而成功的"创意"，往往来自换一种角度的思考。

【案例】

顺应潮流的可口可乐

美国可口可乐公司总裁罗伯特·戈伊佐塔曾收到助手递呈的一份大胆计划,要求在可乐配方中加入另外一些佐料,使它成为一种口味更轻、更甜的可乐。在经过市场调查证明可行后,公司投资数百万美元让20万名顾客做了品尝试验,结果令人满意,于是戈伊佐塔签字同意生产。

然而对于有99年历史的可口可乐,美国人有着深厚的感情,所以新可乐投放市场不久,戈伊佐塔便受到了新闻媒体和顾客的批评。老对手百事可乐更是冷嘲热讽,扬言百事可乐打败可口可乐指日可待。眼看着新可乐一步步地把市场让给百事可乐,戈伊佐塔决定把原来的可乐命名为传统可乐,将传统可乐和新可乐同时出售。这样,可口可乐又重新占领了失去的市场,公司的市场价值也由他上任时大幅增长。

莱尔市场的最新货

对卖新产品的商家来说,最吸引顾客的无非是“新”,如何再在“新”上继续做文章呢?

意大利有个莱尔市场,就是专售新产品的。有些新产品很畅销,许多顾客抢着购买,没抢到手的,要求市场再次进货,可得到的回答竟是:很抱歉,本市场只售首批,卖完为止,不再进货。

对此,有些顾客很不理解,还向旁人诉说。但从此以后,来这里的顾客中意就买,决不犹豫。不难看出,莱尔市场的“割爱”是个绝妙的创意,它能给顾客留下强烈的印象——这里出售的商品都是最新的;要买最新的商品,就得光顾莱尔市场。

这真是“新”上创新的创意!

看来,创意产品市场化的过程中,不是与消费者玩文字游戏或简单地利用消费者的猎奇心理,而是要在对市场深入调查、对消费者需求精准把握、对产品自身科技、设计、价格等正确估量的基础上,使产品无论在核心层次、还是附加价值上,都能最大限度地满足消费者的需求,从而提升企业的增值能力,增强顾客忠诚度。同时,产品的市场化还应积极追求创新的营销模式,以吸引消费者的注意力。

创意的产品化,商品化及市场化的发展唤起了创意产业即创意经济的兴起。1998年,英国创意产业特别工作组首次对创意产业进行了定义,将创意产业界定为“源自个人创意、技巧及才华,通过知识产权的开发和运用,具有创造财富和就业潜力的行业”。也就是说,创意产业推崇创新、个人创造力,强调文化艺术对经济的支持与推动的新兴的理念、思潮和经济实践。可见,创意产业是新经济时代经济增长的助推器。

实际案例

当葡萄酒遇上博客

南非有一家不知名的小葡萄酒厂 Stormhoek，他们给博客写手们送去了大约100瓶葡萄酒。结果在两个月时间里，约有30万人通过博客开始知道这家公司。不到半年时间，在英国5英镑以上的瓶装酒市场，Stomhoek 占了南非葡萄酒销售量的1/5。这件事情在去年被一中文博客报道，引起了很大反响。

汉森葡萄酒随即在新浪网的时尚酒风博客开办了中国葡萄酒的第一场博客评酒活动。借鉴 Stomhoek 的经验，50瓶汉森葡萄酒送到了博客写手们手里，20多篇关于汉森葡萄酒的品评文字引起了约1万人次的点击和近百万人的关注。作为尝试，这次活动并没有将销售作为目的，而是把这一产品免费送给大家品尝，希望能与博客写手们沟通、交流。与 Stormhoek 的情况一样，汉森所处的贺兰山东麓有好的葡萄原料、先进的酿造工艺，汉森葡萄酒就是这两种优势的结合。这是一个新企业，没有更多的钱在市场上投放广告，所以他们想尝试一种新的营销方式。

很多人从这次评酒当中了解了葡萄酒，学习了葡萄酒的基本常识，认识了葡萄酒甚至爱上了葡萄酒。博客不是为那些品酒专家写的，而是向那些业余人士揭开葡萄酒的神奇面纱。写博客的一个目的就是让那些对葡萄酒还知之不多的普通人谈论他们是如何开始了解这一产品的。同时，这一活动绕开市场调查和设计程序，在博客上与消费者建立对话，让他们共同参与到葡萄酒的推广中来，调动了网络的力量。

点评：传统的市场营销和广告直接影响的是销售，在博客营销中，销售不是直接目标，但它可能是被最终影响的一个目标。博客的营销成本仅仅来自于自己生产的葡萄酒，比之传统意义上的市场营销和广告宣传，几乎可以忽略不计。最重要的一点，它与传统广告的区别就在于：传统广告是出钱满大街告诉你，瞧，这是我的产品，这就是你要的东西；博客营销却告诉你，嘿，这是你我都感兴趣的东西，我们一起来关注、谈论它吧。

思考练习题

1. 请举例分析如何协调创意个性化与产品标准化生产之间的关系。

2. 自由发挥你的创意，看你最多能设计多少款新式水杯。

3. 随着创意产业的兴起，你认为作为创意产品的设计者——设计师应该具备哪些素质。

15.2 寻求创意的经济回报——知识产权保护战略

引导案例

铁通柳州分公司“白蛇传”电话卡侵权案

戴敦邦是我国著名画家。1985年9月，浙江人民美术出版社出版的《白蛇传》画册系由包括他在内的四位画家共同绘画创作。2006年11月，戴敦邦在上海市卢湾区卢工集邮品交换市场发现一电话卡上使用了其在《白蛇传》一书中创作的古典人物造型绘画，却未署名。戴敦邦立即发函给制作发行该卡的铁通柳州分公司，该分公司回电致歉，但始终未对具体赔偿额作出答复。

为此，戴敦邦将铁通柳州分公司和中国铁通集团公司告上法庭，要求两公司赔偿著作权收益人民币10万元等。该书的其余三位合作者也同意将他们享有的著作权交由戴敦邦一人处理，所获侵权赔偿全部支付给戴敦邦。

法院认为，戴敦邦系涉讼《白蛇传》一书中美术作品的作者之一，依法对涉案作品享有著作权，同时基于其他合作作者的确认，戴敦邦可以单独提起诉讼，并有权主张全部赔偿。现有证据表明，被控侵权电话卡是铁通柳州分公司委托制作，电话卡上使用了戴敦邦等作者享有著作权的10幅作品，又未署作者姓名，作为制作与发行单位的铁通柳州分公司，侵犯了原告对涉案作品的署名权和获得报酬权，理应承担赔偿损失的民事责任。由于没有证据显示铁通集团公司实施了被控侵权行为，故铁通集团公司无须承担侵权责任。

据此，法院一审判决由铁通柳州分公司赔偿戴敦邦经济损失人民币4万元。

15.2.1　保护知识产权

创意是一种无形资产。一个好的创意，通过产品化、商品化可能给权利人带来巨大的财富。然而，我国并没有专门的创意保护方面的法律法规。因此，我们要采取有效途径保护自己的创意，以寻求创意经济的最大回报。

当前，无论在国内还是在国外越来越多地涉及有关知识产权的争议和纠纷，随着对外改革开放的进一步深入，对我国的知识产权进行保护就显得格外重要。

15.2.1.1　知识产权的含义

知识产权是指公民、法人或者其他组织在科学技术方面或文化艺术方面，对创造性的劳动所完成的智力成果依法享有的专有权利。这个定义包括以下三点含义。

(1)知识产权的客体是人的智力成果，有人称为精神的(智慧的)产出物。这种产出物(智力成果)也属于一种无形财产或无体财产，但是它与那种属于物理产物的无体财产(如电气)、属于权利的无形财产(如抵押权、商标权)不同，它是人的智力活动(大脑的活动)的直接产物。这种智力成果不仅仅是思想，而是思想的表现，但它又与思想的载体不同。

(2)权利主体对智力成果为独占的、排他的利用，在这一点上，类似于物权中的所有权，所以过去将之归入财产权。

(3)权利人从知识产权取得的利益既有经济性的，也有非经济性的。这两方面结合在一起，不可分割。因此，知识产权既与人格权(其利益主要是非经济的)不同，也与财产权(其利益主要是经济的)不同。

可见，知识产权是一种无形财产，其获得需要法定的程序。

15.2.1.2　知识产权的特点

知识产权具有专有性、时间性、地域性等特点。

(1)专有性，即独占性或垄断性。除权利人同意或法律规定外，权利人以外的任何人不得享有或使用该项权利。

这表明权利人独占或垄断的专有权利受严格保护，不受他人侵犯。只有通过“强制许可”、“征用”等法律程序，才能变更权利人的专有权。一方面，知识产权的客体是人的智力成果，既不是人身或人格，也不是外界的有体物或无体物，所以既不属于人格权，也不属于财产权。另一方面，知识产权是一个完整的权利，只是作为权利内容的利益兼具经济性与非经济性，因此，也不能把知识产权说成是两类权利的结合。例如，说著作权是著作人身权(或著作人格权、或精神权利)与著作财产权的结合,这是不对的。知识产权是一种内容较为复杂(多种权能)、具有经济的和非经济的两方面性质的权利。因而,知识产权应该与人格权、财产权并立而自成一类。

(2)地域性,即只在所确认和保护的地域内有效,即除签有国际公约或双边互惠协定外,经一国法律所保护的某项权利只在该国范围内发生法律效力。所以,知识产权既具有地域性,在一定条件下又具有国际性。

(3)时间性,即只在规定期限内保护。法律对各项权利的保护,都规定有一定的有效期,各国法律对保护期限的长短可能一致,也可能不完全相同 ,只有参加国际协定或进行国际申请时,才对某项权利有统一的保护期限。

(4)知识产权属于绝对权,在某些方面类似于物权中的所有权。例如,是对客体直接支配的权利,可以使用、收益、处分以及为他种支配(但不发生占有问题);具有排他性;具有移转性(包括继承);等等。

(5)知识产权在若干方面受到法律的限制。知识产权虽然是私权,虽然法律也承认其具有排他的独占性,但因人的智力成果具有高度的公共性,与社会文化和产业的发展有密切关系,不宜为任何人长期独占,所以,法律对知识产权作出了很多限制:

第一,从权利的发生来说,法律为之规定了各种积极的和消极的条件以及公示的办法。例如,专利权的发生须经申请、审查和批准,对授予专利权的发明、实用新型的外观设计规定有各种条件(专利法第 22 条、第 23 条),对某些事项不授予专利权(专利法第 25 条)。著作权虽没有申请、审查、注册这些限制,但也有著作权法第 3、第 5 条的限制。

第二,在权利的存续期上,法律都有特别规定。这一点是知识产权与所有权大不相同的。

第三,权利人负有一定的使用或实施的义务。法律规定有强制许可或强制实施许可制度。对著作权,法律还规定了合理使用制度。

15.2.1.3 知识产权保护的分类

知识产权保护指依照现行法律法规,对侵犯知识产权的行为进行制止和打击。其具体体现为:阻止和打击假冒伪劣产品,阻止和打击商标侵权、专利侵权,阻止和打击著作权侵权,版权侵权等等。

知识产权保护可分为工业产权和版权(在我国称为著作权)两类。

(1)工业产权。这是指由发明专利、商标以及工业品外观设计等方面组成的工业产权。工业产权包括专利、商标、服务标志、厂商名称、原产地名称、制止不正当竞争等。下面只列出工业产权中的一些主要类型:

一是商标权：是指商标主管机关依法授予商标所有人对其注册商标受国家法律保护的专有权。商标是用以区别商品和服务不同来源的商业性标志，由文字、图形、字母、数字、三维标志、颜色组合或者上述要素的组合构成。

我国商标权的获得必须履行商标注册程序，而且实行申请在先原则。商标是产业活动中的一种识别标志，所以商标权的作用主要在于维护产业活动中的秩序，与专利权的作用主要在于促进产业的发展不同。

二是专利权与专利保护：是指一项发明创造向国家专利局提出专利申请，经依法审查合格后，向专利申请人授予的在规定时间内对该项发明创造享有的专有权。发明创造被授予专利权后，专利权人对该项发明创造拥有独占权，任何单位和个人未经专利权人许可，都不得实施其专利，即不得为生产经营目的制造、使用、许诺销售、销售和进口其专利产品。未经专利权人许可，实施其专利即侵犯其专利权，引起纠纷的，由当事人协商解决；不愿协商或者协商不成的，专利权人或利害关系人可以向人民法院起诉，也可以请求管理专利工作的部门处理。专利保护采取司法和行政执法“两条途径、平行运作、司法保障”的保护模式。

三是商号权：即厂商名称权，是对自己已登记的商号（厂商名称、企业名称）不受他人妨害的一种使用权。企业的商号权不能等同于个人的姓名权（人格权的一种）。

此外，如原产地名称、专有技术、反不正当竞争等也规定在巴黎公约中，但原产地名称不是智力成果，专有技术和不正当竞争只能由反不当竞争法保护，一般不列入知识产权的范围。

（2）版权。自然科学、社会科学以及文学、音乐、戏剧、绘画、雕塑、摄影和电影摄影等方面的作品组成版权。版权是法律上规定的某一单位或个人对某项著作享有印刷出版和销售的权利，任何人要复制、翻译、改编或演出等均需得到版权所有人的许可，否则就是对他人权利的侵权行为。著作权保护是版权保护中常见的类型。

著作权是文学、艺术、科学技术作品的创作者依法对其作品所享有的一种民事权利。在我国，著作权用在广义时，包括（狭义的）著作权、著作邻接权、计算机软件著作权等，属于著作权法规定的范围。这是著作权人对著作物（作品）独占利用的排他权利。狭义的著作权又分为发表权、署名权、修改权、保护作品完整权、使用权和获得报酬权（著作权法第10条）。把著作权分为著作人身权和著作财产权是不妥当的。著作权与专利权、商标权有时有交叉情形，这是知识产权的一个特点。

15.2.2 知识产权保护战略

知识产权作为一种无形财产权,是一种十分重要的资源。随着知识经济的来临,知识产权资源对企业起着越来越大的作用。企业运用知识产权保护战略,即在生产、经营与管理中运用知识产权保护策略与手段,已成为企业获取与保持市场竞争优势,谋求最佳经济效益的法宝。

15.2.2.1 知识产权保护战略的定义及特点

企业知识产权保护战略是指企业为获取与保持市场竞争优势,运用知识产权制度,进行确权、保护与运用,从而谋取最佳经济效益的策略和手段。具体分析,企业知识产权保护战略表现出以下特点。

(1)法律性。企业知识产权保护战略是依托于知识产权法律制度的。这包括两个方面:①它具有依法确认的特点。企业知识产权战略的每一步利用都必须置于法律规范特别是知识产权法律规范的制约下,法律规范是制定企业知识产权战略的基本原则。②法律规范特别是知识产权法律规范对实现企业知识产权战略目标又具有可靠的保障作用。可以说,企业知识产权资源的开发利用与优化配置,是有效的知识产权法律保护和知识产权战略性运用的共同结果,两者缺一不可。

(2)保密性。企业知识产权保护战略与企业经营战略直接相关,实际上也是企业整体发展战略的组成部分。企业知识产权战略的实施涉及企业经济和科技情报分析、市场预测、新产品动向以及企业在某一阶段的经营战略意图,如果被竞争对手掌握,将对自己造成极为不利的影响。因此,企业知识产权战略这些涉及商业秘密性质的内容应加以保密,企业知识产权战略因之具有保密性的特点。

(3)时间性和地域性。这一特点是由知识产权的时间性、地域性特点所决定的。以时间性而论,若与某一知识产权保护战略相应的知识产权期限届满或因故提前终止,相关的知识产权战略就应及时调整。就地域性而论,企业在制定、实施知识产权保护战略时,应考虑到知识产权的权利产生地。这一点对于企业实施国际知识产权战略、开拓国际市场是极端重要的。近些年来我国许多著名品牌在国外屡遭"抢注",蒙受巨大损失,就是一个反面例子。

(4)整体上的非独立性。企业知识产权保护战略属于企业经营发展战略的一部分,其目标的实施与企业其他战略往往是相互包含、相互交错的,单纯的运用难以收到满意的效果。以企业知识产权保护战略中的商标战略为例,它与企业市场营销战略、广告宣传战略、市场竞争战略、企业形象战略紧密相关。不过，整体上的非独立性并不排斥企业知识产权保护战略的相对独立性，企业知识产权保护战略有其自身的特点。

15.2.2.2 实施知识产权保护战略的途径

在我国社会主义市场经济中，建立知识产权保护战略有利于建立现代企业制度。近些年来，我国日益完备的知识产权制度在保护企业合法权益，促使企业进行技术改造和创名牌战略方面起了十分重要的作用。像海尔、长虹、康佳等一大批国内知名企业就是伴随着我国知识产权制度的完善而迅速成长起来的。知识产权制度对于企业的巨大作用越来越被更多的企业所认识。

我国企业可以通过以下途径实施知识产权保护战略。

(1)商标注册。如果创意属于某种商品或服务的商标设计，则权利人可以通过申请商标注册来保护自己的创意。

我国《商标法》规定，权利人对于依法申请并获得注册的商标享有注册商标的专用权，未经商标注册人的许可，任何人在同一种商品或者类似商品上使用与其注册商标相同或者近似商标的，或者销售侵犯注册商标专用权的商品的，或者伪造、擅自制造他人注册商标标志或者销售伪造、擅自制造的注册商标标识的，或者未经商标注册人同意，更换其注册商标并将该更换商标的商品又投入市场的，都属于侵权行为。商标权人可以依据《商标法》向人民法院起诉，或者请求工商行政管理部门处理。

(2)专利申请。如果一个创意是基于一项技术发明，并且符合我国《专利法》关于申请专利的各项规定，则权利人可以通过申请专利获得保护。

根据创意的具体内容，可以申请发明专利、实用新型专利或外观设计专利。发明是指对产品、方法或者其改进所提出的新的技术方案。实用新型是指对产品的形状、构造或者其结合所提出的适于实用的新的技术方案。外观设计是指对产品的形状、图案或者其结合以及色彩与形状、图案的结合所作出的富有美感并适于工业应用的新设计。

我国《专利法》规定，发明和实用新型专利权被授予后，除本法另有规定以外，任何单位或者个人未经专利权人许可，都不得实施其专利，即不得为生产经营目的制造、使用、许诺销售、销售、进口其专利产品，或者使用其专利方法以及使用、许诺销售、销售、进口依照该专利方法直接获得的产品。外观设计专利权被授予后，任何单位或者个人未经专利权人许可，都不得实施其专利，即不得为生产经营目的制造、销售、进口其外观设计专利产品。

但是应当注意，一旦将创意申请专利，不论权利人最后是否获得专利授权，该创意都已为公众所知。此外，专利的保护有一定的期限，不是无限期保护。

发明专利权的期限为 20 年，实用新型专利权和外观设计专利权的期限为 10 年，均自申请日起计算。

(3)版权保护。很多创意往往够不上申请专利的标准，但如果该创意是文学、艺术和科学领域内具有独创性的智力成果，则权利人可以将创意以作品的形式表现出来，通过著作权法寻求保护。

我国《著作权法》对作品的保护范围很广，包括①文字作品；②口述作品；③音乐、戏剧、曲艺、舞蹈、杂技艺术作品；④美术、建筑作品；⑤摄影作品；⑥电影作品和以类似摄制电影的方法创作的作品；⑦工程设计图、产品设计图、地图、示意图等图形作品和模型作品；⑧计算机软件；⑨法律、行政法规规定的其他作品。

(4)作为商业秘密保护。如果一个创意既不能申请商标注册，也不能申请专利或形成作品，那么，如果该创意是不为公众所知悉、能为权利人带来经济利益、具有实用性并经权利人采取保密措施的技术信息和经营信息，则权利人可以将其作为商业秘密获得保护。权利人应当采取合理的保密措施，与获悉该创意的单位或个人签订保密协议，要求其不得泄露或擅自使用该商业秘密。

我国《反不正当竞争法》第十条规定：经营者不得采用下列手段侵犯商业秘密：

其一，以盗窃、利诱、胁迫或者其他不正当手段获取权利人的商业秘密。

其二，披露、使用或者允许他人使用以前项手段获取的权利人的商业秘密。

其三，违反约定或者违反权利人有关保守商业秘密的要求，披露、使用或者允许他人使用其所掌握的商业秘密。

第三人明知或者应知前款所列违法行为，获取、使用或者披露他人的商业秘密，视为侵犯商业秘密。

《合同法》第 43 条规定：当事人在订立合同过程中知悉的商业秘密，无论合同是否成立，不得泄露或者不正当地使用。泄露或者不正当地使用该商业秘密给对方造成损失的，应当承担损害赔偿责任。

因此，当发生商业秘密侵权时，权利人可以依据相应的法律寻求救助。

实际案例

日本三菱公司知识产权管理的特色

日本三菱公司由"知识产权总部"负责知识产权的管理，特别之处在于其下分为"专利部"、"涉外知识产权部"和"策划处"三部分，其中半数以上员工有法律专业背景,其他则为技术背景出身。

(1)知识产权管理部门。专利部是和研究发展部门有发明产出关系的单位,负责协助研究人员和技术人员取得知识产权。专利部还设有驻外人员,负责所驻地的专利申请与诉讼事宜。值得注意的是由专利部分离出来的"专利情报中心",这家独立的公司目前有30人。三菱公司申请专利之前,都要由该公司先行调查。这家公司每年约做6 000~7 000件专利事前调查的案子,但目前只能做到在专利申请之前做事先调查,未来要做到在进行研究开发之前即做好专利的事先调查。

(2)知识产权管理与激励策略。三菱公司的社规规定,员工所做"职务发明"的权利一律归公司所有,"职务外发明"和"业务外发明"则由公司根据需要与员工协调让度。对员工发明进行终生多次奖励,是其特色之二。

目前三菱公司对专利权的运用所采取的政策是开放政策,尽量将专利便宜地让别人利用。三菱公司和国内外公司互相转让或交叉许可的情形很多。互相转让已成为三菱公司对付他人指控三菱侵权时的利器。

当专利部从报纸杂志或其他消息来源判断,认为某公司有侵犯三菱公司专利权的可能性时,即派工厂人员前往鉴定。若鉴定结果认定为确被侵权,即向专利部报告,由专利部派员到该公司协调,直至该公司支付权力金为止。

对商标权的侵权,三菱公司则采取"严格诉讼"的策略,一旦发现侵权,立刻提出警告并展开诉讼行动。

(3)知识产权教育和训练。三菱公司对所有的新进人员都要集中训练,施以半天至一天的法律与知识产权课程教育。待分配至各工厂后,新人又要接受各工厂有关的法律训练,工作两三年后,则要接受专利方面的训练,尤其是学习撰写专利说明书。

三菱的"知识产权总部"也在知识产权观念教育中扮演重要的角色,一年举办一次知识产权周活动,知识产权总部同重要干部在公司各单位巡回,去讲授并沟通有关的知识产权问题。

思考练习题

1. 请你分析知识产权保护对创意产业发展的意义。

2. 请你谈一谈对于企业而言,知识产权保护战略与企业建立现代企业制度之间的关系。

参考文献

[1]朱庆华.信息分析基础方法及应用[M].北京:科学出版社,2004.

[2]查先进.信息分析与预测[M].武汉:武汉大学出版社,2001.

[3][英]爱德华·德·波诺.六顶思考帽[M].北京:北京科学技术出版社,2004.

[4]杨德林.创意开发方法[M].北京:清华大学出版社,2006.

[5]严世富.培训与开发[M].北京:北京师范大学出版社,2007.

[6]姚凤云,苑成存.创造学理论与实践[M].北京:清华大学出版社,2006.

[7]余伟.创新能力培养与应用教程[M]. 北京:航空工业出版社,2004.

[8]罗庆生,韩宝玲.大学生创造学:技法训练篇[M]. 北京:中国建材工业出版社,2001.

[9]夏昌祥,鲁克成.点燃创新之火[M].北京:科学出版社,2005.

[10]杨乃定.创造学教程[M].西安:西北工业大学出版社,2004.

[11]许延浪.实用创造学:开启创新能力的金钥匙[M].西安:西北工业大学出版社,2003.

[12]傅世侠,罗玲玲.科学创造方法论[M].中国经济出版社,2000.

[13]王甦,汪圣安.认知心理学[M]. 北京:北京大学出版社,1992.

[14]高玉祥.认知心理自学辅导[M].沈阳:辽宁大学出版社,2002.

[15]中国大百科全书光盘版 · 心理卷

[16]刘烜.文艺创造心理学[M].长春:吉林教育出版社,1992.

[17]夏昌祥,鲁克成.点燃创新之火 创造力开发读本[M].北京:科学出版社,2005.

[18]杨德林.创意开发方法[M].北京:清华大学出版社,2006.

[19]陶学忠.创新创造能力训练[M].北京:中国经济出版社,2005.

[20]金元浦.当代文化创意产业的勃兴[OL]. http://www. chinavisual.com/EPS/articles.

[21]徐永前.中学生创新思维训练[M].北京:新世界出版社,2006.

[22]梁良良.创新思维训练[M].北京:民主与建设出版社,2005.

[23]赵敏,胡钰.创新的方法[M].北京:当代中国出版社.2008.

[24]J P 吉尔福特. 创造性才能——它的性质、用途与培养[M]. 施良方,等,译. 北京:人民教育出版社,1990.

[25][德]海纳特. 创造力[M]. 陈钢林,译. 北京:工人出版社,1986.

[26][英]德波诺. 横向思维法[M]. 钱军,译. 北京:三联书店,1991.

[27]谢燮正. 创造力开发基础[M]. 沈阳:辽宁科学技术出版社,1994.

[28][美]S 阿瑞提. 创造的秘密[M]. 钱岗南,译. 沈阳:辽宁人民出版社,1987.

[29]罗玲玲. 创造力的理论与科技创造力[M]. 沈阳:东北大学出版社,1998.

[30]罗玲玲. 创造力开发[M]. 长沙:湖南大学出版社,2002.

[31]谢燮正. 科技人员创造力开发[M]. 沈阳:东北大学出版社,1998.

[32][日]高桥诚. 创造技法手册[M]. 蔡林海,译. 上海:科学普及出版社:1989.

[33]傅世侠,罗玲玲. 建构科技团体创造力评估模型[M]. 北京:北京大学出版社,2005.

[34]Paul B Paulus, Bernard A Nijstad. Group Creativity, Innovation Through Collaboration [M]. New York: Oxford University Press,2003.

[35]李兆友. 技术创新论——哲学视野中的技术创新[M]. 沈阳:辽宁人民出版社,2004.

[36]方竹兰. 人力资本与中国创新之路[M]. 北京:经济科学出版社,2001.

[37]李兆友. 技术创新主体论[M]. 沈阳:东北大学出版社,2001.

[38]童昕,王缉慈. 北京与上海创新性产业比较研究[J]. 城市规划,2004,(12).

[39]姜玉平,方晓阳. 我国企业对引进技术进行创新的分析与研究[J]. 自然辩证法研究,2000,(5):63.

[40]Mark Dodgson and Roy Rothwell. 创新聚集——产业创新手册[M]. 陈劲,等,译. 北京:清华大学出版社,2000.

[41]钟书华. 技术联盟:类型、效益与成本分析[J]. 科学学与科学技术管理,1998,(8):26.

[42]朱红文. 从哲学看工业设计的问题及其出路[J]. 哲学动态,2000,(3):20-23.

[43]远德玉,陈昌曙. 论技术[M]. 沈阳:辽宁科学技术出版社,1986.

[44][美]托马斯 J 彼得斯,小罗伯特曼 H 沃特曼. 探索企业成功之路[M]. 上海:上海翻译出版公司,1985.

[45] Dodgson M, R Rothwell. The Handbook of Industrial Innovation [M], Edward Elgar, 1994:275 - 276.

[46] [美] E 冯 希普尔. 技术创新的源泉 [M]. 北京:科学技术文献出版社,1997.

[47] Badawy, M K One more time. How to motivate your engineers [J]. IEEE Transactions on Engineering Management, 1978, Vol. EM - 25, No. 2:37 - 42.

[48] 颜建军,胡泳. 海尔中国造 [M]. 海口:海南出版社,2001.

[49] 厉无畏,王如忠. 创意产业——城市发展的新引擎 [M]. 上海:上海社会科学院出版社,2005.

[50] 叶辛,大申. 创意上海 [M]. 北京:社会科学文献出版社,2006.

[51] 欧阳友全. 文化产业通论 [M]. 长沙:湖南人民出版社,2006.

[52] 胡晓鹏. 价值系统的模块化与价值转移 [J]. 中国工业经济,2004(11).

[53] 徐清泉. 创意产业:城市发展的又一引擎 [J]. 社会观察,2004(9).

后　记

本书2008年在首都经济贸易大学出版社首次出版。2012年再版，更新了案例，对部分内容进行了修改，如对TRIZ方法的介绍更为详尽。为了让教师在教学中更好地使用本教材，我们还向出版社提供了与教材配套的授课PPT，供广大教师免费索取使用。今年的第三次修订，我们又更新了不少案例，增加了新的PPT。本书整个出版和再版都得到了责任编辑王玉荣的大力支持，在此表示感谢。

作者多是长年从事创造力研究和技术创新研究的东北大学、沈阳建筑大学的教师和东北大学的研究生，为了使理论研究转化为实际应用的教材，写作过程中花费了巨大心血，诚愿我们的努力和探索能够取得读者的认可。由于时间紧、任务重，书中错误在所难免，敬请读者批评指正。

本书由罗玲玲负责全书的整体结构设计，罗玲玲（东北大学）、张嵩（沈阳建筑大学）、武青艳（沈阳建筑大学）修改定稿。具体写作分工为：罗玲玲负责序言；罗玲玲、张嵩负责第一章；罗玲玲、张晶负责第二章；张嵩负责第三章；刘艳、罗玲玲、张嵩负责第四章；罗玲玲、于飞负责第五章；罗玲玲、赵旭、张嵩负责第六章；武青艳负责第七章；罗玲玲、周春芳负责第八章；于森、李婷婷负责第九章；谢燮正、张晶、武青艳负责第十章；张嵩、于森负责第十一章；罗玲玲、张扬、张嵩负责第十二章；罗玲玲、武青艳负责第十三章；罗玲玲负责第十四章；周春芳、张嵩负责第十五章。此次案例的更换由武青艳负责，授课PPT的制作主要由武青艳负责。

本书在编写过程中参考了国内外的一些著作、文章和教材，已在参考文献中列出，在此一并向这些作者表示感谢。

2014年8月25日

责任编辑：王玉荣

封面设计：砚祥志远·激光照排
TEL：010-65976003

ISBN 978-7-5638-1622-4

定价：39.00元